环保公益性行业科研专项经费项目系列丛书

LOW CARBON

低碳城市发展途径
及其环境综合管理模式

赵景柱 等 编著

科学出版社
北 京

内 容 简 介

本书在编制城市温室气体清单的基础上,分析了温室气体排放空间特征,评估了城市温室气体减排潜力,进而制定了低碳城市发展路线图,提出低碳城市考核评价指标体系,并研发了低碳城市环境综合管理平台,构建了低碳城市发展的环境综合管理模式。本书的特色在于,形成低碳城市规划技术导则和低碳城市考核方法与细则。

本书对于温室气体减排管理和环境管理等部门的决策者和工作人员,以及研究气候变化与城市环境问题的专家学者和社会公众等具有较高的参考价值。

图书在版编目(CIP)数据

低碳城市发展途径及其环境综合管理模式 / 赵景柱编著.—北京:科学出版社,2013

(环保公益性行业科研专项经费项目系列丛书)

ISBN 978-7-03-037636-7

Ⅰ.①低… Ⅱ.①赵… Ⅲ.①生态城市-城市建设-研究-中国②生态城市-环境管理-研究-中国 Ⅳ.①X321.2

中国版本图书馆 CIP 数据核字(2013)第 116210 号

责任编辑:王 倩 / 责任校对:刘亚琦
责任印制:徐晓晨 / 封面设计:耕者设计

科 学 出 版 社 出版
北京东黄城根北街 16 号
邮政编码:100717
http://www.sciencep.com

北京京华虎彩印刷有限公司 印刷
科学出版社发行　　各地新华书店经销

*

2013 年 6 月第 一 版　　开本:787×1092 1/16
2015 年 6 月第二次印刷　　印张:14　插页:2
字数:350 000

定价:128.00 元
(如有印装质量问题,我社负责调换)

"环保公益性行业科研专项经费项目系列丛书"
编著委员会

环保公益性行业科研专项经费项目系列丛书
序　　言

　　我国作为一个发展中的人口大国,资源环境问题是长期制约经济社会可持续发展的重大问题。党中央、国务院高度重视环境保护工作,提出了建设生态文明、建设资源节约型与环境友好型社会、推进环境保护历史性转变、让江河湖泊休养生息、节能减排是转方式调结构的重要抓手、环境保护是重大民生问题、探索中国环保新道路等一系列新理念新举措。在科学发展观的指导下,"十一五"环境保护工作成效显著,在经济增长超过预期的情况下,主要污染物减排任务超额完成,环境质量持续改善。

　　随着当前经济的高速增长,资源环境约束进一步强化,环境保护正处于负重爬坡的艰难阶段。治污减排的压力有增无减,环境质量改善的压力不断加大,防范环境风险的压力持续增加,确保核与辐射安全的压力继续加大,应对全球环境问题的压力急剧加大。要破解发展经济与保护环境的难点,解决影响可持续发展和群众健康的突出环境问题,确保环保工作不断上台阶出亮点,必须充分依靠科技创新和科技进步,构建强大坚实的科技支撑体系。

　　2006 年,我国发布了《国家中长期科学和技术发展规划纲要(2006—2020 年)》(以下简称《规划纲要》),提出了建设创新型国家战略,科技事业进入了发展的快车道,环保科技也迎来了蓬勃发展的春天。为适应环境保护历史性转变和创新型国家建设的要求,原国家环境保护总局于 2006 年召开了第一次全国环保科技大会,出台了《关于增强环境科技创新能力的若干意见》,确立了科技兴环保战略,建设了环境科技创新体系、环境标准体系、环境技术管理体系三大工程。五年来,在广大环境科技工作者的努力下,水体污染控制与治理科技重大专项启动实施,科技投入持续增加,科技创新能力显著增强;发布了502 项新标准,现行国家标准达 1263 项,环境标准体系建设实现了跨越式发展;完成了100 余项环保技术文件的制修订工作,初步建成以重点行业污染防治技术政策、技术指南和工程技术规范为主要内容的国家环境技术管理体系。环境科技为全面完成"十一五"环保规划的各项任务起到了重要的引领和支撑作用。

　　为优化中央财政科技投入结构,支持市场机制不能有效配置资源的社会公益研究活动,"十一五"期间国家设立了公益性行业科研专项经费。根据财政部、科技部的总体部署,环保公益性行业科研专项紧密围绕《规划纲要》和《国家环境保护"十一五"科技发展规划》确定的重点领域和优先主题,立足环境管理中的科技需求,积极开展应急性、培育性、基础性科学研究。"十一五"期间,环境保护部组织实施了公益性行业科研专项项目 234项,涉及大气、水、生态、土壤、固废、核与辐射等领域,共有包括中央级科研院所、高等院校、地方环保科研单位和企业等几百家单位参与,逐步形成了优势互补、团结协作、良性竞争、共同发展的环保科技"统一战线"。目前,专项取得了重要研究成果,提出了一系列控制污染和改善环境质量技术方案,形成一批环境监测预警和监督管理技术体系,研发出一批与生态环境保护、国际履约、核与辐射安全相关的关键技术,提出了一系列环境标准、指南和技术规范建议,为解决我国环境保护和环境管理中急需的成套技术和政策制定提供了重要的科技支撑。

为广泛共享"十一五"期间环保公益性行业科研专项项目研究成果,及时总结项目组织管理经验,环境保护部科技标准司组织出版"十一五"环保公益性行业科研专项经费系列丛书。该丛书汇集了一批专项研究的代表性成果,具有较强的学术性和实用性,可以说是环境领域不可多得的资料文献。丛书的组织出版,在科技管理上也是一次很好的尝试,我们希望通过这一尝试,能够进一步活跃环保科技的学术氛围,促进科技成果的转化与应用,为探索中国环保新道路提供有力的科技支撑。

中华人民共和国环境保护部副部长

吴晓青

2011 年 10 月

目　　录

第1章　绪　　言

　　全球气候变化是国际社会关注的焦点问题。遏制全球气候变化,削减碳排放量,已经成为21世纪世界各国的共识,也是国际政治舞台上的重要议题。我国目前处于以资本和能源密集化为特征的工业化中后期,城市化水平和社会消费需求持续提高,城市作为人类经济活动的中心,是社会发展的心脏。城市是人口、建筑、交通、工业、物流的集中地,也是高耗能、高碳排放的集中地。据统计,全球大城市消耗的能源占全球的75%,温室气体排放量占世界的80%。因此,采取措施降低城市能源消耗和确立低碳经济发展的区域发展模式是中国在城市化和工业化进程中控制温室气体排放的不二选择,也是遏制全球温度升高的首要选择。

　　低碳城市指以低碳经济为发展模式及方向、市民以低碳生活为理念和行为特征、政府公务管理层以低碳社会为建设标本和蓝图的城市。早在2006年《斯特恩报告》就指出各国政府必须立即采取有效的减排行动才能避免气候变化带来的相当于每年全球GDP 5%～20%的损失(Stern,2006),2009年麦肯锡公司的研究报告《低碳经济路径》详述了碳减排成本,呼吁全球向低碳经济转型(McKinsey & Company,2009)。近年来世界各主要国家都提出了各自的低碳对策:英国2007年通过《气候变化草案》,第一个为气候变化立法,提出碳财政预算目标管理,继而在《英国能源白皮书》中提出可再生能源开发政府纲领,2009年进一步提出了《英国低碳转变计划》,提出详细的分部门低碳转变策略(The Stationery Office,2009);美国2007年发布了《抓住能源机遇,创建低碳经济》,2008年提出了平衡能源安全与气候变化的主张,描绘了低碳能源经济发展的路线图(WRI,2008);日本2008年环境省的"面向2050年的日本低碳社会情景"研究了日本2050年低碳社会发展的情景与路线图(NIES,2008);印度2008年的《印度气候变化减缓措施》详细论述了印度在能源、能源效率、交通、生物燃料与森林五个方面的国内措施对减缓气候变化的作用(TERI,2008)。

　　中国近年来的一系列应对策略包括《中国应对气候变化国家方案》《可再生能源中长期发展规划》《中国能源报告(2008):碳排放研究》《2009中国可持续发展战略报告》等。朱守先(2009)比较分析了我国若干城市的低碳发展水平,选择工业行业碳生产率和能源碳排放系数作为量化指标,探索城市低碳发展的核心和重点,指出从产业结构、能源消费结构、政策管理等方面进行优化调整,实现城市的低碳发展。刘怡君等(2009)分析了我国城市能源消费的现状,认为快速城市化必然带动城市能源消费量的增加,城市的未来应以低碳模式为发展方向,提出经济结构改善、能源效率提升、消费方式转变和低碳技术创新等战略路径,以及体制机制等政策制度的战略保障。陈飞和诸大建(2011)对低碳城市的理论与方法做了探讨,通过模型指标及评价标准的建立,定量研究城市发展过程中的碳排放量,确定城市未来低碳发展目标,制定基于城市生活低碳化、物质生产循环化及城市空间紧凑化的低碳发展策略,并在上海做了实证研究。中国社会科学院和国家发展和改革委员会能源所在《吉林市低碳发展路线图》中,从碳生产力、低碳消费、低碳资源、低碳政策四大方面 12 个指标制定低碳发展路线。中国科学城市研究会在《中国低碳生态城市发展报告》中将指标体系确定为三层结构,分别为目标层、路径层和指标层,从经济持续发展、生态环境健康、社会和谐进步三大方面对低碳生态城市进行了规划评价。

低碳发展研究已得到世界各国的高度重视,但目前多数研究关注的仅仅是低碳发展的经济性、低碳城市发展模式、低碳城市规划政策研究等方面,缺乏面向低碳城市发展的环境管理政策、考核评价方法与环境综合管理模式的深入、系统研究。因此,面对我国经济快速增长、城市化加速、碳排放日益增加的国情,有必要结合当前大力发展低碳经济及有效开展环境管理的要求,开展低碳城市发展途径及其环境综合管理模式研究,为管理部门开展相关评价与管理工作提供依据和支撑。

本书选择福建省厦门市和云南省丽江市作为案例城市,通过城市温室气体清单编制,城市碳减排潜力分析,开展低碳城市规划及发展途径研究,进而建立低碳城市考核评价方法和环境综合管理模式,为低碳城市发展及其环境综合管理提供必要的科技支撑。

参 考 文 献

陈飞,诸大建.2011.城市低碳竞争力理论与发展模式研究.城市规划学刊,(04):15-22

刘怡君,付允,汪云林.2009.国家低碳城市发展的战略问题.建设科技,(15):44-45

朱守先.2009.城市低碳发展水平及潜力比较分析.开放导报,(04):10-13

McKinsey & Company. 2009. Pathways to a Low Carbon Economy. Washington

NIES. 2008. A Dozen of Actions towards Low-Carbon Societies (LCSs). Kyoto

Stern N. 2006. The Economics of Climate Change:The Stern Review. Cambridge,UK:Cambridge University Press

TERI. 2008. Climate Change Mitigation Measures in India. New Delhi,India

The Stationery Office. 2009. The UK Low Carbon Transition Plan——National Strategy for Climate and Energy. London

WRI. 2008. A Roadmap for a Secure,Low-Carbon Energy Economy. Washington

第2章 城市温室气体清单

编制城市温室气体清单的目的在于计算城市部门(能源、交通、建筑、工业和家庭消费等)的温室气体排放现状,明确城市温室气体的来源。温室气体清单的编制,可以为城市制定相应的低碳规划和政策、落实国家减排目标和任务提供科学依据和基础。2009 年 11 月 26 日,国务院常务会议决定,到 2020 年我国单位国内生产总值(GDP)二氧化碳排放比 2005 年下降 40%～45%,将其作为约束性指标纳入国民经济和社会发展中长期规划,并制定相应的国内统计、监测与考核办法。面对当前巨大的减排压力,发展低碳经济,建设低碳城市,削减碳排放已成全国各地的紧迫任务。如果城市仍没有一份详尽的、涵盖不同行业的温室气体排放清单,温室气体排放的状况尚不明确,对研究者而言,他们将无法针对其排放特点进一步分析排放成因、驱动因子的贡献以及未来排放趋势等问题;对于决策者而言,他们就很难从本质上提出有效的控制减缓温室气体排放的政策措施。因此,摸清城市温室气体排放现状、识别出温室气体的主要排放源、了解各部门排放状况、编制城市的温室气体排放清单有助于研究人员明确温室气体排放的驱动因子和未来排放趋势,也有助于政府部门更好地落实国家温室气体排放强度的下降目标,制定应对措施,发掘潜在的节能减排项目,积极应对国家政策并履行社会责任。

2.1 城市温室气体清单编制范围

本书中城市温室气体清单核算的地理边界为城市行政市域。参照 IPCC(2006)《2006 年 IPCC 国家温室气体清单指南》以及国家发展和改革委员会气候司(2011)《省级温室气体清单编制指南(试行)》,本清单中温室气体排放量核算的范围包括:能源活动、工业生产过程、农业活动、土地利用变化和林业、城市废弃物处置,如图 2-1 所示。

核算的温室气体是《京都议定书》中规定的六种温室气体:二氧化碳(CO_2)、甲烷(CH_4)、氧化亚氮(N_2O)、氢氟烃(HFCs)、全氟碳(PFCs)、六氟化硫(SF_6)。各种温室气体的增温潜势(GWP)参照 IPCC 第二次评估报告。案例城市碳排放清单编辑年为 2007 年。

2.2 城市温室气体清单编制方案

在借鉴国内外编制温室气体清单的主流思想和经验的基础上,结合中国和厦门温室气体排放情况,编制厦门温室气体排放清单,排放量严格按照一系列被广泛承认的原则和指南编制计算。清单编制遵循三项主要原则。

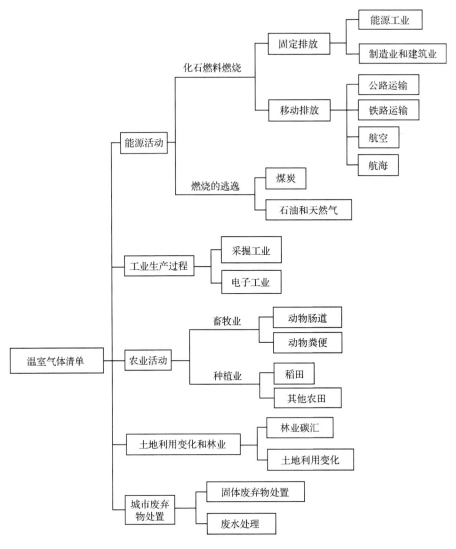

图 2-1　温室气体清单范围

（1）全面性：全面覆盖《京都议定书》中规定的六种温室气体排放，排放活动源遍及城市经济活动的各个部门与行业。

（2）准确性：尽可能采用详细的高级别计算方法计算各部分排放量，充分利用地方和国家数据源，在收集数据时最先考虑使用地方各部门的统计和实测数据，采用多源数据交叉验证的方法来验证数据的可靠性。

（3）本地性：计算中的排放系数优先采用本地及中国的实际排放系数，为了便于核算和报告电力调入调出所隐含的碳排放，电力部门采用"生产"模式。

在选择适当的方法并收集数据后，估算城市温室气体排放量，进行质量核查，保证活动水平数据可靠和可比较，保证计算方法的透明性，计算过程主要包括关键排放源确定、排放因子确定和活动水平确定,在计算各个部门碳排放的基础上,经过数据一致性分析,汇总形成温室气体排放清单,具体技术路线如图 2-2 所示。

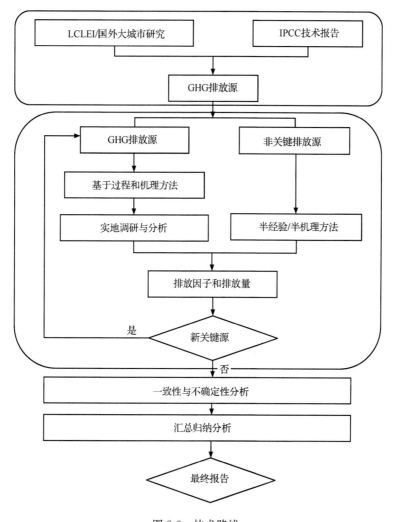

图 2-2　技术路线

资料来源:蔡博峰,刘春兰,陈操操,等.2009.城市温室气体清单研究.北京:化学工业出版社

　　排放源确定的优先次序为:①IPCC 建议排放源和关键排放源;②中国国家 2004 年温室气体信息通报关键排放源;③厦门城市发展特征和现状;④专家的经验和知识等。

　　排放系数确定的优先次序为:①《省级温室气体清单编制指南(试行)》和《中国温室气体清单研究》;②《IPCC 2006 清单指南》和《IPCC 国家温室气体清单优良作法指南和不确定管理》推荐排放因子计算方法;③美国 EPA 排放因子和 OECD 排放因子研究方法和数据库;④科研文献。

　　收集活动水平数据可根据排放源的重要程度,设定收集行动的优先顺序。排放源活动水平数据来源的优先次序为:①官方统计资料和数据;②政府部门普查和调研数据;

③企业排放报告;④问卷调查数据。

2.3 厦门市温室气体排放清单实例

2.3.1 研究区概况

1. 自然地理条件

厦门市地处我国东南沿海,位于福建省东南部、九龙江入海处。背靠漳州、泉州平原,濒临台湾海峡,面对金门诸岛,与台湾宝岛和澎湖列岛隔海相望,西、北分别与漳州、泉州两市接壤。厦门市是我国 5 个经济特区之一,现辖思明、湖里、集美、海沧、同安和翔安 6 个区,所辖陆地面积 1573km²,海域面积 300 多平方公里,见图 2-3。

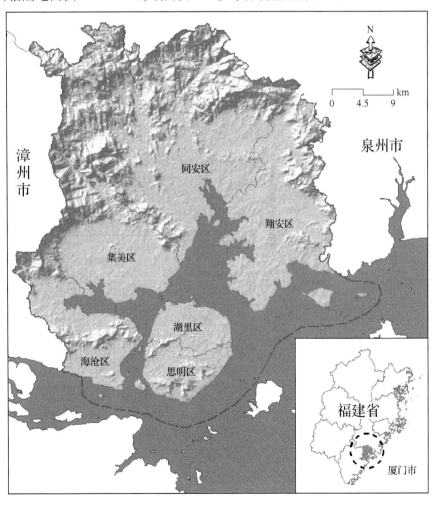

图 2-3 厦门市位置及行政区划

2. 社会经济状况

2010 年末,厦门全市常住人口为 308.2 万,户籍人口 180.2 万,其中城镇人口 145.1 万,城市化率为 80.5%。岛内的思明、湖里两区合计 83.0 万人,占全市的 58.5%。全市人口出生率 12.1‰,人口死亡率 3.8‰,人口自然增长率 8.3‰。2010 年,厦门 GDP 增速高达 15.1%,地区生产总值实现 2053.74 亿元,城镇居民人均可支配收入 2.9 万元,农民人均纯收入首次突破 1 万元。固定资产投资突破 1000 亿元,财政总收入突破 500 亿元,三次产业结构由 2005 年的 2∶55.6∶42.4 调整为 2010 年的 1.1∶50∶48.9。人均 GDP 达到 10 000 美元,居副省级城市前列,万元 GDP 能耗保持全国、全省领先水平。

作为国家发改委第一批低碳试点城市,厦门市明确提出建设“低碳城市”的战略目标和任务,下大力气抓好节能减排,持续推进清洁生产、绿色照明和循环经济试点,促进人口资源环境协调发展。2010 年厦门市政府工作报告指出“要推行低碳发展模式,大力发展低碳经济”。

2.3.2 能源活动

温室气体排放主要是由工业、建筑与交通等行业的一次性能源消费引起的,大量的能源燃烧是造成各国各地区温室气体激增的首要原因。厦门市能源消费品种单一,煤炭和石油所占比例高。由于地域资源限制,长期以来厦门市 99% 以上的能源需从外地调入,自给率不到 1%,能源对外依赖性强,是典型的能源消费型城市,厦门市耗能主要集中于工业、建筑和交通运输等生产性行业。

1. 核算内容

1)固定源燃料燃烧

A. 核算范围

能源活动排放清单固定源部分主要包括:化石燃料燃烧活动产生的 CO_2 和 N_2O;生物质燃料燃烧活动产生的 CH_4 和 N_2O;煤矿和矿石活动产生的 CH_4 逃逸排放以及石油和天然气系统产生的 CH_4 逃逸排放。由于厦门市生物质燃料(秸秆、木炭、粪便等)生产量不多,很少用于能源利用,并且该部分数据难以获取,因此产生的温室气体忽略不计。厦门市本地没有煤炭开采以及油气勘探行业,因此该过程中逃逸排放的温室气体,在本书中不予考虑。化石燃料燃烧活动分部门排放源可分为:能源生产与加工转换部门、工业部门、建筑业、居民生活、农林牧渔、服务业及其他。其中农林牧渔业、建筑业和服务业及其他部门的化石燃料消耗数据主要是将厦门市能源平衡表终端消费总量与工业部门终端消费量的差额,根据行业产值以及福建省终端部门的能源消费结构进行分配而得。其中能源生产与加工转换部门细分为三个子部门:公用电力与热力部门、石油天然气开采与加工业、固体燃料和其他能源工业部门。由于厦门市的石油加工、炼焦及核燃料加工业带来的产值小,综合能源消费量少,因此忽略该行业产生的温室气体排放量。工业部门可进一步细分为钢铁、有色金属、化工、建材和其他行业等;服务业包括了五个子行业:信息传输、计算机服务和软件业,交通运输、仓储和邮政业,商业、住宿和餐饮业,金融、房地产、商务及居民服务业,公共事业及管理组织。部门消耗的化石燃料类型主要有原煤、汽油、柴油、燃料油、液化石油气、天然气等。此外,考虑到电力产品的特殊性以及科学评估非化石燃料电力对减缓 CO_2 的贡献,本书还核算了由电力调入调出所带来的 CO_2 间接排放量。

B. 核算方法与参数

固定源能源活动化石燃料燃烧温室气体清单编制拟采用以详细技术为基础的部门方法(IPCC 方法 2)。该方法基于分部门、分燃料品种、分设备的燃料消费量等活动水平数据及相应的排放因子等参数,通过逐层累加、综合计算得到总排放量。本书中的参数来源包括:《省级温室气体清单编制指南(试行)》《中国温室气体清单研究》《中国能源统计年鉴》和《2006 年 IPCC 国家温室气体清单指南》等。

化石燃料燃烧产生的 CO_2 排放量计算公式如下:

$$E = \sum_i \sum_j (\mathrm{AC}_{i,j} \times \mathrm{NCV}_j \times \mathrm{CC}_j \times O_{i,j} \times 44/12) \qquad (2\text{-}1)$$

式中,E 为 CO_2 排放量,万 t;i 为不同部门;j 为燃料品种;AC 为消费的化石燃料实物量,万 t 或亿 m^3;NCV 为各燃料低位发热值,$MJ/(t \cdot km^3)$,参照《省级温室气体清单编制指南(试行)》;CC 为燃料含碳量,tC/TJ,参照《中国能源统计年鉴 2006》;44/12 为 C 转换为 CO_2 的系数;O 为氧化率,参照《省级温室气体清单编制指南(试行)》。

根据 IPCC 计算方法,化石燃料燃烧产生的 CH_4 和 N_2O 排放量的计算公式如下:

$$W = \sum_i \sum_j (\mathrm{AC}_{i,j} \times \mathrm{NCV}_j \times N_{i,j}) \qquad (2\text{-}2)$$

式中,W 为 CH_4 或 N_2O 排放量,万 t;i 为不同部门;j 为燃料品种;AC 为消费的化石燃料实物量,万 t 或亿 m^3;NCV 为各燃料低位发热值,$MJ/(t \cdot km^3)$,参照《中国能源统计年鉴 2006》;N 为 CH_4 或 N_2O 排放因子 kg/TJ,见表 2-1。

表 2-1　能源工业部门 N_2O 排放因子　　　　　　　　　　(单位:kg/TJ)

排放源	排放因子	排放源	排放因子	排放源	排放因子
无烟煤	5.45	燃油	2.420(统计电厂)	炼厂干气	2.34
烟煤	5.71		2.340(非统计电厂)	其他气体	0.446
褐煤	6.32	天然气	0.47		

注:部门的排放因子取自《中国温室气体清单研究》

固定源能源部分的排放清单还核算了厦门市的电力调入调出隐含的 CO_2 排放量,具体核算方法如下:

$$E' = C_{\mathrm{Electricity}} \times I_{\mathrm{Electricity}} \qquad (2\text{-}3)$$

式中,E' 为电力调入(出)产生的 CO_2 间接排放量,万 t;$C_{\mathrm{Electricity}}$ 为厦门市的电力调入(出)量,万 kW·h;$I_{\mathrm{Electricity}}$ 为区域电网供电平均排放因子,本报告中为福建省电网的平均碳排放因子,kg/(kW·h),具体数据见表 2-2。

表 2-2　2007 年福建省电网的平均碳排放因子 ［单位：$kgCO_2/(kW\cdot h)$］

电网名称	2007 年
福建省电网	0.5796

注：数据根据福建省电网电力结构推算而得

C. 活动水平

应用以详细技术为基础的部门方法估算化石燃料燃烧温室气体排放量，需要收集分部门、分能源品种、分主要燃烧设备的能源活动水平数据。由于难以获取分设备的燃料消耗数据，所以本清单的碳排放只核算到部门的层次。本书中的活动水平数据来源包括：《厦门市能源平衡表》《厦门经济特区年鉴》《厦门市环境统计》及政府部门的调研等。具体数值见表 2-3。

表 2-3　2007 年分部门分能源品种化石燃料燃烧活动水平数据

部门	原煤 /万 t	煤制品 /万 t	天然气 /亿 m³	汽油 /万 t	柴油 /万 t	燃料油 /万 t	液化石油气 /万 t
化石燃料合计	535.00	1.17	0.03	13.17	12.49	15.18	11.07
能源生产和加工转换[a]	440.64	0.00	0.00	0.00	0.26	0.03	0.00
工业部门	84.80	1.17	0.03	2.43	6.65	15.15	2.49
钢铁工业	0.14[b]	0.00[b]	0.00[b]	0.16[b]	0.30[b]	1.30[b]	0.16[b]
有色金属	0.41[b]	0.00[b]	0.02[b]	0.03[b]	0.09[b]	0.19[b]	0.05[b]
化学工业	64.59[b]	0.07[b]	0.00[b]	0.49[b]	0.74[b]	0.36[b]	0.27[b]
建筑材料	2.48[b]	0.00[b]	0.00[b]	0.15[b]	2.35[b]	10.94[b]	0.34[b]
其他部门	17.18[b]	1.09[b]	0.02[b]	1.59[b]	3.16[b]	2.36[b]	1.67[b]
建筑业	2.92[c]	0.00	0.00	3.94[c]	4.75[c]	0.00	0.00
服务业及其他	0.00	0.00	0.00	6.11[c]	0.00	0.00	3.28[e]
居民生活	6.13[d]	0.00	0.00	0.00	0.00	0.00	5.31[f]
农林牧渔业	0.51[c]	0.00	0.00	0.69[c]	0.83[c]	0.00	0.00

注：a 来自《厦门市能源平衡表》；b 根据《2010 厦门经济特区年鉴》中 2009 年规模以上工业企业能源结构以及占工业总产值的比例推算而得；c 将厦门市能源平衡表终端消费总量与工业部门终端消费量的差额，按照福建省终端部门的能源消费结构以及部门产值的比例进行分配而得；d 来自《厦门市环境统计》；e 经济特区年鉴原始数据按工商业统计，减去工业耗费即为商业消耗数据；f 来自《2006 厦门市经济特区年鉴》

根据厦门市电业局的调研，2007 年厦门市电力调入调出情况如表 2-4 所示，其中电力调入量用正号表示，调出则用负号。

表 2-4　2007 年厦门市电力调入调出量 （单位：万 $kW\cdot h$）

项目	2007 年
调入电力（＋）	379 773.6
调出电力（一）	0

注：数据来自厦门市电业局调研

D. 核算结果

根据式(2-1)、式(2-2)以及表 2-3 中的 2007 年分部门分能源品种化石燃料燃烧活动水平数据,计算得到 2007 年厦门市固定源能源部门碳排放清单。同时,根据式(2-3)以及表 2-4 中的 2007 年厦门市电力调入调出量数据,计算得到 2007 年厦门市电力调入调出 CO_2 间接排放量核算结果,附在固定源能源部门排放清单之后,具体见表 2-5 和表 2-6。

表 2-5 2007 年厦门市固定源能源部门碳排放清单　　　　（单位：万 t）

部门	二氧化碳(CO_2)	氧化亚氮(N_2O)
固定源能源活动总计	1395.33	—
化石燃料合计	1175.21	—
能源生产和加工转换	838.25	0.054
工业部门	245.18	—
钢铁工业	6.26	—
有色金属	2.23	—
化学工业	127.32	—
建筑材料	48.43	—
其他行业	60.94	—
建筑业	31.55	—
服务业及其他	28.14	—
居民生活	26.67	—
农林牧渔业	5.43	—

表 2-6 2007 年厦门市电力调入调出 CO_2 间接排放量　　　　（单位：万 t）

	CO_2
调入电力（＋）	220.12
调出电力（－）	0
调入(出)电力间接排放量合计	220.12

2）移动源燃料燃烧

A. 核算范围

移动源燃料燃烧部分主要核算运输活动中各种交通运输工具或设施直接消耗燃料所产生的主要温室气体。结合《2006 年 IPCC 国家温室气体清单指南》和《省级温室气体清单编制指南(试行)》中对交通运输工具的分类,交通运输部门的排放源可分为公路、铁路、航空、水运等。本书中估算了 2007 年厦门市交通运输行业燃料燃烧产生的三种主要温室气体(CO_2、CH_4、N_2O)排放量,估算的主要移动源如表 2-7 所示。

B. 核算方法与参数

依据《2006 年 IPCC 国家温室气体清单指南》,移动源燃料燃烧温室气体排放估算可以基于燃料燃烧消耗和基于车辆行驶距离两种方法。

表 2-7　估算的主要移动源

移动源类别	范围		主要运输工具
道路机动车	营业性运输车辆	公路运输	营业性客车
			营业性货车
		公共交通系统	常规公交、社会中小巴企业公交车、BRT（快速公交）、BRT 连接线
			出租车
	非营运性车辆	私家车	家用客车、货车、摩托车
铁路	铁路客货运		柴油内燃机车
航空	民用航空客货运		飞机
水运	水路客货运		轮船、快艇

基于燃料燃烧消耗的方法直接将统计部门提供的燃料消费数据与排放因子结合计算。基于车辆行驶距离估算温室气体排放量方法的基本步骤为：确定移动车辆类型，收集各类型机动车保有量及行驶里程、各类型车辆的耗油量指标，利用这些数据推算出燃料消耗，再结合排放因子进行计算。

本书采用上述两种方法结合计算各种温室气体的排放量，计算公式为

$$E = \sum_a (F_a \times Q_a \times EF_a \times 10^{-9}) \tag{2-4}$$

式中，E 为移动源温室气体排放量，kg；F 为燃料用量，kg 或 m^3；Q 为燃料平均低位发热量，kJ/kg 或 kJ/m^3，参照《综合能耗计算通则》（GB/T 2589-2008）；EF 为排放因子，kg/TJ，参考《2006 年 IPCC 国家温室气体清单指南》中推荐或默认的排放因子；a 为燃料类型，如汽油、柴油、天然气等。

燃料数据可由车辆行驶里程得到：

$$F = \sum_{i,j} (V_{i,j} \times S_{i,j} \times C_{i,j}) \tag{2-5}$$

式中，F 为根据行驶距离数据估算的燃料使用总量，L；V 为车辆数量，辆；S 为每种车辆使用某燃料每年行驶的公里数，km；C 为平均燃料消耗，L/km；i 为车辆类型；j 为燃料类型。

IPCC 报告中的排放因子是基于燃料充分氧化（氧化率近似为 1）的假设，为使计算更加准确，需要考虑燃料氧化率。交通运输部门的各行业分部门、分设备、分燃料品种的氧化率参数参考《省级温室气体清单编制指南（试行）》。

C. 活动水平

通过政府各个部门调研推算，得到厦门市移动源主要燃烧设备分品种活动水平数据，如表 2-8 所示。其中，营业性汽车燃料消耗量根据公路客运和货运周转量计算而得，客运和货运周转量数据来自《2009 年厦门市交通发展年度报告》；公交系统的碳排放核算中，2007 年常规公交燃料消耗量由运营里程推算而得，其余年份燃油消耗数据及 2007 年厦门市出租车燃油消耗数据来自厦门市道路运输管理处；私家车的燃油消耗由保有量、车均年行驶里程、百公里平均油耗数据推算而得；铁路运输燃料消耗量根据客货运周转量进行

推算,客货运量数据来自《2009 年厦门市交通发展年度报告》;水运燃料消耗量由水路客运及货运周转量推算而得,航空用油量通过实际调查得到。

表 2-8　2007 年厦门市移动源主要燃烧设备分品种活动水平数据 （单位：万 t）

部门		汽油	柴油	燃料油	航空煤油
航空	国内	—	—	—	17.02
	国际	—	—	—	2.38
公路	客车	—	5.14	—	—
营运性 货车		—	24.48	—	—
	公交车	—	0.65	—	—
	出租车	4.67	—	—	—
非营运性	客车	15.23	—	—	—
	货车	—	7.42	—	—
	摩托车	2.71	—	—	—
铁路	内燃机车	—	2.37	—	—
水运	国内	—	3.83	18.55	—
	国际	—	0.62	3.02	—

D. 核算结果

基于表 2-8 中的厦门市移动源主要燃烧设备分品种活动水平数据,根据式(2-4)、式(2-5)计算得出 2007 年各年度厦门市移动源燃料燃烧温室气体排放清单,如表 2-9 所示。

表 2-9　2007 年厦门市移动源燃料燃烧温室气体排放清单 （单位：万 t）

部门		二氧化碳(CO_2)	甲烷(CH_4)	氧化亚氮(N_2O)
航空	国内	52.60	3.8×10^{-4}	1.5×10^{-3}
	国际	7.35	5.0×10^{-5}	2.1×10^{-4}
公路	客车	15.91	8.5×10^{-4}	8.5×10^{-4}
营运性 货车		75.81	4.1×10^{-3}	4.1×10^{-3}
	公交车	20.15	1.1×10^{-3}	1.1×10^{-3}
	出租车	14.62	7.9×10^{-4}	7.9×10^{-4}
非营运性	客车	44.54	0.02	2.1×10^{-3}
	货车	22.98	1.2×10^{-3}	1.2×10^{-3}
	摩托车	7.93	3.9×10^{-3}	3.7×10^{-4}
铁路	内燃机车	7.36	4.2×10^{-4}	2.9×10^{-3}
水运	国内	70.68	6.6×10^{-3}	1.9×10^{-3}
	国际	11.51	1.1×10^{-3}	3.1×10^{-4}
合计		351.44	0.04	0.02

3）能源活动的逃逸排放

能源活动的逃逸排放包括煤炭开采和矿后活动逃逸排放、石油和天然气系统逃逸排放。我国煤炭开采和矿后活动的 CH_4 排放源主要分为井工开采、露天开采和矿后活动。石油和天然气系统 CH_4 逃逸排放是指油气从勘探开发到消费全过程的 CH_4 排放，主要包括钻井、油气开采、油气的加工处理、油气输送等环节的逃逸排放。厦门市属于能源的纯调入区域，煤炭和油气的开采加工环节都不在厦门本地进行，所以煤炭和石油的逃逸排放可以忽略不计。对于天然气的输送环节，厦门市有同安分输站和厦门电站末站两个主要站点，这两个站点是在 2008 年建成后才投入运行的，2007 年暂无输送逃逸排放。

2. 能源活动温室气体排放清单

1）排放清单

根据以上固定源和移动源温室气体核算结果，汇总得到能源活动温室气体排放清单，如表 2-10 和表 2-11 所示。

表 2-10　2007 年厦门市能源部门温室气体排放清单　（单位：万 t）

部门	二氧化碳 (CO_2)	甲烷 (CH_4)	氧化亚氮 (N_2O)	温室气体
能源活动总计	1507.8	0.04	0.074	1531.58
化石燃料合计	1507.8	0.04	0.074	1531.58
能源工业	838.25	—	0.054	854.99
农林牧渔业	5.43	—	—	5.43
工业	245.18	—	—	245.18
钢铁工业	6.26	—	—	6.26
有色金属	2.23	—	—	2.23
化学工业	127.32	—	—	127.32
建筑材料	48.43	—	—	48.43
其他工业	60.94	—	—	60.94
建筑业	31.55	—	—	31.55
交通运输	332.58	0.04	0.02	339.62
服务业及其他	28.14	—	—	28.14
居民生活	26.67	—	—	26.67
生物质燃烧	—	0	0	0
煤炭开采逃逸	—	0	—	0
油气系统逃逸	—	0	—	0
国际燃料舱	18.86	1.2×10^{-3}	5.2×10^{-4}	19.05
国际航空	7.35	5.0×10^{-5}	2.1×10^{-4}	7.42
国际航海	11.51	1.1×10^{-3}	3.1×10^{-4}	11.63

表 2-11　2007 年厦门市电力调入调出 CO_2 间接排放量　　（单位：万 t）

	CO_2
调入电力（＋）	220.12
调出电力（－）	0
调入（出）电力间接排放量合计	220.12

2）不确定性分析

固定源部分计算结果的不确定性主要来自以下四个方面：

（1）排放因子以及参数的选择。本书中化石燃料燃烧的排放因子以及参数来自《省级温室气体清单编制指南（试行）》《中国温室气体清单研究》和 IPCC 中的默认值，其中煤的碳氧化率均采用部门的平均值，能源转换部门中原煤的 N_2O 的排放因子取无烟煤、烟煤、褐煤的平均值。它们不一定能反映厦门当地的实际情况，计算结果与真实值存在偏差。

（2）活动水平数据的获取。本书中的工业部门化石燃料消耗量来自规模以上工业企业推算，计算结果与实际值难免存在偏差。建筑业和农林牧渔业由于数据获取困难，通过间接数据推算也存在偏差。

（3）数据处理。2007 年按能源类型统计的不同工业行业的能源消耗数据，均是根据 2009 的规模以上工业企业的能源结构以及 2007 年的规模以上工业企业的能源消费总量推算而得。由于液化石油气以及天然气中的工商业用量没有分开统计，服务业部门的该燃料用量是根据 2009 年规模以上工业企业中液化石油气以及天然气的使用量（不包括用于发电的天然气）来确定工业用量的比例，并以此推算，计算结果与实际耗能情况存在偏差。

（4）统计口径。能源消耗的数据是以不同的口径统计，在进行数据分析以及处理之后，仍会存在较大误差。

移动源燃料燃烧的碳排放清单核算过程存在的不确定性来源主要包括如下三个方面：

（1）活动水平数据的获取。厦门市部分移动源活动水平数据难以获取，核算不得不借助其他手段估计，降低了计算精度，如营业性汽车、铁路、水运的燃料消耗均通过周转量推算而得；2007 年常规公交燃料消耗量由运营里程推算而得；家用轿车的燃油消耗通过保有量推算而得等。还有一些移动源（如三轮车、摩托车、拖拉机及其他非道路运输工具等）的燃料消耗数据无法获取，因此暂未核算，也影响了核算精度。

（2）排放因子的选择。由于对本地排放因子的研究还不充分，缺乏符合城市特色、能够反映城市实际排放情况的排放因子。同时，由于很难得到逐年的排放因子，核算不得不采取研究时段内排放因子不变的假设，也在一定程度上影响了结果的准确度。

（3）核算范围的定义。由于跨界交通的碳排放很难界定，国际上对这部分碳排放的归属定义也各不相同，本核算中采用直接根据本地燃油消费量进行计算，一定程度上会造成核算结果误差。

2.3.3 工业生产过程

工业生产过程温室气体排放是工业生产中能源活动温室气体排放之外的其他化学反应过程或物理变化过程的温室气体排放。结合厦门市当地生产部门实际情况,温室气体清单编制范围包括采掘工业和电子工业,其中采掘工业部分核算了玻璃行业生产过程产生的温室气体排放清单,电子工业部分核算了半导体行业生产过程产生的温室气体排放清单。

本部分内容实施步骤如下:①文献查阅与前期背景研究;②国内外编制方法分析;③厦门产业状况调研;④依据实际情况确定研究方法;⑤核算编制工业过程温室气体排放清单。

本章数据来源及说明如下:

1)厦门市第一次全国污染源普查数据

该次污染源普查的时点为 2007 年 12 月 31 日,时期资料为 2007 年度,对象为厦门市境内所有排放污染物的工业源、农业源、生活源和集中式污染治理设施。其中,工业源普查对象划分为重点污染源和一般污染源,主要普查《国民经济行业分类》第二产业中除建筑业(含 4 个行业)外 39 个行业中的所有产业活动单位,共普查工业污染源 6887 家,其中重点工业污染源 1600 家,一般工业污染源 5287 家。

本章根据《2006 年 IPCC 国家温室气体排放清单指南》,结合《国民经济行业分类与代码》(GB/T 4754—2002),识别与工业过程类别相关的行业。依托 2007 年第一次全国污染源普查数据库,筛选厦门市境内涉及工业过程温室气体排放的规模以上行业企业数据,见表 2-12,获取的具体数据包括工业企业的工业产值、主要生产工艺、主要产品及产量、主要原辅材料及消耗量等。符合条件的企业中,规模以上的近 300 家,其中保留了工业产值未达到 500 万元的企业是该行业小类中产值最大的一家企业。

表 2-12 厦门市涉及 IPCC 清单指南工业过程温室气体排放的行业

工业过程	行业代码	CO_2	CH_4	N_2O	HFCs	PFCs	SF_6	其他卤化气体
2A 采掘工业								
2A3 玻璃生产	314	X	x					
2E 电子工业								
2E1 半导体	4052 4053	x		x	X	X	X	X

注:其他卤化气体包括氟化乙醇、氟化醚、NF_3、SF_5CF_3;X 表示《2006 年 IPCC 国家温室气体排放清单指南》第三卷"工业过程和产品使用(IPPU)"提供了方法指南的气体;x 表示可能出现排放但在没有提供方法指南的气体

2)2007 年厦门市污染源普查动态更新调查数据

2007 年厦门市污染源普查动态更新调查以 2007 年第一次全国污染源普查数据库为总样本,只针对污染源排放的重点企业进行,全市共调查 600 多家。

3)2007 年厦门市国民经济和社会发展统计公报数据

2007 年厦门市主要工业产品产量。

1. 核算内容

1）采掘工业

A. 核算范围

根据《2006 年 IPCC 国家温室气体排放清单指南》，结合《国民经济行业分类与代码》（GB/T 4754－2002），依托 2007 年第一次全国污染源普查数据库，识别厦门市涉及采掘工业温室气体排放的规模以上行业。

2007 年厦门市市内无规模以上石灰生产企业、水泥生产行业均为外购熟料加工，无熟料生产过程的温室气体排放；厦门市规模以上陶瓷生产企业使用的均是如高岭土、白云土、长石等非 CO_2 排放原料。采掘工业主要温室气体排放来自于玻璃行业，温室气体排放种类主要为 CO_2。2007 年厦门市共有 14 家规模以上玻璃生产企业，其中，1 家使用浮法制造平板玻璃。涉及排放 CO_2 排放的主要原材料是石灰石（$CaCO_3$）、白云石〔$CaMg(CO_3)_2$〕、纯碱（Na_2CO_3）和碳酸锶（$SrCO_3$）。玻璃熔炼过程一般处于 1500°C 温区，复杂的高温反应与碳酸盐或白云石煅烧具有相同的 CO_2 排放净效应。次要的 CO_2 排放玻璃原材料是碳酸钡（$BaCO_3$）、骨灰（$3CaO_2P_2O_5＋XCaCO_3$）、碳酸钾（K_2CO_3），还可能添加粉末无烟煤或某些其他有机材料在熔融的玻璃中创造还原条件，且在玻璃融化产生 CO_2 时与有效氧气化合。同时，玻璃生产企业还使用一定比例的回收废玻璃（碎玻璃）进行生产。

B. 核算方法与参数

采用《2006 年 IPCC 国家温室气体排放清单指南》第三卷"工业过程和产品使用（IPPU）"玻璃生产类别公式，即根据不同的玻璃制造过程估算排放。根据现有数据核算年份为 2007 年。

$$E = \sum_i \left[M_{g,i} \times EF_i \times (1 - CR_i) \right] \qquad (2\text{-}6)$$

式中，E 为来自玻璃生产的 CO_2 排放，t；$M_{g,i}$ 为 i 类熔化玻璃的质量（如浮法玻璃、容器玻璃、纤维玻璃等），t；EF_i 为 i 类玻璃制造的排放因子，熔化每吨玻璃产生的 CO_2 吨数，IPCC 浮法玻璃制造缺省 CO_2 排放因子为 0.21 kg CO_2/kg 玻璃；CR_i 为 i 类玻璃制造的碎玻璃比率（平炉加料比例），根据本地企业调研数据获得的碎玻璃比例为 19.8％。

C. 活动水平

2007 年，厦门市使用浮法玻璃制造的规模以上企业仅一家，且仅部分产品为浮法玻璃。2007 年厦门市平板玻璃产量见表 2-13。

表 2-13　2007 年厦门市平板玻璃产量

工业产品	产量/万重量箱	质量/万 t
平板玻璃	905.03a	45.25b
浮法玻璃	—	3.80c

注：a 来源于《2007 年厦门市国民经济和社会发展统计公报》；b 重量箱＝50kg；c 为 2007 年规模以上企业浮法玻璃实际产量

D. 核算结果

根据公式(2-6)与表 2-13 的数据核算采掘工业温室气体排放,核算结果见表 2-14。

表 2-14　2007 年厦门市采掘工业温室气体排放　　　　　　　　(单位:万 t)

采掘工业部门	CO_2
浮法玻璃制造	7.620

2) 电子工业

A. 核算范围

根据《2006 年 IPCC 国家温室气体排放清单指南》,结合《国民经济行业分类与代码》(GB/T 4754-2002),依托 2007 年第一次全国污染源普查数据库,识别厦门市涉及电子工业温室气体排放的规模以上行业。《2006 年 IPCC 国家温室气体排放清单指南》中,工业部门核算范围主要包括半导体、薄膜晶体管平板显示器(TFT-FPD)和光电流(PV)生产行业企业。其中,厦门市涉及太阳能电池的企业有 3 家,主要是进行太阳能电池封装和配套外延片生产,未有相关生产排放。结合《省级温室气体清单编制指南(试行)》,本部分仅核算半导体即半导体发光二极管(LED)行业生产过程所产生的温室气体排放。

作为全国最早获批准的"国家半导体照明工程产业化基地",光电产业是厦门市重点培育的新兴产业。厦门市典型的 LED 企业主要生产 LED 外延片及芯片两类产品,温室气体的排放主要来自芯片制程,具体包括氧化、扩散、沉积、蚀刻等过程,如图 2-4 所示。其中,PFCs 的排放主要来自于干蚀刻(Dry EtCH)以及清洁已沉积硅的化学蒸汽沉积(CVD)制程反应室。SF_6 则来自于蚀刻制程作为清洗气体时的排放。

B. 核算方法与参数

由于无法从半导体发光二极管(LED)行业过程设备和气体制造商处收集数据,缺乏具体气体使用量数据,因此使用 IPCC 推荐的一阶计算方法,即依据芯片产量(m^2)和液晶显示器的产量(m^2)(排放系数法)计算温室气体排放量,公式如下:

$$E = \sum_i (M_i \times EF_i) \tag{2-7}$$

式中,E 为来自半导体发光二极管(LED)行业生产的 CO_2 排放,t;M_i 为半导体发光二极管(LED)行业企业 i 产量,以生产面积表示,m^2;EF_i 为半导体发光二极管(LED)行业特定气体排放因子的排放因子,参考《2006 年 IPCC 国家温室气体清单指南》第三卷。

C. 活动水平

根据 2007 年厦门市第一次全国污染普查数据,2007 年厦门市半导体芯片生产面积为 $2.85 m^2$。

D. 核算结果

根据式(2-7)与芯片产量(m^2)和液晶显示器的产量(m^2)数据核算采掘工业温室气体排放,核算结果见表 2-15。

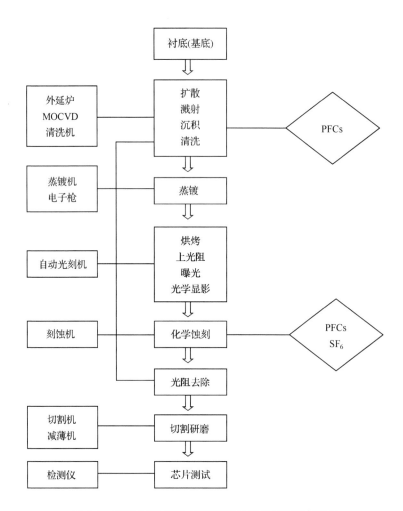

图 2-4 典型 LED 芯片工艺流程及相关温室气体排放

表 2-15 2007 年厦门市半导体行业温室气体排放总量（单位：万 t）

电子工业部门	半导体生产
CF_4	1.67×10^{-3}
C_2F_6	2.36×10^{-3}
CHF_3	1.17×10^{-4}
C_3F_8	3.59×10^{-6}
NF_3	3.53×10^{-7}
SF_6	9.82×10^{-8}

2. 工业生产过程碳排放核算清单

1) 排放清单

工业生产过程碳排放核算清单见表 2-16。

表 2-16 2007 年厦门市工业生产过程温室气体清单 （单位：万 t CO_2e）

温室气体种类		玻璃生产部门	半导体生产部门
CO_2		7.62	—
PFCs	CF_4	—	1.67×10^{-3}
	C_2F_6	—	2.36×10^{-3}
	CHF_3	—	1.17×10^{-4}
	C_3F_8	—	3.59×10^{-6}
	合计	—	4.15×10^{-3}
NF_3		—	3.53×10^{-7}
SF_6		—	9.82×10^{-8}
总计	7.62	7.62	4.15×10^{-3}

2) 不确定性分析

工业生产过程排放核算数据的不确定性主要来自以下三方面：①推算数据的误差。通过官方统计资料（《2007 年厦门市国民经济和社会发展统计公报》数据）进行产品产量推算，由此产生计算数据的误差。②某行业企业统计本身的不确定性。由于主要数据选取的是规模以上企业，规模以下的中小型企业可能产生零散的排放。③核算方法产生的误差。由于无法从过程设备和气体制造商处收集具体气体使用量数据，误差同时还产生于使用《2006 年 IPCC 国家温室气体排放清单指南》中的一阶计算方法（使用排放系数法计算半导体芯片温室气体排放量）。

根据《2006 年 IPCC 国家温室气体排放清单指南》，不确定性包括排放因子与活动数据的不确定性。其中采掘工业使用的清单核算采用了排放因子和碎玻璃比率，相关不确定性可能在±60%。玻璃生产数据通常可准确度量（±5%）。对于电子工业过程的排放因子，半导体生产的排放因子为 95% 的置信区间；另外，活动数据的单位是基质消耗量。核算使用的一阶方法活动数据项可靠性估算值为±10%（95% 置信区间）。

2.3.4 农业

厦门市农业温室气体排放清单共包括四个方面的内容，即动物肠道发酵 CH_4 排放、动物粪便管理 CH_4 和 N_2O 排放、稻田 CH_4 排放及农用地 N_2O 排放。

1. 核算内容

1) 畜牧业

A. 核算范围

a. 动物肠道发酵 CH_4 排放

反刍牲畜(如家牛、绵羊)是 CH_4 的主要排放源,在反刍动物(牛、羊、骆驼等)消化道的前部有一个膨胀室——瘤胃,瘤胃犹如一个连续发酵器,连续不断地消耗和消化动物食入的饲料,产生大量的 CH_4。主要的反刍牲畜有家牛、水牛、山羊、绵羊和骆驼。非反刍牲畜(马、骡/驴)、家禽(鸡、鸭、鹅)和非家禽单胃家畜(猪)排放的 CH_4 量相对较少。根据《2006 年 IPCC 国家温室气体清单指南》,并结合厦门市畜牧业发展现状,动物肠道 CH_4 排放源包括奶牛、非奶牛、水牛、山羊和猪。

b. 动物粪便管理 CH_4 排放

动物粪便管理 CH_4 排放是指在动物粪便施入到土壤之前动物粪便贮存和处理所产生的 CH_4。动物粪便在贮存和处理过程中 CH_4 的排放因子取决于粪便特性、粪便管理方式、不同粪便管理方式使用比例及当地气候条件等。根据《2006 年 IPCC 国家温室气体清单指南》,并结合厦门市畜牧业发展现状,动物粪便管理 CH_4 排放源包括奶牛、非奶牛、水牛、山羊、猪及家禽。

c. 动物粪便管理 N_2O 排放

动物粪便管理 N_2O 排放是指在动物粪便施入到土壤之前,在贮存和处理过程中所产生的 N_2O。这一过程中 N_2O 的排放因子取决于不同动物每日排泄的粪便中氮的含量和不同粪便管理方式。根据《2006 年 IPCC 国家温室气体清单指南》,并结合厦门市畜牧业发展现状,动物粪便管理 N_2O 排放源包括奶牛、非奶牛、水牛、山羊、猪及家禽。

B. 核算方法与参数

a. 动物肠道发酵 CH_4 排放

各种动物肠道发酵 CH_4 排放等于动物的存栏数量乘以适当的排放因子,然后将各种动物的排放量求和得到总排放量。

估算动物肠道发酵 CH_4 排放,分为以下三步。

步骤 1:根据动物特性对动物分群;

步骤 2:分别选择或估算动物肠道发酵的 CH_4 排放因子,单位为 kg/(头·a);

步骤 3:子群的 CH_4 排放因子乘以子群动物数量,估算子群的 CH_4 排放量,各子群 CH_4 排放量相加可得出 CH_4 排放总量。

某种动物的肠道发酵 CH_4 排放量,估算如式(2-8)所示;动物肠道发酵 CH_4 总排放量用式(2-9)计算。

$$E_{CH_4\,enteric,i} = EF_{CH_4\,enteric,i} \times AP_i \times 10^{-6} \qquad (2-8)$$

式中,$E_{CH_4\,enteric,i}$ 为第 i 种动物肠道发酵 CH_4 排放量,kt CH_4/a;$EF_{CH_4\,enteric,i}$ 为第 i 种动物肠道发酵 CH_4 排放因子,kg CH_4/(头·a),见《省级温室气体清单编制指南》;AP_i 为第 i

种动物的数量,头(只)。

$$E_{\text{CH}_4} = \sum E_{\text{CH}_4 \text{enteric},i} \tag{2-9}$$

式中,E_{CH_4} 为动物肠道发酵 CH_4 总排放量,$\text{kt CH}_4/\text{a}$;$E_{\text{CH}_4 \text{enteric},i}$ 为第 i 种动物肠道发酵 CH_4 排放量,$\text{kt CH}_4/\text{a}$。

b. 动物粪便管理 CH_4 排放

各种动物粪便管理 CH_4 排放清单等于不同动物粪便管理方式下 CH_4 排放因子乘以动物数量,然后相加可得总排放量。估算动物粪便管理 CH_4 排放主要分四步进行。

步骤 1:从畜禽种群特征参数中收集动物数量;

步骤 2:根据相关畜禽品种、粪便特性以及粪便管理方式使用率计算或选择合适的排放因子;

步骤 3:排放因子乘以畜禽数量即得出该种群粪便 CH_4 排放的估算值;

步骤 4:对所有畜群种群排放量的估算值求和即为排放总量。

计算特定动物的粪便管理 CH_4 排放量的公式为

$$E_{\text{CH}_4 \text{manure},i} = EF_{\text{CH}_4 \text{manure},i} \times \text{AP}_i \times 10^{-6} \tag{2-10}$$

式中,$E_{\text{CH}_4 \text{manure},i}$ 为第 i 种动物粪便管理 CH_4 排放量,$\text{kt CH}_4/\text{a}$;$E_{\text{FCH}_4 \text{manure},i}$ 为第 i 种动物粪便管理 CH_4 排放因子,$\text{kg CH}_4/(\text{头} \cdot \text{a})$,见《省级温室气体清单编制指南》;$\text{AP}_i$ 为第 i 种动物的数量,头(只)。

c. 动物粪便管理 N_2O 排放

各种动物粪便管理 N_2O 排放清单等于不同动物粪便管理方式下 N_2O 排放因子乘以动物数量,然后相加可得总排放量。估算动物粪便管理 N_2O 排放主要分四步进行。

步骤 1:从畜禽种群特征参数中收集动物数量;

步骤 2:用默认的排放因子,或根据相关畜禽粪便排泄量以及不同粪便管理系统所处理的粪便量计算排放因子;

步骤 3:排放因子乘以畜禽数量即得出该种群粪便 N_2O 排放的估算值;

步骤 4:对所有畜群种群排放量的估算求和即为排放总量。

计算特定动物的粪便管理氧化亚氮排放量的公式为

$$E_{\text{N}_2\text{O manure},i} = EF_{\text{N}_2\text{O manure},i} \times \text{AP}_i \times 10^{-6} \tag{2-11}$$

式中,$E_{\text{N}_2\text{OmaNure},i}$ 为第 i 种动物粪便管理 N_2O 排放量,$\text{kt N}_2\text{O}/\text{a}$;$EF_{\text{N}_2\text{OmaNure},i}$ 为第 i 种动物粪便管理 N_2O 排放因子,$\text{kg N}_2\text{O}/(\text{头} \cdot \text{a})$,见《省级温室气体清单编制指南》;$\text{AP}_i$ 为第 i 种动物的数量,头(只)。

C. 活动水平

计算动物肠道发酵 CH_4 排放及动物粪便管理 CH_4 和 N_2O 排放需要的活动水平数据见表 2-17 和表 2-18。

D. 核算结果

a. 动物肠道发酵 CH_4 排放

根据式(2-8)和式(2-9)及表 2-17 计算出厦门市 2005~2009 年动物肠道发酵 CH_4 排

放量,如表 2-19 所示。

表 2-17　厦门市禽畜饲养方式比例　　　　　（单位：%）

动物种类	规模化饲养	农户散养	放牧饲养
奶牛	0	100	0
非奶牛	10	90	0
水牛	0	100	0
山羊	0	100	0

注：咨询厦门市动物卫生监督所获得各禽畜饲养方式比例

表 2-18　2007 年厦门市主要禽畜存栏量　　　[单位：头（只）]

动物种类	规模化饲养[b]	农户散养[c]	放牧饲养[d]	合计[a]
奶牛	0	520	0	520
非奶牛	2 271	20 436	0	22 707
水牛	0	496	0	496
山羊	0	7 551	0	7 551
猪	—	—	—	468 862
家禽	—	—	—	2 030 812

注：a 来源于《厦门经济特区统计年鉴 2008》；b、c、d 根据各种饲养方式使用率乘以 a 获得

表 2-19　2007 年厦门市动物肠道发酵 CH_4 排放量　　（单位：万 t）

动物种类	规模化饲养	农户散养	放牧饲养
奶牛	0	4.6×10^{-3}	0
非奶牛	12.0×10^{-3}	138.8×10^{-3}	0
水牛	0	4.3×10^{-3}	0
山羊	0	7.1×10^{-3}	0
猪		46.9×10^{-3}	
动物肠道发酵总计		213.8×10^{-3}	

b. 动物粪便管理 CH_4 和 N_2O 排放

根据式(2-10)、式(2-11)，表 2-18 计算得到动物粪便 CH_4 和 N_2O 排放量,如表 2-20所示。

表 2-20　2007 年厦门市动物粪便管理 CH_4 和 N_2O 排放量　　（单位：万 t）

动物种类	CH_4	N_2O
奶牛	0.4×10^{-3}	0.1×10^{-3}
非奶牛	0	1.9×10^{-3}
水牛	0	0
山羊	0.2×10^{-3}	0.1×10^{-3}
猪	238.2×10^{-3}	8.2×10^{-3}
家禽	4.1×10^{-3}	1.4×10^{-3}
动物粪便管理合计	242.9×10^{-3}	11.8×10^{-3}

c. 畜牧业温室气体排放量

2007 年厦门市畜牧业温室气体排放清单见表 2-21。

表 2-21　2007 年厦门市畜牧业温室气体排放清单　　　　（单位：万 t）

动物种类	CH_4	N_2O
奶牛	5.1×10^{-3}	0.1×10^{-3}
非奶牛	150.8×10^{-3}	1.9×10^{-3}
水牛	4.4×10^{-3}	0
山羊	7.3×10^{-3}	0.1×10^{-3}
猪	285.1×10^{-3}	8.2×10^{-3}
家禽	4.1×10^{-3}	1.4×10^{-3}
合计	456.6×10^{-3}	11.8×10^{-3}

2) 种植业

A. 核算范围

a. 稻田 CH_4 排放

水稻种植过程中，稻田中的有机质处于厌氧环境中，通过微生物代谢的作用，有机质矿化产生 CH_4。稻田 CH_4 排放主要是通过水稻在生长过程中稻茎的传输、扩散而释放到大气中。特定面积的稻田 CH_4 年排放量受水稻生长期和种植季数（每年种植水稻次数）、种植前和种植期间水分状况以及有机无机土壤的改良影响。土壤类型、温度和种植品种也影响 CH_4 的排放。根据《2006 年 IPCC 国家温室气体清单指南》，结合厦门市种植业发展现状，本次清单包含的排放源为单季稻、双季早稻和双季晚稻。

b. 农用地 N_2O 排放

农用地 N_2O 排放包括两部分：直接排放和间接排放。直接排放是由农用地当季氮输入引起的排放。输入的氮包括氮肥、粪肥和秸秆还田。间接排放包括大气氮沉降引起的 N_2O 排放和氮淋溶径流损失引起的 N_2O 排放。

B. 核算方法与参数

a. 稻田 CH_4 排放

稻田 CH_4 排放的计算公式为

$$E_{CH_4} = \sum (EF_i \times AD_i) \tag{2-12}$$

式中，E_{CH_4} 为稻田 CH_4 排放量，$kt\ CH_4/a$；EF_i 为分类型稻田 CH_4 排放因子，$kg\ CH_4/hm^2$，$(1hm^2 = 10^4\ m^2)$，见《省级温室气体清单编制指南》；AD_i 为对应于该排放因子的水稻播种面积，hm^2/a；i 表示稻田类型，分别指单季水稻、双季早稻和晚稻。

b. 农用地 N_2O 排放

农用地 N_2O 排放等于各排放过程的氮输入量乘以其相应的 N_2O 排放因子：

$$E_{N_2O} = \sum (N_{输入} \times EF) \tag{2-13}$$

式中，E_{N_2O} 为农用地 N_2O 排放总量（包括直接排放、间接排放），$kg\ N_2O\text{-}N/a$；$N_{输入}$ 为各排

放过程氮输入量,kg N/a;EF 为对应的 N_2O 排放因子,kg N_2O-N/kg N。

(1) 农用地 N_2O 直接排放。

农用地氮输入量主要包括化肥氮(氮肥和复合肥中的氮)($N_{化肥}$)、粪肥氮($N_{粪肥}$)、秸秆还田氮(包括地上秸秆还田氮和地下根氮)($N_{秸秆}$),根据下式计算农用地 N_2O 直接排放量。

$$N_2O_{直接} = (N_{化肥} + N_{粪肥} + N_{秸秆}) \times EF_{直接} \tag{2-14}$$

$$N_{粪肥} = [(禽畜总排泄氮量 - 放牧 - 做燃料) + 乡村人口总排泄氮量] \times$$
$$(1 - 淋溶径流损失率 15\% - 挥发损失率 20\%) - 禽畜封闭管理系统 N_2O 排放量 \tag{2-15}$$

$$N_{秸秆} = 地上秸秆还田氮量 + 地下根氮量$$
$$= (作物籽粒产量 / 经济系数 - 作物籽粒产量) \times 秸秆还田率 \times$$
$$秸秆含氮率 + 作物籽粒产量 / 经济系数 \times 根冠比 \times 根含氮率 \tag{2-16}$$

(2) 农用地 N_2O 间接排放。

农用地 N_2O 间接排放($N_{间接}$)源于施肥土壤和畜禽粪便氮氧化物(NO_x)和氨(NH_3)挥发经过大气氮沉降,引起的 N_2O 排放($N_2O_{沉降}$),以及土壤氮淋溶或径流损失进入水体而引起的 N_2O 排放($N_2O_{淋溶}$)。

(3) 大气氮沉降引起的 N_2O 间接排放。

大气氮沉降引起的 N_2O 排放用式(2-17)计算,大气氮主要来源于禽畜粪便($N_{畜禽}$)和农用地氮输入($N_{输入}$)的 NH_3 和 NO_x 挥发,如果当地没有 $N_{畜禽}$ 和 $N_{输入}$ 的挥发率观测数据,则采用推荐值,分别为 20% 和 10%。排放因子采用 IPCC 的排放因子 0.01。

$$N_2O_{沉降} = (N_{畜禽} \times 20\% + N_{输入} \times 10\%) \times 0.01 \tag{2-17}$$

(4) 淋溶径流引起的间接排放。

农田氮淋溶和径流引起的氧化亚氮间接排放量采用式(2-18)计算。其中,氮淋溶和径流损失的氮量占农用地总氮输入量的 20% 来估算。

$$N_2O_{淋溶} = N_{输入} \times 20\% \times 0.0075 \tag{2-18}$$

C. 活动水平

计算稻田 CH_4 排放清单的活动水平数据见表 2-22。

表 2-22　2007 年厦门市稻田播种面积　　　　　　(单位:hm^2)

水稻类型	2005 年	2006 年	2007 年	2008 年	2009 年
单季稻	2811.60	2252.13	1504.47	1547.80	1474.20
双季早稻	2542.93	2285.13	1611.80	1615.20	1680.40
双季晚稻	2542.93	2285.13	1611.80	1615.20	1680.40

注:《厦门经济特区统计年鉴》中关于水稻的分类为早稻、中稻、一季晚稻及双季晚稻,本清单假设双季早稻和双季晚稻播种面积一致,因此单季稻播种面积=早稻+中稻+一季晚稻-双季晚稻

计算农用地 N_2O 排放清单的活动水平数据见表 2-23、表 2-24。

表 2-23　2007 年厦门市主要农作物播种面积　　　（单位：hm²）

农作物类型	播种面积	农作物类型	播种面积
水稻	4728.07	花生	2864.53
玉米	211.60	芝麻	5.07
高粱	6.00	甘蔗	57.20
大豆	111.87	甘薯	1937.40
其他豆类	46.87	马铃薯	942.00
油菜籽	6.93	蔬菜类	16 073.47

注：数据来源于《厦门经济特区统计年鉴 2008》

表 2-24　2007 年厦门市其他相关活动水平数据

乡村人口数/人[a]	化肥氮/t[b]	秸秆还田率/%[c]
368 988	7671	14

注：a、b 来源于《厦门经济特区统计年鉴 2008》；c 来源于 IAP-N 模型

D. 核算结果

a. 稻田 CH_4 排放

根据式(2-12)及表 2-22 计算得到 2007 年厦门市稻田 CH_4 排放量，如表 2-25 所示。

表 2-25　2007 年厦门市稻田 CH_4 排放量　　　（单位：万 t）

单季稻	双季早稻	双季晚稻	合计
3.24×10^{-2}	3.41×10^{-2}	3.61×10^{-2}	10.26×10^{-2}

b. 农用地 N_2O 排放

根据式(2-14)～式(2-18)及表 2-23、表 2-24 计算得出厦门市农用地排放量，见表 2-26～表 2-28。

表 2-26　2007 年厦门市农用地 N_2O 直接排放量计算结果

各种氮源/tN				直接排放因子	N_2O 直接排放量/tN
化肥[a]	粪肥[b]	秸秆还田[c]	总氮输入量		
A	B	C	D=A+B+C	E	F=D*E
7671	2146	802	10619	0.0178	189.01

注：a 来源于《厦门经济特区年鉴 2008》；b、c 根据 IAP-N 模型计算

表 2-27　2007 年厦门市农用地 N_2O 间接排放量计算结果

大气氮沉降引起		氮淋溶径流引起		N_2O 间接排放量/tN
大气沉降氮[a]	N_2O 排放量/tN	氮淋溶径流损失量[b]	N_2O 排放量/tN	
A	B=A×0.01	C	D=C×0.0075	E=B+D
2062	20.62	2124	15.93	36.54

注：a、b 根据 IAP-N 模型计算

表 2-28　2007 年厦门市农用地 N_2O 排放结果 （单位：万 t）

部门	氧化亚氮(N)	氧化亚氮(N_2O)
	A	$B=A\times44/28$
农用地直接排放	1.89×10^{-2}	2.97×10^{-2}
农用地间接排放	0.37×10^{-2}	0.58×10^{-2}
农用地总计	2.26×10^{-2}	3.55×10^{-2}

c. 种植业温室气体排放量

种植业温室气体排放量为稻田 CH_4 排放量和农田 N_2O 排放量之和，计算结果见表 2-29。

表 2-29　2007 年厦门市种植业温室气体排放清单 （单位：万 t）

部门	甲烷(CH_4)	二氧化碳当量(CO_2e)	氧化亚氮(N_2O)	二氧化碳当量(CO_2e)	合计
	A	$B=A\times21$	C	$D=C\times310$	$E=B+D$
稻田	0.10	2.16	0	0	2.16
农用地	0	0	0.04	11.01	11.01

2. 农业碳排放清单

1) 排放清单

2007 年厦门市农业部门温室气体排放清单见表 2-30。

表 2-30　2007 年厦门市农业部门温室气体清单 （单位：万 t）

部门	甲烷(CH_4)	氧化亚氮(N_2O)	二氧化碳当量(CO_2e)
动物肠道发酵	21.38×10^{-2}	0	4.49
动物粪便管理	24.29×10^{-2}	1.18×10^{-2}	8.75
稻田	10.26×10^{-2}	0	2.15
农用地	0	3.55×10^{-2}	11.01
总计	55.93×10^{-2}	4.73×10^{-2}	26.40

2) 不确定性分析

农业生产过程温室气体排放清单编制存在的不确定性主要集中在以下三个方面：

（1）对于动物肠道发酵 CH_4 排放和动物粪便管理 CH_4 以及 N_2O 排放的估算，存在不确定性的原因主要在于缺乏实际观测资料，采用了《省级温室气体清单编制指南》中华东地区的排放因子。

（2）对于稻田 CH_4 排放的估算，存在不确定性主要是由于缺乏实际观测资料，采用了《省级温室气体清单编制指南》中华东地区的排放因子。

（3）对于农用地 N_2O 排放的估算，存在不确定主要是由于缺乏实际观测资料，采用了《省级温室气体清单编制指南》中华东地区的排放因子；关于粪肥氮和秸秆还田氮的数量使用 IAP-N 模型计算。

2.3.5　土地利用变化和林业

1. 核算内容

1) 森林和其他木质生物质生物量碳储量变化

A. 核算范围

中国土地利用类型常分为林业用地、农用地、牧草地、建设用地、水域和未利用土地等类型。其中,林地包括林地、疏林地、灌木林地、未成林地、苗圃地、无立木林地、宜林地和林业辅助用地。在本节的碳排放量核算清单中,依据厦门市国土资源与房产管理局的年度土地利用变更平衡表的划分类型及年度的变更量级,结合《省级温室气体清单编制指南(试行)》将厦门市土地利用类型主要划分为林地、农用地、湿地、建设用地和其他用地等类型。《省级温室气体清单编制指南(试行)》中"土地利用变化和林业"(Land Use Change and Forest,LUCF)温室气体清单的编制,以《IPCC 国家温室气体清单编制指南(1996 年修订版)》(以下简称《IPCC1996 年指南》)为主要方法参考依据,结合中国土地利用变化与林业的实际特点,确定省级 LUCF 清单的范围与内容。目前省级 LUCF 清单拟考虑以下两种人类活动引起的 CO_2 吸收或排放,即森林和其他物质生物量碳汇量变化,森林转化碳排放。

根据《省级温室气体清单编制指南(试行)》,考虑到厦门市官方统计数据的可获得性及精度等,本节仅计算基于地上生物量变化所造成的 CO_2 的直接排放。在本节年度碳排放量核算中的土地利用类型及变更情况之所以没有考虑用遥感数据解译或其他的数据类型,主要是因为考虑到遥感影像解译数据的主观性,以及其官方性的欠缺,清单编制主要是供政府部门核算及政策调整,所以我们充分的考虑了数据来源的权威性和可靠性等。同时为了和其他部分的碳排放清单编制规则一致,碳排放核算的主要方法依然来源于《省级温室气体清单编制指南(试行)》。

B. 核算方法与参数

本部分计算由于森林管理、采伐、薪炭材采集等活动影响而导致的生物量碳贮量增加或减少。森林和其他木质生物质生物量碳贮量的变化,包括乔木林(林分)生长生物量碳吸收,散生木、四旁树、疏林生长生物量碳吸收,竹林、经济林、灌木林生物量碳贮量变化,以及活立木消耗碳排放。具体计算方法如下:

$$\Delta C_{生物量} = \Delta C_{乔} + \Delta C_{散四疏} + \Delta C_{竹/经/灌} - \Delta C_{消耗} \tag{2-19}$$

式中,$\Delta C_{生物量}$ 为森林和其他木质生物质生物量碳贮量变化,tC;$\Delta C_{乔}$ 为乔木林(林分)生物量生长碳吸收,tC;$\Delta C_{散四疏}$ 为散生木、四旁树、疏林生物量生长碳吸收,tC;$\Delta C_{竹/经/灌}$ 为竹林(或经济林、灌木林)生物量碳贮量变化,tC;$\Delta C_{消耗}$ 为活立木消耗生物量碳排放,tC。

a. 乔木林生长碳吸收

根据厦门市市森林资源调查数据获得乔木林总蓄积量、活立木蓄积量年生长率;通过文献资料分析,获得各优势树种的基本木材密度、生物量转换系数,并计算平均基本木材密度和生物量转换系数,从而计算乔木林生物量生长碳吸收,计算方法如下。

$$\Delta C_{乔} = V_{乔} \times GR \times \overline{SVD} \times \overline{BEF} \times 0.5 \tag{2-20}$$

$$\overline{\mathrm{BEF}} = \sum_{i=1}^{N} \left(\mathrm{BEF}_i \cdot \frac{V_i}{V_{\text{乔}}} \right) \qquad (2\text{-}21)$$

$$\overline{\mathrm{SVD}} = \sum_{i=1}^{N} \left(\mathrm{SVD}_i \cdot \frac{V_i}{V_{\text{乔}}} \right) \qquad (2\text{-}22)$$

式中，$V_{\text{乔}}$ 为某清单编制年份本地的乔木林总蓄积量，m^3；V_i 为本地乔木林第 i 树种（组）蓄积量，m^3；GR 为本地活立木蓄积量年生长率（%），根据排放清单厦门市值为 6.68；BEF_i 为本地乔木林第 i 树种（组）的生物量转换系数，即全林生物量与树干生物量的比值（无量纲）；$\overline{\mathrm{BEF}}$ 为本地乔木林 BEF 加权平均值，根据排放清单厦门市值为 1.806；SVD_i 为本地乔木林第 i 树种（组）的基本木材密度，t/m^3；$\overline{\mathrm{SVD}}$ 为本地乔木林 SVD 加权平均值，根据排放清单厦门市值为 0.436；i 为本地乔木林优势树种（组），$i = 1,2,3 \cdots \cdots N$；0.5 为生物量含碳率，取 0.5，下同。

b. 散生木、四旁树、疏林生长碳吸收

散生木、四旁树、疏林生物量生长碳吸收计算方法与乔木林类似，见式(2-23)。首先根据森林资源调查数据，获得散生木、四旁树、疏林总蓄积量（$V_{\text{散四疏}}$）、活立木蓄积量年生长率（GR）。由于很难确定散生木、四旁树、疏林的树木种类，因此在实际计算中，其木材密度（SVD）和生物量转换因子（BEF）用加权平均值代替。

$$\Delta C_{\text{散四疏}} = V_{\text{散四疏}} \times \mathrm{GR} \times \overline{\mathrm{SVD}} \times \overline{\mathrm{BEF}} \times 0.5 \qquad (2\text{-}23)$$

c. 竹林、经济林、灌木林生物量碳吸收

主要是根据竹林、经济林、灌木林面积变化和单位面积生物量来计算生物量碳贮量变化，见式(2-24)。在实际计算中竹林、经济林、灌木林面积因缺少历年数据，其面积变化值不变。

$$\Delta C_{\text{竹/经/灌}} = \Delta A_{\text{竹/经/灌}} \times B_{\text{散/四/疏}} \times 0.5 \qquad (2\text{-}24)$$

式中，$\Delta C_{\text{竹/经/灌}}$ 为竹林（或经济林、灌木林）生物量碳贮量变化，tC；$\Delta A_{\text{竹/经/灌}}$ 为竹林（或经济林、灌木林）面积年变化，hm^2；$\Delta B_{\text{竹/经/灌}}$ 为竹林（或经济林、灌木林）平均单位面积生物量，t 干物质。

d. 活立木消耗碳排放

根据森林资源调查数据，获得活立木总蓄积量（$V_{\text{活立木}}$），即乔木林、散生木、四旁树、疏林的蓄积量总和。根据活立木蓄积消耗率（CR）、全省平均基本木材密度（$\overline{\mathrm{SVD}}$）和生物量转换系数（$\overline{\mathrm{BEF}}$）计算活立木消耗造成的碳排放，见式(2-25)。

$$\Delta C_{\text{消耗}} = V_{\text{活立木}} \times \mathrm{CR} \times \overline{\mathrm{SVD}} \times \overline{\mathrm{BEF}} \times 0.5 \qquad (2\text{-}25)$$

式中，CR 为本地活立木年均净消耗率，%，根据排放清单，厦门市值为 5.63。

C. 活动水平

林业与土地利用变化活动水平数据如表 2-31 所示。

表 2-31　厦门市森林和其他木质生物质碳贮量

年份	乔木林		竹林	经济林	灌木林	散生木+四旁树+疏林	活立木(总)
	面积/hm^2	蓄积/m^3	面积/hm^2	面积/hm^2	面积/hm^2	蓄积/m^3	蓄积/m^3
2006[a]	33 880	1 718 080	445	19 025	3889	8595	1 726 675
2007[b]	—	1 736 120	—	—	—	8685	1 744 805

注：a 2006 年的数据来源于森林资源调查；b 2007 年的活立木蓄积量是根据生长率、消耗率推算而得

D. 核算结果

根据式(2-19)~式(2-25)和表 2-31 以及排放因子数据,计算得到 2007 年厦门市林业和土地利用变化部门温室气体清单,如表 2-32 所示。

表 2-32　2007 年厦门市林业与土地利用变化温室气体清单[a、b]

部门	碳(C)/万 t	二氧化碳(CO₂)/万 t	甲烷(CH₄)/万 t	氧化亚氮(N₂O)/万 t	温室气体/万 t CO₂e
森林和其他木质生物质碳储量变化	−0.72	−2.64	—	—	−2.64
乔木	−4.57	−16.74	—	—	−16.74
经济林	—	—			
竹林	—	—			
灌木林	—	—			
疏林、散生木和四旁树	−0.02	−0.08			−0.08
活立木消耗	−3.87	−14.18			−14.18

注:a 2007 年温室气体清单由活立木蓄积量生长率、消耗率推算而得;b 2007 年厦门市林业和土地利用变化部门 CO₂ 清单的数据,负值代表净吸收,正值代表净排放

2)森林转化温室气体排放

"森林转化"指将现有森林转化为其他土地利用方式,相当于毁林。在毁林过程中,被破坏的森林生物量一部分通过现地或异地燃烧排放到大气中,一部分(如木产品和燃烧剩余物)通过缓慢分解过程释放到大气中。由于厦门市实行严格的森林保护,同时通过创建国家森林城市,大力实施中心城区绿化工程,生态风景林工程、绿色景观生态长廊工程等积极开展森林碳汇工作。因此,厦门市基本没有毁林行为,这部分碳排放可以忽略不计。

2. 土地利用变化与林业排放清单

1)排放清单

汇总得到 2007 年厦门市林业与土地利用变化温室气体清单如表 2-33 所示。

表 2-33　2007 年厦门市林业与土地利用变化温室气体清单

部门	碳(C)/万 t	二氧化碳(CO₂)/万 t	甲烷(CH₄)/万 t	氧化亚氮(N₂O)/万 t	温室气体/万 t CO₂e
森林和其他木质生物质碳储量变化	−0.72	−2.64	—	—	−2.64
乔木	−4.57	−16.74	—	—	−16.74
经济林	—	—			
竹林	—	—			
灌木林	—	—			
疏林、散生木和四旁树	−0.02	−0.08			−0.08
活立木消耗	−3.87	−14.18			−14.18
森林转化碳排放	0	0	0	0	
燃烧排放	0	0	0	0	
分解排放	0	0			

2）不确定性分析

林业活动温室气体排放量核算时存在的不确定性主要有以下四个方面：①计算厦门市林业和土地利用变化温室气体清单时，2007 年碳和二氧化碳排放情况是根据历年数据推算所得，与实际情况相比存在一些差距；②计算含碳率时，排放因子采用 IPCC 默认缺省值为 0.5，与厦门市实际情况可能会有些差异；③计算竹林、经济林和灌木林时，因缺少历年的数据，默认其面积变化为 0，与实际情况相比存在一些差距；④计算厦门市林业和土地利用变化部门温室气体清单时，2007 年碳贮量变化时，基本木材密度（SVD）和生物量转换系数（BEF）的值为全省平均值，因此与厦门市实际情况有些差异。

林业、土地利用及土地利用变化所引起的碳排放量核算时存在的不确定性主要有以下四个方面：①林业类型的划分中，由于厦门市森林变更量相对较小，若按亚类进行细分，多数变更量级只能维持在亩级，因此林业类型的划分精度相对较低；②林业、土地利用及土地利用变化所引起的碳排放量核算时排放因子采用 IPCC 缺省值，与厦门市实际情况可能会有些差异；③土地利用、土地利用变化所引起的温室气体排放量核算时为避免和其他章节计算重复，本节主要考虑基于林业变化所引起的碳汇和碳排的变化；④林地的碳汇及碳排情况基于数据统计的精度及全国即各省（自治区、直辖市）活立木蓄积量年均总生长率和年均净消耗率数据，因此与厦门市实际情况可能会有些差异，这对计算结果的精度也会有一定的影响。

2.3.6 废弃物处置

废弃物处理与处置也是温室气体排放源之一，在这过程中产生了 CH_4、CO_2、N_2O 等温室气体。针对厦门市的城市废弃物管理方式与处理方法可知，主要的温室气体排放过程包括城市固体废弃物（城市生活垃圾）、固体废弃物焚烧以及生活污水和工业废水处理。废弃物处理的 CH_4 排放源包括固体废弃物填埋处理和生活污水处理及工业废水处理。含有化石碳（如塑料、橡胶等）的废弃物焚化和露天燃烧，是废弃物部门中最重要的 CO_2 排放来源。废弃物处理也会产生 N_2O 排放，但其排放机理和过程比较复杂，主要取决于处理的类型和处理期的条件，本书只涉及废水处理的 N_2O 排放。

1. 核算内容

1）固体废弃物处理温室气体排放

A. 核算范围

a. 固体废弃物填埋 CH_4 排放

市政、工业和其他固体废弃物的处理和处置，产生了大量的 CH_4。除了 CH_4 之外，固体废弃物处置场所还产生生物源 CO_2 及较少量的 N_2O 等其他温室气体。来自生物量源（如植物、木材）的有机材料分解是废弃物释放 CO_2 的主要来源，因为该碳是生物成因，这些 CO_2 排放未纳入清单总量之中。本清单只核算固体废弃物填埋产生的 CH_4 排放。

b. 固体废弃物焚烧 CO_2 排放

废弃物处理的重要 CO_2 排放源包括固体和液体废弃物在可控的焚化设施中焚烧产生的 CO_2 排放。焚烧的废弃物类型包括城市固体废弃物、危险废弃物、医疗废弃物和污水污泥。只有废弃物中的矿物炭(如塑料、某些纺织品、橡胶、液体溶剂、废油)在焚化期间氧化过程产生的 CO_2 排放被视为净排放，纳入该清单总量中。废弃物中所含的生物材料(如纸张、食品和木材废弃物)燃烧产生的 CO_2 排放，是生物成因的排放，不纳入该清单中。

B. 核算方法与参数

a. 固体废弃物填埋 CH_4 排放

计算本部分采用质量平衡法，估算公式如 2-26 所示，该方法假设所有潜在的 CH_4 均在处理当年就全部排放完。这种假设虽然在估算时相对简单方便，但会高估 CH_4 的排放。

$$E_{CH_4} = (MSW_T \times MSW_F \times L_0 - R) \times (1 - OX) \qquad (2\text{-}26)$$

式中，E_{CH_4} 为 CH_4 排放量，万 t/a；MSW_T 为总的城市固体废弃物产生量，万 t/a；MSW_F 为城市固体废弃物填埋处理率；L_0 为各类管理类型垃圾填埋场的 CH_4 产生潜力，万 tCH_4/万 t 废弃物；R 为 CH_4 回收量，万 t/a；OX 为氧化因子。

其中，

$$L_0 = MCF \times DOC \times DOC_F \times F \times 16/12 \qquad (2\text{-}27)$$

式中，MCF 为各类管理类型垃圾填埋场的 CH_4 修正因子(比例)，见表 2-34；DOC 为可降解有机碳，kg 碳/kg 废弃物，见表 2-34；DOC_F 为可分解的 DOC 比例，参考《省级温室气体清单编制指南(试行)》；F 为垃圾填埋气体中的 CH_4 比例，参考《省级温室气体清单编制指南(试行)》；16/12 为 CH_4/C 分子量比率。

其中，

$$DOC = \sum_i (DOC_i \times W_i) \qquad (2\text{-}28)$$

式中，DOC_i 指废弃物类型 i 中可降解有机碳的比例，具体数据参考《省级温室气体清单编制指南(试行)》；W_i 指第 i 类废弃物比例，可以通过对省区市垃圾填埋场的垃圾成分调研或相应研究报告的收集获得，参考《省级温室气体清单编制指南(试行)》。

表 2-34　城市固体固废填埋处理 CH_4 排放因子/相关参数及来源

排放因子/相关参数	简写	参数值
可降解有机碳/(kgC/kg 废弃物)	DOC	式(2-28)
CH_4 修正因子/%	MCF	1.0

注：根据厦门市市容环卫处资料计算得出

b. 固体废弃物焚烧 CO_2 排放

根据《省级温室气体清单编制指南(试行)》提供的估算废弃物焚化产生的 CO_2 排放量公式为

$$E_{CO_2} = \sum_l (IW_i \times CCW_i \times FCF_i \times EF_i \times 44/12) \qquad (2\text{-}29)$$

式中，E_{CO_2} 为废弃物焚烧处理的 CO_2 排放量，万 t/a；i 分别为城市固体废弃物、危险废弃物、污泥；IW_i 为第 i 种类型废弃物的焚烧量，万 t/a；CCW_i 为第 i 种类型废弃物的碳含量比例，见表 2-35；FCF_i 为第 i 种类型废弃物中矿物炭在碳总量中比例，见表 2-35；EF_i 为第 i 种类型废弃物焚烧炉的焚烧效率，见表 2-35；44/12 指碳转化成 CO_2 的转换系数。

表 2-35　废弃物焚烧处理相关参数　　　　　　（单位：%）

排放因子	简写	范围		推荐值
废弃物碳含量	CCW_i	城市生活垃圾[a]	（湿）33～35	20
		危险废弃物[a]	（湿）1～95	100
		污泥[b]	（干物质）10～40	30
矿物炭在碳总量中的百分比	FCF_i	城市生活垃圾[c]	30～50	39
		危险废弃物[a]	90～100	90
		污泥[d]	0	0
燃烧效率	EF_i	城市生活垃圾[a]	95～99	95
		危险废弃物[a]	95～99.5	97
		污泥[a]	95	95

注：a 数据来自调查及专家判断；b 数据参考《省级温室气体清单编制指南》中推荐值；c 数据为全国平均值；d 污泥焚烧产生 CO_2 为生物成因

C. 活动水平

a. 固体废弃物填埋 CH_4 排放

固体废弃物处置 CH_4 排放量估算所需的活动水平数据包括：城市固体废弃物产生量、城市固体废弃物填埋量、城市固体废弃物物理成分，具体活动水平数据见表 2-36。

表 2-36　2007 年厦门市城市固体废弃物填埋处理活动水平数据及来源

活动水平数据	简写	数值
产生量/（万 t/a）	MSW_T	83.18
填埋处理率/%	MSW_F	100
填埋量/（万 t/a）	—	83.18
CH_4 回收量/（万 t/a）	R_T	0
城市生活垃圾成分/%	—	—
食物垃圾/%		59.31
纸类/%		3.48
塑料/%		11.18
橡胶/%		0.53
金属/%		0.61
玻璃（陶器、瓷器）/%		1.84
纺织物/%		1.87
木竹/%		1.32
其他（如电子废弃物、骨头、贝壳、电池）/%		19.86

注：数据由厦门市市容环卫处调研获得

b. 固体废弃物焚烧 CO_2 排放

废弃物焚烧处理 CO_2 排放估算需要的活动水平数据包含各类型(城市固体废弃物、危险废弃物、污水污泥)废弃物焚烧量,数据见表 2-37。

表 2-37　2007 年厦门市废弃物焚烧处理活动水平数据及来源　（单位：万 t）

活动水平数据	数值
城市固体废弃物焚烧量[a]	0.00
危险废弃物焚烧量[b]	0.82
污水污泥焚烧量[c]	0.00

注：a 来自厦门市市容环卫处调研数据；b 参考《2007 年厦门市环境统计及城考资料汇编》；c 来自厦门市水务局调研数据

D. 核算结果

a. 固体废弃物填埋 CH_4 排放

CH_4 排放量由式(2-26)～式(2-28)估算得出,计算结果见表 2-38。填埋是厦门市城市生活固体废弃物处理的最主要方式,主要排放温室气体 CH_4。

表 2-38　厦门市城市固体废弃物填埋 CH_4 排放量　（单位：万 t）

年份	2007
城市固体废物填埋 CH_4 排放量	2.87

b. 固体废弃物焚烧 CO_2 排放

城市固体废弃物、危险废弃物、污水污泥焚烧产生的 CO_2 排放量由式(2-29)估算得出,结果如表 2-39 所示。由于厦门市垃圾焚烧厂于 2008 年建成,2009 年正式投入使用,所以 2008 年以前由于废弃物焚烧产生的温室气体排放量较少。

表 2-39　厦门市废弃物焚烧处理 CO_2 排放量　（单位：万 t）

年份	2007
城市固体废弃物化石成因	0.00
危险废弃物	2.62
总计	2.62

2) 废水处理和温室气体排放

A. 核算范围

a. 生活污水处理 CH_4 排放

废水若经无氧处理或处置,便会造成 CH_4 排放,还会造成 N_2O 排放。废水的 CO_2 排放是生物成因,不应纳入清单的排放总量。废水产生于各种生活、商业和工业源,可以就地处理(未收集),也可用下水道排放到集中设施(收集)或在其附近经由排水口未加处理而处置。生活污水处理 CH_4 排放系指污水处理厂集中对源自家庭用水的废水进行处理而产生的 CH_4 排放量。

b. 工业废水处理 CH_4 排放

工业废水指仅源于工业活动产生的废水，工业废水可在现场处理，或者被排放到生活污水的下水道系统。如果被排放到生活污水下水道系统，则其排放要纳入生活废水排放。工业废水处理 CH_4 排放部分估算了源自现场处理的 CH_4 排放量。

c. 废水处理 N_2O 排放

N_2O 排放可出现于处理厂的直接排放，或将废水排入水道、湖泊或海洋后产生间接排放。源自废水处理厂硝化作用和反硝化作用的直接排放可视为次要来源，采用 IPCC 推荐的优良做法，废水处理 N_2O 排放部分计算所得为源自废水处理产生的间接 N_2O 排放量。

B. 核算方法与参数

a. 生活污水处理 CH_4 排放

本清单采用的估算生活污水处理 CH_4 排放的公式为

$$E_{CH_4} = (TOW \times EF) - R \qquad (2\text{-}30)$$

式中，E_{CH_4} 为清单年份的生活污水处理 CH_4 排放总量，万 t CH_4/a；TOW 为清单年份的生活污水中有机物总量，万 t BOD/a；EF 为排放因子，万 t CH_4/a；R 为清单年份 CH_4 回收量，万 t CH_4/a，参考《2006 年 IPCC 国家温室气体清单指南》。

其中，排放因子（EF）的估算公式为

$$EF = B_0 \times MCF \qquad (2\text{-}31)$$

式中，B_0 为 CH_4 最大产生能力，万 t CH_4/万 t BOD，见《省级温室气体清单编制指南（试行）》；MCF 为 CH_4 修正因子，见《省级温室气体清单编制指南（试行）》。

b. 工业废水处理 CH_4 排放

本清单采用《省级温室气体清单编制指南（试行）》中推荐的公式估算工业废水处理的 CH_4 排放量，计算公式为

$$E_{CH_4} = \sum_i \left[(TOW_i - S_i) \times EF_i - R_i \right] \qquad (2\text{-}32)$$

式中，E_{CH_4} 为 CH_4 排放量，kgCH_4/a；i 为不同的工业行业；S_i 为以污泥方式清除的有机物总量，kgCOD/a；EF_i 为排放因子，kgCH_4/kgCOD；R_i 为 CH_4 回收量，kgCH_4/a。

式中，EF 计算公式同式(2-31)，参数见《省级温室气体清单编制指南（试行）》。

c. 废水处理 N_2O 排放

采用《省级温室气体清单编制指南（试行）》推荐的 N_2O 排放估算方法，公式为

$$E_{N_2O} = N_E \times EF_E \times 44/28 \qquad (2\text{-}33)$$

式中，E_{N_2O} 为清单年份 N_2O 的年排放量，kgN_2O/a；N_E 为污水中的氮含量，kgN/a；EF_E 为废水的 N_2O 排放因子，kgN_2O/kgN；44/28 为转化系数。

其中排放到废水中的氮含量可通过以下公式计算：

$$N_E = (P \times Pr \times F_{NPR} \times F_{NON\text{-}CON} \times F_{IND\text{-}COM}) - N_S \qquad (2\text{-}34)$$

式中，P 为人口数；Pr 为每年人均蛋白质消耗量，kg/(人·a)；F_{NPR} 为蛋白质中氮含量，见《省级温室气体清单编制指南（试行）》；$F_{NON\text{-}CON}$ 为废水中的非消耗蛋白质因子，见《省级

温室气体清单编制指南（试行）》；$F_{\text{IND-COM}}$ 为共同排放到下水道系统的工业和商业废水中的蛋白质因子，默认值为 1.25；Ns 为随污泥清除的氮，kgN/a，见《省级温室气体清单编制指南（试行）》。

C. 活动水平

a. 生活污水处理 CH_4 排放

估算生活污水处理 CH_4 排放量时主要的活动水平数据是污水中的有机物总量，以生化需氧量（BOD）作为重要指标，包括排入海洋、河流或湖泊等环境中的 BOD 和在污水处理厂处理系统中去除的 BOD 两部分。由于厦门市只有化学需氧量（COD）的统计数据资料，本部分采用《省级温室气体清单编制指南（试行）》中推荐的华南地区 BOD 与 COD 的相关系数进行转换。具体数据见表 2-40。

表 2-40 2007 年厦门市生活污水处理活动水平数据（单位：万 t COD/a）

活动水平数据	简写	数值
生活污水有机物总量	TOW	7.65
排入环境有机物量	—	4.61
污水处理厂去除有机物量	—	3.04

注：参考《2007 年厦门市环境统计及城考资料汇编》

b. 工业废水处理 CH_4 排放

工业废水经处理后，一部分进入生活污水管道系统，其余部分不经城市下水管道直接进入江河湖海等环境系统。为了不导致重复计算，我们将每个工业的可降解有机物即活动水平数据分两部分，即处理系统去除的 COD 和直接排入环境的 COD，活动水平数据见表 2-41。

表 2-41 2007 年厦门市生活污水处理活动水平数据及来源 （单位：t COD/a）

行业	直接排入环境有机物量	处理系统去除有机物量
非金属矿采选业	14.74	0.00
木材加工及木、竹、藤制造业	17.19	0.20
家具制造业	39.80	31.51
非金属矿物制品业	73.45	103.39
黑色金属冶炼及压延工业	5.00	13.17
有色金属冶炼及压延工业	37.47	669.30
金属制品业	62.48	46.48
通用设备制造业	8.55	7.70
专用设备制造业	52.80	41.07
交通运输设备制造业	96.44	231.56
电气机械及器材制造业	40.25	60.19
通信设备、计算机及其他制造业	98.06	222.24

续表

行业[a]	直接排入环境有机物量	处理系统去除有机物量
仪器仪表及文化、办公用品制造业	89.60	396.44
电力、热力的生产和供应业	138.89	22.91
废弃资源和废旧材料回收加工业	13.46	54.30
烟草制品业	9.16	78.71
纺织业	592.06	3 560.58
纺织服装、鞋、帽制造业	21.70	47.09
皮革、羽毛(绒)及其制造业	60.21	45.31
印刷业和记录媒介的复制	3.99	1.11
文教体育用品制造业	40.82	74.89
石油加工、炼焦及核燃料加工业	0.48	1.00
橡胶制品业	48.48	200.10
塑料制品业	94.16	213.92
水的生产和供应业	117.20	0.00
工艺品及其他制造业	32.73	175.78
饮料制造业	151.27	960.56
造纸及纸制品业	700.97	3 481.61
化学原料及化学制品制造业	472.43	32 435.55
医药制造业	28.05	809.91
化学纤维制造业	6.75	1.98
农副食品加工业	162.65	702.81
食品制造业	217.47	37 856.81

注：数值取自《2007年厦门市环境统计及城考资料汇编》

c. 废水处理 N_2O 排放

废水处理活动数据包括人口数，每人年均蛋白质的消费量等，具体数据见表2-42。

表2-42 2007年厦门市废水处理活动水平数据

活动水平	简写	数值
人口数[a]/万人	P	238
年人均蛋白质消费量[b]/[kg/(人·a)]	Pr	4.16

注：a 参考《2007年厦门市环境统计及城考资料汇编》；b 根据《2008年厦门经济特区年鉴》及食物营养成分表计算得出

D. 核算结果

a. 生活污水处理 CH_4 排放

利用式(2-30)、式(2-31)计算厦门市生活污水处理产生的 CH_4 排放量，计算结果如表2-43所示。由于污水处理工艺改善，生活污水COD去除率提高，使处理系统的 CH_4 排放量增加，生活污水处理产生的 CH_4 总排放量较为稳定。

表 2-43　厦门市生活污水处理 CH_4 排放量　　（单位：万 t）

年份	2007
入环境 CH_4 排放量	0.21
处理系统 CH_4 排放量	0.14
总计	0.35

b. 工业废水处理 CH_4 排放

利用式(2-32)、式(2-31)计算厦门市工业废水处理产生的 CH_4 排放量,计算结果如表 2-44 所示。2005～2009 年,工业废水处理 CH_4 排放量较为稳定,2007 年排放量较高,可能是当年工业废水有机物产生量较高所致。

表 2-44　厦门式工业废水处理 CH_4 排放量　　（单位：万 t）

年份	2007
入环境 CH_4 排放量	0.01
处理系统 CH_4 排放量	1.18
总计	1.19

c. 废水处理 N_2O 排放

2005～2009 年厦门市废水处理的 N_2O 排放量见表 2-45。由结果可以看出,N_2O 排放量在 2006 年有所下降,而后有逐渐增长的趋势。虽然 N_2O 排放量较低,但由于其对气候变暖的增温效应是 CO_2 的 210 倍,所以 N_2O 的排放量不容忽视。

表 2-45　厦门式废水处理 N_2O 排放量　　（单位：万 t）

年份	2007
N_2O 排放量	1.46×10^{-5}

2. 废弃物处置碳排放清单

1）排放清单

将废弃物填埋、焚化、污水处理三部分计算结果汇总后得到厦门市废弃物处理部分温室气体排放量,如表 2-46 所示。

2）不确定性分析

（1）估算城市固体废弃物填埋排放的 CH_4 时,有两方面不确定因素:方法的不确定性和数据的不确定性。本清单的方法将高估 20％左右的 CH_4 排放,数据的不确定性主要来自垃圾总量（±10％）、废弃物构成（±10％）、可降解有机碳（±20％）、可分解的可降解有机碳比例（±20％）、CH_4 修正因子（-10％）、CH_4 在垃圾填埋气中比例（±5％）。综合上述不确定因素,采用《省级温室气体清单编制指南（试行）》推荐的误差传递公式方法,计算得出城市固体废弃物填埋排放 CH_4 量的不确定性为 34％。

表 2-46　2007 年城市废弃物处置温室气体清单　　　　（单位：万 t）

部门		类型	CO_2	CH_4	N_2O
固体废弃物	固体废弃物填埋处理	管理	—	2.87	—
	废弃物焚烧处理	合计	2.62	—	—
		城市固体废弃物化石成因	0	—	—
		危险废弃物	2.62	—	—
废水	生活污水处理	合计	—	0.35	
		入环境	—	0.21	
		处理系统	—	0.14	
	工业废水处理	合计	—	1.19	1.46×10^{-5}
		入环境	—	0.01	
		处理系统	—	1.18	
总计			2.62	4.41	1.46×10^{-5}

（2）估算废弃物焚烧处理 CO_2 排放的不确定性主要来自数据的不确定性，包括固体废弃物焚烧量（±10%）和排放因子（±40%）。综合计算得废弃物焚烧处理 CO_2 排放的不确定性为 41%。

（3）估算生活污水、工业废水排放的 CH_4 不确定性来自污水有机物量（±10%），最大产 CH_4 能力（±30%），CH_4 修正因子（±30%），综合得其不确定性为 44%。

（4）估算废水处理的 N_2O 排放不确定性来自人口数（±10%），每年人均蛋白质消费量（±10%），综合得其不确定性为 14%。

2.3.7　排放清单汇总

1. 厦门市温室气体排放清单汇总

厦门市 2007 年温室气体排放清单汇总见表 2-47 和表 2-48。在不计入外调电力排放的情况下，本地排放总量为 1658.21 万 t CO_2e。从行业排放的结构来看，能源活动是最大的排放部门，平均占 92.36%，其次是废弃物处理占 5.74%，农业、工业过程、土地利用与林业分别占 1.59%、0.46% 和 −0.16%，如图 2-5 所示；从温室气体排放种类来看，CO_2 平均占 91.41%，CH_4 占 6.35%，N_2O 占 2.24%，其他温室气体基本可以忽略。

在计入外调电力排放的情况下，总排放量为 1878.33 万 t CO_2e。从行业排放的结构来看，能源活动（包括外调电力排放）是最大的排放部门，平均占 93.26%，其次是废弃物处理占 5.07%，农业、工业过程、土地利用与林业分别占到 1.41%、0.41% 和 −0.14%，如图 2-6 所示；外调电力全部以 CO_2 计，从温室气体排放种类来看，CO_2 平均占 92.42%，CH_4 占 5.60%，N_2O 占 1.98%，其他温室气体基本可以忽略。

表 2-47 2007 年厦门市温室气体排放清单

排放源与吸收汇种类	CO_2/万 t	CH_4/万 t	N_2O/万 t	HFCs/万 t CO_2e	PFCs/万 t CO_2e	SF_6/万 t CO_2e	GHG/万 t CO_2e
总排放量（净排放）	1515.4	5.01	0.12	0	4.15×10^{-3}	9.82×10^{-8}	1658.21
能源活动总计	1507.8	0.04	0.074	—	—	—	1531.58
化石燃料小计	1507.8	0.04	0.074	—	—	—	1531.58
能源工业	838.25	—	0.054	—	—	—	854.99
农林牧渔业	5.43	—	—	—	—	—	5.43
工业	245.18	—	—	—	—	—	245.18
建筑业	31.55	—	—	—	—	—	31.55
交通运输	332.58	0.04	0.02	—	—	—	339.62
服务业及其他	28.14	—	—	—	—	—	28.14
居民生活	26.67	—	—	—	—	—	26.67
生物质燃烧	—	0	0	—	—	—	0
煤炭开采逃逸	—	0	—	—	—	—	0
油气系统逃逸	—	0	—	—	—	—	0
工业生产过程总计	7.62	—	—	—	4.15×10^{-3}	9.82×10^{-8}	7.62
玻璃生产过程	7.62	—	—	—	—	—	7.62
半导体生产过程	—	—	—	—	4.15×10^{-3}	9.82×10^{-8}	4.15×10^{-3}
农业生产过程总计	—	55.93×10^{-2}	4.73×10^{-2}	—	—	—	26.41
稻田	—	10.26×10^{-2}	—	—	—	—	2.15
农用地	—	—	3.55×10^{-2}	—	—	—	11.01
动物肠道发酵	—	21.38×10^{-2}	—	—	—	—	4.49

续表

排放源与吸收汇种类	CO₂ /万 t	CH₄ /万 t	N₂O /万 t	HFCs /万 t CO₂e	PFCs /万 t CO₂e	SF₆ /万 t CO₂e	GHG /万 t CO₂e
动物粪便管理	—	24.29×10^{-2}	1.18×10^{-2}	—	—	—	8.76
土地利用变化与林业总计	-2.64	0	0	—	—	—	-2.64
森林和其他木质生物碳储量变化小计	-2.64	—	—	—	—	—	-2.64
乔木林	-16.74	—	—	—	—	—	-16.74
经济林	0	—	—	—	—	—	0
竹林	0	—	—	—	—	—	0
灌木林	0	—	—	—	—	—	0
疏林、散生木和四旁树	-0.08	—	—	—	—	—	-0.08
活立木消耗	14.18	—	—	—	—	—	14.18
森林转化碳排放小计	0	0	0	—	—	—	0
燃烧排放	0	0	0	—	—	—	0
分解排放	0	—	—	—	—	—	0
废弃物处理总计	2.62	4.41	1.46×10^{-5}	—	—	—	95.23
固体废弃物	2.62	2.87	—	—	—	—	62.89
废水	—	1.54	1.46×10^{-5}	—	—	—	32.34
国际燃料舱	18.86	1.15×10^{-3}	5.2×10^{-4}	—	—	—	19.05
国际航空	7.35	5.0×10^{-5}	2.1×10^{-4}	—	—	—	7.42
国际航海	11.51	1.1×10^{-3}	3.1×10^{-4}	—	—	—	11.63

表 2-48　2007 年厦门市电力调入调出 CO_2 间接排放量（单位：万 t CO_2e）

年份	2007
外调电力排放 GHG	220.12

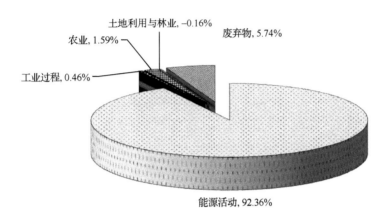

土地利用与林业，−0.16%
农业，1.59%
工业过程，0.46%
废弃物，5.74%
能源活动，92.36%

图 2-5　厦门市 2007 年分部门温室气体排放平均结构（不计外调电力）

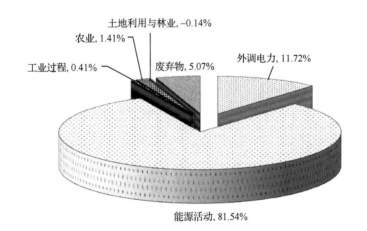

土地利用与林业，−0.14%
农业，1.41%
工业过程，0.41%
废弃物，5.07%
外调电力，11.72%
能源活动，81.54%

图 2-6　厦门市 2007 年分部门温室气体排放平均结构（计外调电力）

2. 厦门市温室气体清单不确定性分析

温室气体清单计算结果的不确定性主要来自活动水平数据和计算参数的不确定性。计算的参数来自《省级温室气体清单编制指南（试行）》《中国温室气体清单研究》和《2006 年 IPCC 国家温室气体清单指南》等公认的参数，这不能完全反映厦门当地的实际情况，但其不确定性仍相对可控，其中农业生产过程中稻田、农用地、动物肠道发酵 CH_4 排放和动物粪便管理等参数不确定性影响较大。计算结果的不确定性主要来源于活动水平数据的获取，由于现有能源统计以及其他相关活动水平统计的不完善，导致计算结果的不确定性最大，这主要包括：分行业的能源消费统计（尤其是工业、服务业能源消费的精确性）、交通运输中的燃料统计（包括营业性汽车、铁路、水运的燃料消耗）、废弃物处置中的固体废物和废水排放量等。工业过程相关活动水平数据精确度不高、林业计算中缺乏相应林业清楚统计资料,这些都导致相应的计算精度下降,但这两部分比例小,对总体结果的影响也最小。未来提高计算精度的关键在于健全相关的能源及其他活动水平数据的统计体系。

<h2 style="text-align:center">参 考 文 献</h2>

蔡博峰,刘春兰,陈操操,等.2009.城市温室气体清单研究.北京:化学工业出版社

高广生.2007.中国温室气体清单研究.北京:中国环境科学出版社

国家发展和改革委员会气候司.2011.省级温室气体清单编制指南(试行)

IPCC.2006.2006 IPCC Guidelines for National Greenhouse Gas Inventories

第3章 城市温室气体排放空间特征及分区

本章以城市低碳发展为原则,围绕实现社会经济发展与降低温室气体排放相协调的目标,分析城市碳流动空间特征,并形成不同要素的碳流动框架;根据碳流动要素类型,结合城市温室气体清单和现有的城市用地分类,研究得到基于温室气体清单的城市空间分区体系方法;在利用遥感技术和地理信息系统技术的基础上,提出城市温室气体排放空间分区体系的可视化表达步骤。选取丽江市中心城区为研究区域,进行温室气体排放空间分区实证研究,按照可视化步骤加以应用。通过案例实践,构建合理的且符合当地社会经济发展水平的丽江市中心城区温室气体排放空间分区,并与丽江市温室气体清单内涉及的项目相对应,赋予各空间量化属性,在可视化基础上分析不同空间分区的温室气体排放特征并给出相关的管理建议。

3.1 城市温室气体排放空间特征及分区意义

1. 构建城市用地分类与温室气体排放的空间联系

低碳城市、低碳社区和低碳经济的概念于 2003 年由英国提出,随后,有关城市低碳发展的研究重点主要侧重于理论研究框架的构建,包括从公共政策角度提出城市低碳规划的基本假设、理论框架、方法体系及技术指标。本章从城市用地的整体空间属性出发,系统地研究其与温室气体排放的内在联系,结合现有的城市用地类型与城市碳流动特征,构建了基于温室气体排放的城市空间分区体系,有助于拓宽对城市低碳发展空间特征的认识和研究。

2. 提出城市温室气体排放空间分区的可视化表达

目前对城市低碳发展,减少温室气体排放的研究主要从定性分析的角度进行,研究成果尚未形成相对独立的理论体系。不仅缺少从可视化角度探讨和分析城市低碳发展的方法和路径,也缺少基于城市社会经济发展、低碳背景和温室气体排放内涵等的综合理论,以及服务于决策者的空间定量分析工具。而本章不仅将城市用地分类与温室气体排放进行了空间联系,从城市碳流动特征出发,构建了城市温室气体排放空间分区体系,而且还提出其可视化表达的主要步骤,为决策者正确认识社会经济活动所导致的不同空间范围内温室气体的排放程度提供直观的、可视化定量分析工具。

3. 对国家探索城市低碳发展模式的意义

降低国家和区域温室气体排放问题已逐渐演变为涉及自然科学、能源、经济、金融、社会、政治等跨学科、跨行业的综合性问题,各国探索适合自身国情的城市发展模式的工作正如火如荼地开展。本章从我国基本国情出发,所构建的城市温室气体排放空间分区体系及可视化方法将为我国"十二五"期间编制低碳发展规划,建立降低温室气体排放的发展模式提供参考和借鉴。

3.2 国内外研究进展

3.2.1 低碳城市与城市空间的相关概念和特征

1. 低碳城市

低碳的概念最初产生于人类的经济发展领域。英国在 2003 年的《能源白皮书》中首次正式提出"低碳经济"的概念,指出低碳经济是通过更少的自然资源消耗和环境污染,获得更多的经济产出,通过创造更高的生活标准和更好的生活质量的途径和机会,为发展、应用和输出先进技术创造新的商机和更多的就业机会。日本从 2007 年开始"低碳社会"的建设,力图通过改变消费理念和生活方式,实施低碳技术和新的制度来保证减少温室气体的排放。城市作为世界人口的生产和生活中心,是能源的主要消耗者和温室气体的主要排放者。随着城市化进程的加速,城市(特别是处于发展过程中的生产型城市)的发展模式和发展轨迹成为全球低碳发展的关注焦点,学术界、国际组织和各级政府于 2007 年开始关注"低碳城市"的概念。我国学者对于低碳城市的概念界定和相关论述见表 3-1。国内外学者对低碳城市有不同的定义,但总体上都认为低碳城市应实行低碳经济,形成结构优化、循环利用、节能高效的经济体系;低碳城市应倡导低碳生活,市民以低碳生活为理念和行为特征、政府公务管理层以低碳社会为建设标本和蓝图。

表 3-1 国内专家关于低碳城市的理解

专家	关于低碳城市的理解
胡鞍钢(2007)	在中国从高碳经济向低碳经济转变的过程中,低碳城市是重要的一个方面,包括:低碳能源,提高燃气普及率、提高城市绿化率、提高废弃物处理率等方面的工作。
夏堃堡(2008)	低碳城市就是在城市实行低碳经济,包括低碳生产和低碳消费,建立资源节约型、环境友好型社会,建设一个良性的可持续的能源生态体系。
付允等(2008)	要建设低碳城市,需要加快以集群经济为核心,推进产业结构创新;以循环经济为核心,推进节能减排创新;以知识经济为核心,推进内涵发展创新。
付允等(2008)	低碳城市应当以清洁发展、高效发展、低碳发展和可持续发展为目标,发展低碳经济,改变大量生产、大量消费和大量废弃的社会经济运行模式,同时改变生活方式、优化能源结构、节能减排、循环利用,最大限度减少温室气体排放。

2009 年《中国可持续发展战略报告》绿皮书研究结论显示,低碳城市具有经济性、安全性、系统性、动态性、区域性五项特征:①城市经济是以低能耗、低排放、低污染为基础的低碳经济和低碳产业结构为增长模式和方向;②城市市民以低碳生活和低碳消费为理念和行为特征;③城市空间以低碳建筑、低碳基础设施和低碳社区为建设载体和样板;④城市能源使用以清洁性、安全性、高效性、可再生性和可支付性能源供给体系的推广和普及为目的和基础;⑤城市政府治理主体以低碳社会为发展目标和蓝本。

中国的低碳城市应当既符合低碳理念的经济发展,也符合低碳理念的社会发展,在经济增长同碳减排之间寻找一条"绿色通道",采用低碳的方式保障社会持续稳定的发展。最终目的应为通过经济发展模式、消费理念和生活方式的转变,在保证生活质量不断提高的前提下,实现有助于减少温室气体排放的城市建设模式和社会发展方式。

2. 城市空间

学术界有关城市空间的研究主要从两个角度开展:城市空间结构和城市空间形态。城市空间结构是城市的分布组合及其有机联系;城市空间形态是城市总体布局形式和分布密集度的综合反映。两者概念的区别与联系是:前者属于城市布局的微观研究,后者属于城市的宏观研究;城市空间结构的内涵包括城市空间形态。

1) 城市空间结构

在国外城市空间结构也称为城市内部结构。基于 Foley(1964)的概念框架,Bourne(1982)最先从系统论的角度,给城市空间结构一个较为权威的定义:城市空间结构包括城市形态和城市相互作用,其中城市形态是指城市各个要素(包括物质设施、社会群体、经济活动和公共机构)的空间分布模式;城市相互作用是指城市要素之间的相互关系,它们将个体土地利用、群体活动的型式和行为整合成为一个个功能各异的实体,也称为子系统;城市空间结构则以一定的组织规则,将城市形态和各个子系统相连接,并整合成为一个城市系统。

2) 城市空间形态

城市空间形态指城市的物质形式,即城市建成区的形态与分布特征,欧洲国家多用"urban morphology"定义,美国更多用"urban form"。城市空间形态的概念根据"尺度"与"时间"的不同有不同内涵,在城市和区域尺度,空间形态主要指城市建成区的形态与布局特征。

城市空间形态研究理论起源于 20 世纪 50 年代由马奇和马丁(March&Martin)在英国剑桥大学创立的"城市形态与用地研究中心"。这一理论认为城市由基本空间元素组成,它们构成了不同的开放与围合空间及各种交通走廊等。空间形态研究从不同规模层次分析城市的基础几何元素,其目的是试图描述和定量化这些基本元素和它们之间的关系。由于不同学科从不同的视角对城市空间形态进行过探讨,城市空间形态研究也包含城市空间形态要素研究、城市内部空间模式研究、城市社会空间研究等多个方面,但影响最大、研究最为系统的是城市空间形态的整体模式及演变的研究。

本章研究城市温室气体排放的空间分区在城市空间形态的基础上开展,探讨城市空间形态内在机制的社会过程与温室气体排放的关系。由于城市空间形态的复杂性和多样性,未来研究其与温室气体排放的关系所需考虑的影响因素将会越来越全面。此外,我国还存在民族文化差异的特殊问题,地方民族文化经济的发展,对城市空间形态的演变和管理的影响越来越大;国家"十二五"期间提出将文化产业发展作为我国支柱产业之一,民族文化传统与城市建设发展的关系对温室气体排放影响的研究在未来也需逐渐加强。

3.2.2 城市空间形态与温室气体排放关系的研究

同城市空间形态与空气污染,城市空间形态与人体健康等其他研究类似,城市空间形态与温室气体排放并不存在直接的关系,而是通过相应的中介要素与温室气体排放产生关联。城市空间形态影响中介要素,中介要素影响城市温室气体排放,所以城市空间形态影响温室气体排放。因此,城市空间形态与温室气体排放关系的研究是由于越来越多中介要素的发现而逐渐进入人们视野的。

研究证实在小汽车主导的城市,城市密度与土地混合利用程度是影响城市交通能源消耗的主要因素(Newman and Kenworthy,1996)后,城市基础设施与公共设施、人口数量与人均收入、气候与城市热岛、碳税的征收方式、建筑节能等要素陆续被证明与城市温室气体排放有着较强的相关关系。而这些要素都与城市空间形态有着非常密切的关系,可以说正是不同的城市空间形态决定了这些要素的性质,从而影响到城市温室气体排放。

Ewing 等(2008)搭建了城市空间形态与温室气体排放关系的研究框架,为相应研究提供了较为系统的理论框架。他们认为城市空间形态可以通过三个途径(中介要素)影响城市居民的能源使用:一是电力传送和电力分配过程中的损失(T&D);二是对住房市场的影响;三是形成城市热岛效应(UHIs),进而影响城市居民的能源使用。随后,他们以三个中介要素构建起城市空间形态与温室气体排放关系的定量研究框架,证明了紧凑的城市发展能够有效降低城市居民的能源消耗,降低温室气体排放。虽然 Ewing 等的理论框架受到质疑,被认为相应框架包含的中介要素不够全面,未包含交通要素,更没有抓住城市温室气体排放问题的实质,但 Ewing 等搭建研究框架的思路值得参考,为相应研究框架的完善提供了基础平台,也为综合研究城市空间形态与城市温室气体排放关系奠定了理论基础。

此外,国内外除了从城市空间能源的使用造成的温室气体排放开展研究外,还从城市扩展对碳排放的影响开展了相关研究。

城市扩展对碳排放的影响中,城市扩张是最重要的土地利用/覆盖变化方式之一,其对碳排放的影响主要包括两个方面:①城市化带来更多的工业碳排放、产品消耗碳排放及使用建筑材料带来的间接碳排放;②城市化带来的非工业化碳排放(地类转化带来的碳排放),如森林或草地转化为城市用地,由于植物地上生物量会以温室气体的形式释放到大气中,这种转化表现为碳排放源(陈广生和田汉勤,2007)。

城市空间形态与碳排放关系的研究仍处在起步阶段,各类方法还在逐步完善。但从现有的研究方法看,相应研究已从初始的纯定性研究转为定量研究,从单一城市要素的研究转为多要素综合研究。

一般地,城市空间形态与温室气体排放存在以下四种关系。

1) 城市化与温室气体排放呈正相关关系

城市空间形态与温室气体排放关系研究是城市化与温室气体排放关系研究的细分与深化。而以城市社会经济系统整体为研究对象,探讨其与温室气体排放关联的研究开展的较早,较为深入。国内外诸多研究证明城市化水平与能源消费、人均能源消费存在显著的正相关关系,在城市化过程中,宏观经济总量、产业结构、城市化水平、居民消费结构的变化也会导致能源消费量和消费结构的变化,进而影响城市碳排放的规模。

2) 工业、建筑、交通温室气体排放和城市空间形态的关系

按照温室气体排放终端统计,城市中温室气体排放的三大来源是工业、建筑和交通,而城市空间形态正是影响建筑和交通温室气体排放的重要因素。随着城市产业结合的升级,工业温室气体排放所占的比例将持续下降,交通和建筑所产生的温室气体排放比例将提高,因此研究空间形态的重要性愈发明显。2000 年在英国的工业城布里斯托,住宅和商用建筑的温室气体排放占全市的 37%,交通占全市的 36%,工业占 22%;在后工业化城市伦敦,住宅建筑所产生的温室气体排放占总量的 38%,商用和公共建筑占 33%,交通占 22%,只有不到 7% 的温室气体排放来自于工业生产;而在同样进入后工业化阶段的首尔,2006 年交通温室气体排放占总量的 42%,住宅和公共建筑占 40%,工业仅占 2%。

从减少交通和建筑温室气体排放的角度看,城市空间形态的主要影响可分为三类:

(1) 较高的密度(人口、建筑、经济活动)、混合的土地利用和紧凑的空间形态能够减少居民出行距离和需求。与高密度相联系的往往是土地混合利用和空间集聚形态。多项研究表明,具有较好的土地混合利用度以及空间集聚形态能够使出行距离更短。通过混合多种土地利用类型,将工作、购物、休闲、居住综合布局,并形成中心集聚形态,将有效减少出行距离和出行次数。同时鼓励其他慢行交通方式(如步行、自行车)的使用,从而减少能源消耗和温室气体排放。

(2) 较高的密度能够减少住宅、商场、办公楼等用于冬季采暖、夏季降温的建筑能耗。探讨城市空间与住宅建筑能耗关系的研究相对要少,但基本上已形成共识:城市密度可以通过热岛效应、能量运输和存储等途径影响能源消耗,面积越大、分布越离散的房屋需要的能源越多。

(3) 更为紧凑和科学的空间形态可以有效减少新建大型基础设施的需求,如公路、管道等,间接达到温室气体减排的效果。

3) 温室气体排放、城市热岛效应和城市空间形态的关系

由于城市热岛效应,一些城市城区的气温要高于郊区 1~3℃。研究显示,规模越大、密度越大的城市,城区与郊区之间的温差就越大。由于热岛效应的影响,城区夏季空调的能耗显著高于郊区,但是城市冬季的供热能耗要稍低一些。

城市空间形态从多方面影响城市热岛效应。低密度蔓延式城市区域的热源相对分散,但却产生了更多的机动车燃料热源。而大地块的房屋需侵占更多的绿地,造成不透水表面积的增加,从而增强城市的热岛效应。而城市热岛效应的增强能显著提高城市夏季空调的能耗,增加城市碳排放。因此,城市空间形态能够影响因城市热岛效应产生的碳排放。

4) 城市空间形态对温室气体排放的其他影响

由于城市空间形态能够影响多个城市要素进而影响城市碳排放,因此其对城市温室气体排放的综合作用也开始引起学者们的重视。Galster 等(2009)通过计算全美 66 个大都市市区人口与能耗(汽油、公共交通用能、家用燃料及电力使用的总和)的关系,证明城市增长会导致更高的温室气体排放水平,低密度城市增长的碳代价要高于高密度城市,大部分城市中心区域的温室气体排放量低于郊区。芬兰的研究表明,赫尔辛基如果采取紧凑的城市发展方式可以在城市交通、区域集中供热方面节省能源,从而在 2010 年减排 CO_2 近 35%(Hogan et al.,1998)。Permana 等(2008)通过问卷调查的方式研究了万隆市的三种城市形态与能源消耗的关系,表明相对于市中心,规划中的卫星城和城市蔓延区的能耗水平更高。

3.3 基于城市温室气体排放空间特征的分区方法

3.3.1 城市碳流动空间特征

1. 城市碳流动空间特征内涵

全球城市化带来的土地利用变化和化石燃料燃烧是引起全球气候变化和温室效应的主要原因之一。城市系统是以人为主体,以聚集经济效益和社会效益为目的,融合人口、经济、科技、文化、资源、环境等各类要素的空间地域大系统,其碳过程与自然生态系统明显不同。因此,需要从整体上认识城市系统的碳过程特征,综合考虑城市化石燃料排放的潜在驱动力及生物碳源/汇。分析城市碳流动的空间特征,可更加全面综合地看待城市温室气体排放问题。

1) 城市系统特征

首先分析城市系统的特征,城市系统是一个多要素、多层次的社会、经济复合系统,其与自然生态系统相比,具有以下重要特征:①纯粹的人工生态系统,具有社会和经济属性;②主要依赖燃料供能来维持自身的生存和发展;③具有整体性、复杂性和层次性,且具有高度的不确定性和异质性;④动态扩展性(人口、经济要素和面积等的扩展);⑤由于城市的高度开放性,其环境的影响范围要远远大于城市边界。

2) 城市碳流动特征

由于城市系统是复杂的社会、经济复合系统,城市系统碳流动过程具有较大的复杂性、不确定性和空间异质性等特征:①城市碳过程包括自然过程和人为过程,以人为过程为主;城市人工部分的碳过程主要受人为因素的影响(化石燃料燃烧等),而自然部分的碳过程主要受自然过程控制(植物等的呼吸作用等);②城市碳流动具有较大的空间异质性,城市碳通量的强度、范围和速率取决于社会发展程度、产业类型、经济结构、能源结构及能源使用效率等社会因素;③城市是一个动态扩展的系统,随着城市的进一步蔓延、人口的增加或经济结构的改变,其足迹区必然会发生变化,碳过程的规模、强度和空间范围也将随之改变。

3) 城市碳流动空间特征

由以上城市系统碳流动特征分析可看出,城市主要由其自然属性和社会属性共同决定碳流动的空间特征。自然属性决定整个城市碳流动过程离不开自然环境和人为环境,从这一角度出发,可将城市碳流动空间特征理解为城市生态环境空间与人类活动空间造成温室气体排放;从社会属性来看,城市产业结构、能源结构、人口结构等社会因素都是导致城市碳流动空间特征变化的重要原因。因此,可将城市看作是一个具有不同功能的复合体,不同功能区内的人类活动必将导致产业结构、能源结构等社会因素不断发生变化,从而影响城市碳流动空间特征。

2. 城市碳流动框架

从城市碳流动空间特征可以看出,城市碳流动以人为活动导致的化石燃料生产及消费排放和自然过程直接排放为主,以人类活动不同功能区为空间载体产生不同的温室气体排放。从城市能源输入角度分析,油、煤、气等化石能源经历生产、供应和消费三个环节,作为生产、交通功能区中的动力及工业、公共建筑功能区内使用的燃料等,此外还将转化为二次能源——电力;从城市能源利用角度分析,水、核、风、太阳能等非化石能源大部分转化为二次能源——电力,用于生产、服务、住宅功能区内的能源;从直接温室气体排放源和吸收汇来看,城市中的林地、草地、湿地等绿地功能区有着固碳、汇碳的能力,也可以利用碳捕捉技术封存温室气体。因此,按照温室气体排放终端统计,城市中温室气体排放的三大来源是工业、交通和建筑。一个城市中的碳流动见图 3-1。

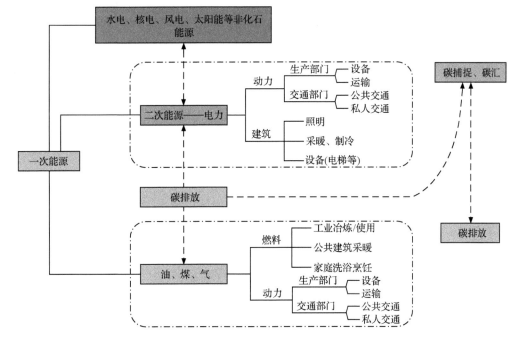

图 3-1 城市碳流动示意图

从碳流动角度分析,城市碳流动的空间路径特征包括以下三个要素。

1) 能源输入

一次能源中的化石能源是城市中最大的碳输入源,而碳一旦被输入则要么被固化,要么被排放。因此从碳在能源输入过程中的特征来看,从空间角度可分为静止排放和移动排放。静止排放主要由于能源基础设施的配置,与能源技术的城市规划发展(如能源生产分散率、基地化等新趋势分布式)、新建材、新技术的运用相关;移动排放主要由城市交通方式决定,与城市结构合理性、市民出行距离、低碳交通方式的利用率相关。在此阶段,源头控制是实现碳减排的重要途径,应积推动化石能源向清洁能源和可再生能源的转变,如水能、核能、风能、地热、太阳能和生物能源等。

2) 能源利用

通过一次能源和非化石能源转化而来的电力是城市正常运行和发挥职能的基本保障。该能源利用过程将产生大量温室气体排放,其空间特征主要体现于第三产业的能源利用效率、城镇居民高能耗的工作生活方式和消费手段。

3) 直接碳源/汇

在碳流动的末端,部分非能源活动导致温室气体总量发生变化,该过程将直接向大气排放或吸收温室气体。

3.3.2 空间分区构建流程和体系

为了在城市温室气体排放的空间特征基础上对城市进行更好的规划与管理,本章结合城市碳流动空间特征,探讨了由于人类社会经济发展产生的能源和非能源类活动导致的城市不同功能区用地,建立了城市温室气体排放空间分区流程和体系。

1. 空间分区基础

1) 不同功能区用地类型

城市不同功能区用地类型以《土地利用现状分类》(GB/T 21010—2007)和《城市用地分类与规划建设用地标准》(GBJ137—90)为基础形成。

《城市用地分类与规划建设用地标准》采用大类、中类和小类三个层次的分类体系,共分 10 大类,46 中类,73 小类。城市用地按土地使用的主要性质进行划分和归类。其中,R、C、M、W、U、S、T、D、G 类用地属于城市建设用地,E6 类用地属于村建设用地;其余为非建设用地。

《土地利用现状分类》采用的是土地综合分类方法,根据土地的利用现状和覆盖特征,对城乡用地进行统一分类;采用二级分类体系,一级类 12 个,二级类 57 个。其分类以服务国土资源管理为主,依据土地的自然属性、覆盖特征、利用方式、土地用途、经营特点及管理特性等因素。

2) 温室气体排放量计算方法

城市空间特征与温室气体排放关系的研究仍处在起步阶段,各类方法还在逐步完善中。但从现有的研究方法看,相应研究已从初始的纯定性研究转为定量研究,从单一城市要素的研究转为多要素综合研究。现有研究多通过定量分析的方法探讨城市空间特征与温室气体排放的关系。因此城市温室气体排放的测算是相应研究的基础工作。

本章城市温室气体排放计算方法与第 2 章的计算方法相同。

2. 城市温室气体排放空间分区框架及体系

为了进一步分析城市用地类型与温室气体排放之间的关系,并通过地理信息系统技术进行可视化表达,首先需理清由于人类在社会经济发展过程中产生的能源与非能源类活动导致的城市不同空间类型,然后将城市温室气体清单部门和项目落实到不同的功能用地上,利用地理信息系统技术进行可视化、空间化表达,见图 3-2。

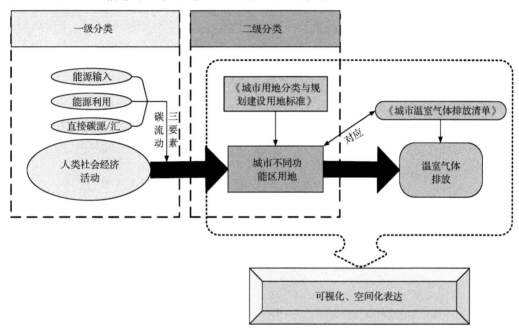

图 3-2　城市温室气体排放空间分区流程图

由上述流程图可看出,基于温室气体排放的城市空间分区主要分为四个步骤:首先,根据人类社会经济活动类型,结合城市碳流动三要素进行一级分类;其次,基于现有的城市用地类型,根据一级分类结果对城市不同功能区用地进行二级分类;再次,温室气体排放的城市分区完成后,与研究区域温室气体排放部门和项目对应、匹配,将分区类型进行量化处理;最后结合地理信息系统技术,最终对城市温室气体排放空间分区实现可视化表达。

根据表 3-2 中对城市空间进行的一、二级分类结果,以及与城市温室气体排放清单的对应关系,本章就基于温室气体排放的城市空间分区体系分类细节和对应原则进行详细说明。表中一、二级分类结果可根据研究区域具体情况进行调整,并作出详细说明,但不能改变分类原则。

1）工矿设施空间

将城市碳流动要素之———能源输入与人类社会经济活动相关联,形成第一类基于温室气体排放的城市空间分区———工矿设施空间,该空间内的生产活动以生产、供应和消耗煤、油、气、化石燃料为基础,具有静止类能源化石燃料生产或燃烧导致温室气体排放的特征。按照分区流程步骤,进行二级分类———城市不同功能区用地类型。结合《城市用地分类与规划建设用地标准》中大类、中类、小类及相关说明可知,城市工矿设施空间内包含工业用地和供应设施两类,化石能源燃料生产、供应或燃烧工作排放温室气体。

A. 工业用地

在二级分类中,工业用地是工业生产和以化石燃料燃烧活动为基础的工业分行业和部门用地的总称。其空间内的用地特征首先为工业生产过程,其间除能源活动温室气体排放之外,其他化学反应过程或物理变化过程都会产生温室气体排放,如钢铁生产、水泥生产等。其次,工业用地空间内最重要的用地功能为工业部门在工作过程中,不同燃烧设备燃烧不同化石燃料排放温室气体,这类工业部门用地涉及行业种类多,因此在二级分类工业用地中所占比例大。行业种类有:用于电子业、工艺品制造、食品工业、制药业、纺织工业等对居住和公共设施环境污染和干扰较小的工业,其生产车间、库房及附属设施在运作过程中由于以化石燃料燃烧为基础,仍能产生一定的温室气体排放;用于发电、采掘工业、冶金工业、大中型机械制造工业、化学工业、造纸工业、制革工业、建材工业等对居住和公共设施等环境污染和干扰严重的生产车间库房及附属设施,该类型的工业活动是城市温室气体的主要排放源。

表 3-2　基于温室气体排放的城市空间分区体系

要素	特征	一级分类	二级分类	二级分类说明	温室气体部门和项目		
能源输入	一次能源（化石能源）生产、供应和消费	工矿设施空间	工业用地	工业生产和以化石燃料燃烧活动为基础的工业分行业和部门用地			工业生产过程
					能源活动	工业和建筑业	钢铁有色金属化工建筑业建材其他工业
						能源工业	油气开采固体燃料
							煤炭开采逃逸
		供应设施用地	供热、供水、供电、供燃气用地	能源活动	能源工业	电力生产
							油气系统逃逸
		交通运输空间	对外交通运输用地	城市与其他城市之间的交通,以及城市地域范围内的城区与周围城镇、乡村的交通	能源活动	交通运输	航空水运铁路公路
			城市道路运输用地	主干路、次干路、支路和城市轨道线路			
			附属设施用地	港口、机场、火车站及大型汽车站或停车场			

续表

要素	特征	一级分类	二级分类	二级分类说明	温室气体部门和项目	
能源利用	二次能源使用(非化石能源、电力)	公共服务空间	行政办公用地	党政机关、社会团体等用地	能源活动	服务业
			商业休闲用地	商业、金融、贸易、旅馆业、市场交易活动等服务业		
			文化娱乐用地	各类文化、体育、娱乐及公共广场等		
			教育医卫用地	各类教育,独立的科研、勘测、设计、技术推广、科普等及医疗卫生设施用地		
			废弃物处理用地	生活和工业污水处理用地	废弃物处理	废水处理
				粪便垃圾处理用地		固体废弃物处理
直接碳源/汇	非能源活动导致温室气体直接变化	居民生活空间	居民住宅	城市居民住宅用地	能源活动	居民生活
			村镇用地	用于村镇居民生活居住的各类房屋用地及其附属设施	能源活动	居民生活
						农林牧渔业
						生物质燃料燃烧(以能源利用为目的)
				畜牧生产用地	农业	动物肠道发酵
						动物粪便管理系统
		农业生产空间	耕地	种植农作物的用地	农业	稻田
						农用地
		绿地和水域空间	园林绿地	公园、街头绿地、防护绿地、疏林地等	林业和土地利用变化	
			风景保护区	—		
			水域	河流、湖泊、水库	—	

　　城市温室气体排放清单中最直接涉及工业领域的为工业生产过程,以及能源生产与消费活动中的部分项目。首先,工业生产过程温室气体清单范围包括:水泥、石灰、钢铁、电石生产过程中温室气体排放,电力设备、半导体和部分工业原料生产过程中其他温室气体排放。工业生产过程温室气体清单内容与二级分类工业用地中工业生产的用地功能存在直接对应关系。其次,能源生产与消费活动温室气体清单中,石油天然气开采、固体燃料(焦化产品)及煤炭开采和矿后活动逃逸属于能源生产过程,导致 CH_4 排放,本章将这部分温室气体清单项目与工业生产用地功能对应。最后,能源生产与消费活动温室气体清单项目中,工业和建筑业涵盖的钢铁工业、有色金属、化学工业、建筑材料等行业部门统计的是由于燃烧设备燃烧不同化石燃料导致的温室气体排放,与二级分类工业用地中以化石燃料燃烧活动为基础的工业分行业和部门用地相对应。

B. 供应设施

在二级分类中,供应设施用地是用于城乡基础设施的用地,如给排水、供电、供热、供燃气的总称。详细划分为:水厂及其附属的建筑物用地,包括泵房和调压站等用地;变电站所、高压塔基等用地;储气站、调压站、罐装站和地面输气管廊等用地;大型锅炉房、调压、调温站和地面输热管廊等用地。其空间内的用地特征表现为这类供应设施与一次能源的转化、运输密切相关,是城市居民经济社会活动有效开展的有力保障。

城市温室气体排放清单中涉及供应设施的项目为能源生产和消费活动中电力生产与油气系统逃逸。首先,在清单中,电力生产统计活动水平数据为公用电力与热力部门的生产和供应业的数据,生产部分排放归为二级分类工业用地,供应过程排放与二级分类供应设施相对应;其次,油气系统逃逸排放清单统计包括石油、天然气从勘探开采、运输到消费的全过程中的 CH_4 排放,其中开采和消费环节排放属于二级分类工业用地,运输过程的排放与二级分类供应设施相对应。需要说明的是给排水是供应设施用地的一部分,但在清单项目中并未有明确的对应关系,主要原因是水资源在供应运输过程中不会产生温室气体排放,但其包含的附属设施水厂、泵房等与电力相关。

2)交通运输空间

根据城市碳流动要素之一——能源输入的特征,除工矿设施用地外,能源输入的一级分类还包括另一重点化石能源消费空间——交通运输用地,该空间内人类活动以移动类能源化石燃料燃烧导致的温室气体排放为主,同时包括部分静止类能源活动排放的附属设施。按照分区流程步骤,进行二级分类——城市不同功能区用地类型。结合《城市用地分类与规划建设用地标准》中大类、中类、小类及相关说明,城市交通运输体系主要特征为对外调入调出、进出口物品和实现人口流动;对内保障城市社会经济正常运转。结合以上特征,将交通运输空间分为对外交通、城市道路及两类的附属设施,如港口、机场、火车站及大型汽车站或停车场。需要说明的是交通运输领域用地本身,如道路、铁轨、机场跑道等,在建造过程中消耗的原材料水泥、钢铁等所产生的温室气体排放不属于此类,应属于工矿设施空间中的工业用地。本章所讨论的对外交通和城市道路反映的是其空间动态特征,特指使用铁路、公路及城市道路等公共设施的运输工具,在移动过程中消耗的化石能源。

A. 对外交通

在二级分类中,城市对外交通用地涵盖了分别对应陆路、水路和航空三类运输途径的铁路、城市道路、轻轨、公路、轮船;用于国道、省道、县道和乡道的公路用地等。以上用地类别反映了空间属性,所对应的汽车、火车、货轮、客轮、飞机在运营过程中,主要燃烧设备消耗不同化石能源品种(烟煤、柴油、汽油、燃料油等)导致温室气体排放。在对外交通的二级分类中,这类燃烧设备种类主要有:国内国际航班、货车、农用运输车、蒸汽机车、内燃机车、内河近海内燃机、国际远洋内燃机等。

城市温室气体排放清单中涉及对外交通的项目直接与能源生产及消费活动中交通运输包括的航空、铁路、水运和公路相对应。

B. 城市道路

在二级分类中,城市道路系统用地形式包括市级、区级和居住区级的主干路、次干路、支路、城市轨道等用地类型。城市道路系统能源输入产生温室气体排放是通过快速公交有轨电车、轻轨、地铁、无轨电车、摩托车、小汽车、货车等城市交通工具的燃烧设备燃烧化石能源产生。

城市温室气体排放清单中交通运输指借助交通工具的客货运输活动,因此涉及城市道路的项目与能源生产及消费活动中交通运输包括的营业性运输车辆、公共交通系统、私家车相对应。

C. 附属设施

一级分类交通运输空间包括的是城市移动源燃料燃烧部分,二级分类由完成运输活动的各种交通运输工具组成,包括对外交通和城市道路。此外,在交通运输空间内还应涵盖各种交通运输的附属设施,港口、机场、火车站、汽车客货运输站点、停车场。需要说明的是,交通运输附属设施空间不仅包括化石燃料的使用导致的温室气体排放,也包括二次能源电力的用耗能,后者按碳流动要素划分应属于能源利用类,考虑到并非全部排放都属于能源利用要素,且附属设施与城市交通运输紧密关联,因此仍将其归入能源输入要素中。

城市温室气体排放清单中涉及附属设施的项目包含在能源生产与消费活动交通运输项目中。

3) 公共服务空间

将城市碳流动要素之二——能源利用与人类社会经济活动相关联,进行一级分类,形成与人类活动密切相关的能源利用空间——公共服务,该空间着重第三产业,涵盖公共服务行业和商业领域,与居民日常工作和生活息息相关。在完整的城市碳流动过程中,该空间内的人类社会经济活动通过利用二次能源电力产生温室气体间接排放。按照分区流程步骤进行二级分类——城市不同功能区用地类型。结合《城市用地分类与规划建设用地标准》中大类、中类、小类及相关说明,城市公共服务空间包含涉及行政办公、商业休闲、文化娱乐、教育医卫、废弃物处理五种用地类型。

A. 行政办公

在二级分类中,行政办公用地包括城市机关,如人大、政协、人民政府、法院、检察院、各党派和团体以及企事业管理机构等办公用地,其内部主要功能设施有各类行政办公室、会议室、办公服务厅及相应的配套设施。行政办公能源消费是指各类照明、办公用品(计算机、复印器材等)、建筑保温(冷暖空调)所需的电力供应耗能。

B. 商业休闲

在二级分类中,商业休闲用地包括城市商业、金融业、服务业、旅馆业和市场等用地,具体涵盖综合百货商店、商场和经营各种食品、服装、纺织品、医药、日用杂货、五金交电、文化体育、工艺美术、邮政、电信等专业零售批发商店及其附属的小型工场、车间和仓库、饮食、照相、理发、浴室、洗染、日用修理和交通售票、旅馆、招待所、度假村及其附属设施、农贸市场、小商品市场、工业品市场和综合市场等用地。商业休闲用地的温室气体排放是指人们在其空间范围内参与各种商业休闲活动时的用电间接排放温室气体。商业休闲用地内的能源活动温室气体排放源为照明、空调、电梯等设备系统能耗。

C. 文化娱乐

在二级分类中,文化娱乐用地包括新闻出版、文化艺术团体、广播电视、图书展览、游乐等设施用地以及体育场馆和体育训练基地等用地。文化娱乐温室气体排放是指人们在其空间范围内开展各种活动消耗能源导致的直接或间接排放。文化娱乐属于城市碳流动能源利用过程,主要是消耗二次能源电力,间接产生温室气体排放,能源活动温室气体排放源与上述一致,主要为照明、空调、电梯等设备系统能耗。

D. 教育医卫

教育医卫用地包括高等院校、中等专业学校、科学研究和勘测设计机构以及医疗、保健、卫生、防疫、康复和急救设施等用地。教育医卫温室气体排放是指人们在其空间范围内开展各种活动消耗能源所导致的直接或间接排放。教育医卫由于具有较高的科学专业性,能源活动排放源种类较多,涉及教育科研领域各学科的试验设备器材,医卫领域的各类救治设备,以及常规照明、空调、电梯等基础设备系统能耗。

E. 废弃物处理

在二级分类中,废弃物处理用地温室气体排放是指在该空间范围内由于人类经济社会活动导致温室气体排放,详细划分为生活和工业污水处理及固体废弃物(主要指城市生活垃圾)处理的设施用地。城市废弃物是城市发展与居民生活不可避免的产物,为了维持城市环境和人们的正常生活,必须对废弃物进行处理、处置,在这过程中将产生 CH_4、CO_2、N_2O 等温室气体。常见的城市废弃物管理方式与处理方法导致的温室气体排放过程包括:城市固体废弃物(主要指城市生活垃圾)、固体废弃物焚烧以及生活污水和工业废水处理。废弃物处理的 CH_4 排放源包括固体废弃物填埋处理和生活污水处理及工业废水处理。含有化石碳(如塑料、橡胶等)的废弃物焚化和露天燃烧,是废弃物部门中最重要的 CO_2 温室气体排放来源。废弃物处理也会产生 N_2O 排放,但其排放机理和过程比较复杂,主要取决于处理的类型和处理期的条件。

本章将城市废弃物处理过程纳入一级分类公共服务空间,属于二次能源电力消耗产生温室气体排放。生活和工业污水处理是通过下水道排放到集中设施(收集),通常为污水处理厂,利用二次能源电力集中对源自家庭用水和工业用水的废水进行处理,在污水处理过程中经无氧处理或处置将产生 CH_4 与 N_2O 两类温室气体。固体废弃物是通过焚烧和填埋两种方式进行处理,这两种方式都会产生 CO_2 和 CH_4。其中焚烧和填埋过程均属于温室气体直接排放,并不是由能源活动导致,但考虑固体废弃物处理主要是针对城市生活垃圾的处理过程,属于城市居民生活导致温室气体排放的终端环节,因此将其定义为城市公共事业,纳入公共服务空间。

将城市温室气体排放清单项目中与公共服务空间通过二级分类形成的五类用地相关联,行政办公、商业休闲、文化娱乐和教育医卫四类用地空间内的排放源能够与清单能源生产和消费活动中所统计的服务部门由于化石燃料燃烧活动产生的温室气体排放相对应。第五类废弃物处理用地空间与清单项目中废弃物处理活动直接对应,废弃物处理活动涵盖了城市废弃物处理过程中温室气体主要排放源。

4) 居民生活空间

城市碳流动要素之二——能源利用与人类社会经济活动相关联,进行一级分类,形成除公共服务外,另一类与人类活动具有较强相关性的能源利用空间——居民生活,该空间用于城市和村镇居民生活居住的各类房屋用地及其附属设施。在完整的城市碳流动过程中,该空间内的人类社会经济活动主要通过利用二次能源电力、以能源利用为目的的生物质燃料燃烧间接排放温室气体,其中电力使用排放主要在城市居民生活过程中产生,生物质燃料燃烧排放主要在村镇居民生活中产生。此外,在村镇居民生活空间中还存在由于畜牧生产活动产生的温室气体直接排放,这一过程属于城市碳流动要素之三——直接碳源/汇。因此,可以看出,居民生活空间是城市发展中温室气体排放途径较复杂的区域,既包括电力二次能源利用的间接排放、生物质能源利用的直接排放,还涵盖了居民生活过程中由于特殊生产活动导致的温室气体直接排放。

基于上述居民生活空间一级分类特征,按照分区流程步骤,进行二级分类——城市不同功能区用地类型。结合《城市用地分类与规划建设用地标准》中大类、中类、小类及相关说明,居民生活空间可划分为居民住宅和村镇用地两类。

A. 居民住宅

二级分类中,居民住宅包括城市居住小区、居住街坊、居住组团和单位生活区等各种类型的成片或零星等市政公用设施齐全、布局完整、环境良好的用地空间,可分为低密度住宅用地、商品住宅用地、经济适用房和廉租房用地。住宅是容易被忽视的城市重点温室气体排放源,居民住宅温室气体排放是指人们在其空间范围内开展各种活动消耗能源所导致的直接或间接排放。研究表明,城市家庭电力消耗直接温室气体排放量远高于瓶装液化石油气与代用天然气使用造成的直接温室气体排放总量(叶红等,2010)。电力能源消耗导致的温室气体排放活动包括与公共服务类似的各类照明、建筑保温(冷暖空调)所需的电力供应耗能及住宅空间所需的家用电器耗能。

城市温室气体清单中与居民住宅用地空间内温室气体排放相对应的项目为能源生产与消费活动中的居民生活部门产生的温室气体排放。

B. 村镇用地

在二级分类中,村镇用地包括村庄农村居住点生产和生活的各类建设用地。本章将村镇内居住点所有生产、生活用地统一纳入城市温室气体排放分区一级分类——居民生活空间,以二级分类形式体现。

由于当前我国城市化进程的迅速推进,在城市与农村之间出现了城乡结合部这类新的经济地理空间。它的空间连续性、土地特征向量的渐变性,以及社会、经济、人口等方面的复杂性,使之成为介于城市与乡村之间的独立人类活动单元。正是由于这类城乡过渡区域的存在,其空间内的交通体系、人类生活、生产活动种类繁多,难以定位区分,使得真正的村镇用地在地域和行政划分上更加复杂,它既包含城市中部分向乡镇转移的工业企业,又涵盖乡镇本身所保留的较为落后的生产活动。由于活动种类较多,耗能方式不同,产生的温室气体排放源复杂,若详细划分村镇用地,则会增加整体分区难度。因此,村镇用地作为特殊用地类型,将其空间内温室气体排放源都纳入同一分区空间内。

碳流动路径既包括村镇居民生产和生活的能源利用活动,以部分二次能源电力利用和以能源利用为目的的生物质燃料燃烧为主,也包括畜牧生产过程非能源活动产生的直接温室气体排放。村镇生活生产用能排放源主要包括:生活用的省柴灶、传统灶等炉灶,燃用木炭、动物粪便的灶具,取暖、照明和家用电器;生产活动用的燃用农业废弃物、薪柴的烤烟房等,以上排放以生物质能为主,辅以煤和电。生物质能是由绿色植物经光合作用直接或间接生成的生物物质和其他有机质,可直接当作燃料或转换成气态或液态燃料的载能体,一般指薪柴、秸秆、人畜粪便和沼气等。村镇居民另一重要活动为畜牧生产,该活动过程将产生动物肠道发酵甲烷排放、动物粪便管理 CH_4 和 N_2O 排放。

城市温室气体清单中与村镇用地空间内温室气体排放相对应的有:能源生产与消费活动中的居民生活部门产生的温室气体排放,此部门中既包含了城市居民住宅生活的温室气体排放,也涵盖了村镇居民生活的温室气体排放;能源生产与消费活动中包含的农林牧渔业温室气体排放纳入城镇居民能源活动排放,农林牧渔业是指从事农、林、牧、渔产业生产活动,其产值反映一定时期内农业生产总规模和总成果。能源生产与消费活动中以能源利用为目的的生物质燃料燃烧,此部分排放源包括居民生活用的生物质燃料炉灶以及工商业部门的生物质燃烧设备,通常情况下,居民利用生物质燃料燃烧开展生活和生产的活动发生在村镇用地空间;农业项目中动物肠道发酵和动物粪便管理导致的 CH_4 和 N_2O 排放,此部分排放源来自于动物,与村镇用地空间居民畜牧生产活动导致的温室气体排放直接对应。

5) 农业生产空间

将城市碳流动要素之三——直接碳源/汇与人类社会经济活动相关联,农业领域不仅是城市产业结构中重要的组成部分,也是城市土地利用分类中不可缺少的类型。按照分区流程步骤,将此空间进行二级分类——城市不同功能区用地类型。结合《城市用地分类与规划建设用地标准》中相关说明,农业生产空间与种植各种农作物的耕地相匹配,如种植蔬菜为主的菜地,包括温室、塑料大棚等菜地,用以种植水稻等作物的灌溉水田。

在农业生产空间中,水稻的种植产生 CH_4,稻田中的有机质处于厌氧环境中,通过微生物的代谢,有机质矿化产生 CH_4。稻田 CH_4 排放主要是通过水稻在生长过程中稻茎的传输、扩散而释放到大气中。特定面积的稻田 CH_4 年排放量受水稻生长期和种植季数(每年种植水稻次数)、种植前和种植期间水分状况以及有机无机土壤的改良的影响。土壤类型、温度和种植品种也影响 CH_4 的排放。此外,农用地 N_2O 排放包括直接排放和间接排放。直接排放是由农用地当季氮输入引起的排放。输入的氮包括氮肥、粪肥和还田的秸秆。间接排放包括大气氮沉降引起的 N_2O 排放和氮淋溶径流损失引起的 N_2O 排放。

城市温室气体清单中农业是五大项目之一,其中涉及的稻田和农用地 CH_4 及 N_2O 温室气体排放与本章温室气体排放城市分区一级分类中的农业生产空间相对应。

6) 绿地和水域空间

将城市碳流动要素之三——直接碳源/汇与人类社会经济活动相关联可知,另一类频繁的居民活动空间区域还包括绿地和水域空间。该空间内的绿地植物在生长过程中包含碳吸收环节,能够减少碳源,吸收温室气体;水域内的水生植物也具有吸收温室气体的功能,但由于其面积和数量相对绿地植物较小,而城市温室气体总量大,因此其影响可忽略。按照分区流程步骤,将此空间进行二级分类——城市不同功能区用地类型。结合《城市用地分类与规划建设用地标准》中大类、中类、小类及相关说明,绿地和水域空间可分为园林绿地、风景保护区和水域三类用地。

首先,园林绿地包括果园、桑园、茶园、橡胶园等园地,生长乔木、竹类、灌木、沿海红树林等林木的土地,生长各种牧草的土地以及市级、区级和居住区级的公共绿地及生产防护绿地等;其次,我国幅员辽阔,资源丰富,省市均逐步开发保护具有代表性的自然生态系统、珍稀濒危野生生物种群的天然生境地集中分布区、有特殊意义的自然遗迹等保护对象所在的陆地、陆地水体或者海域,这类区域又称为自然风景保护区,其目的多为科研、监测、教育、文化娱乐等。除部分受人类社会经济活动的影响外,其他如旅游行为,自然风景保护区几乎不受人类活动干扰,其空间内所覆盖的自然生态系统是城市最重要的碳汇途径。

城市温室气体清单中土地利用变化和林业既包括温室气体的排放(如森林采伐或毁林排放的 CO_2),也包括温室气体的吸收(如森林生长时吸收的 CO_2)。在清单编制中,若森林采伐或损毁的生物量损失超过森林生长的生物量增加,则为温室气体排放源,反之则为碳吸收汇。该项目与本章温室气体排放城市分区一级分类的绿地空间相对应,水域不涉及温室气体排放,因此城市温室气体清单不予考虑。

3.3.3 城市温室气体排放空间分区可视化

地理信息系统可视化是关于空间相关数据的视觉表达与分析,它利用遥感和地理信息系统技术对城市温室气体排放空间分区进行可视化,探讨城市各分区空间与温室气体排放的关系,为决策者提供直观的空间分析平台和技术支撑。

基于遥感和地理信息系统技术对城市温室气体排放分区可视化的主要步骤如下。

(1)研究区域固定年份遥感影像解译,形成土地利用现状图。遥感影像是土地规划与利用的主要数据来源。在研究区域固定年份遥感影像时,通过遥感摄影像片上目标地物的大小、形状、阴影、色调、纹理、图型和位置及与周围的关系等,直接反映和表现目标地物信息,或借助它推断与目标地物属性相关的其他现象,间接解译影像内容,最终形成研究区域土地利用现状图。

(2)参考城市各类规划图与采样数据信息,构建基于城市功能的用地分类图。本章研究对象为城市,根据遥感影像解译形成的土地利用现状图分类详细程度有所欠缺,其中建设用地为本章重点研究对象。因此,在土地利用现状图基础上参考研究区域的各类规划图,同时与该区采样的数据信息结合,更全面更准确地表达地物的属性特征,利用地理信息系统技术构建详细的基于城市不同功能的用地分类图。

(3)结合城市温室气体排放空间分区,形成不同排放空间的用地分类图。步骤(2)构建的详细用地分类图划分原则是不同用地类型的功能特征。本章已提出了基于温室气体清单的城市温室气体排放空间分区体系,在该分区方法基础上,利用地理信息系统技术对基于城市不同功能的用地分类进行调整,通过合并、拆分等方式构建不同排放空间的用地分类图,最终实现城市温室气体排放空间分区可视化表达。

3.4 丽江市温室气体排放空间分区实例

3.4.1 研究区概况

丽江市位于云南省西北部云贵高原与青藏高原的连接部位,见图 3-3。市区中心位于东经 100°25′北纬 26°86′,海拔 2418m,北连迪庆藏族自治州,南接大理白族自治州,西邻怒江傈僳族自治州,东与四川凉山彝族自治州和攀枝花市接壤,总面积 20 600km²,辖古城区、玉龙纳西族自治县、永胜县、华坪县、宁蒗彝族自治县,共有 69 个乡(镇)、446 个村民委员会,总人口 120 多万人。根据《丽江市城市总体规划修编(2004~2020)》中的范围界定,丽江中心城区呈组团式布局,即由大研中心城区、新团(火车站)片区和玉龙县城片区组成,各片区相对独立又彼此紧密联系。大研中心城区和新团片区行政区划上属于古城区管辖范围,其中大研中心城区包括古城(丽江世界文化遗产的主体)和新城。丽江古城由大研、黑龙潭、白沙、束河四部分组成,大研古城是世界文化遗产的核心部分。丽江市中心城区包括大研中心城区、新团(火车站)和玉龙县城及三者之间的农田带和村镇。

图 3-3 丽江市地理位置示意图

3.4.2 丽江市中心城区基于温室气体排放的城市空间分区

1. 丽江市中心城区温室气体排放空间分区——一级分类

根据《丽江市城市总体规划编修(2004~2020)》内容,丽江市中心城区呈组团式布局,即由大研中心城区、新团(火车站)片区和玉龙县城三个片区构成。三片区主要功能如下。

大研中心城区:世界文化遗产所在地,丽江市政治、经济、文化、信息中心,主要旅游目的地与集散地,金沙江中游水能开发后勤保障基地之一。

新团(火车站)片区:丽江市以铁路运输为主,适当发展部分商业、仓储和居住的对外交通运输片区。

玉龙县城片区:玉龙纳西族自治县的政治、经济、文化中心。丽江市旅游功能的外延和补充,积极发展休闲度假产业的新兴旅游片区。

从丽江中心城区各片区功能来看,区域居民社会经济活动主要分布在以旅游为主的相关附属领域,包括商业、居住、交通、景区以及保障居民生活的基础公共服务领域。

此外,从产业结构看,2009 年丽江市第一产业增加 22.13 亿元,增长 6.0%;第二产业增加 44.14 亿元,增长 16.7%;第三产业增加 51.17 亿元,增长 13.2%。第一、二、三产业对经济增长的贡献率分别为 9.2%、44.0%和 46.8%,分别拉动经济增长 1.2 个百分点、5.7 个百分点和 6.1 个百分点。可以看出,丽江市工业及服务业对经济增长的支持和带动作用不断增强。丽江市中心城区主要以服务业为主,工业活动仅在中心城区边缘有少量分布,更多的位于丽江市其他县,如华坪县拥有丽江最主要的煤炭基地和石坝工业园区。农业在丽江市经济增长幅度中所占比例较小,且呈逐渐下降趋势,主要是由于丽江市把握加快城市产业结构进一步优化的方针,以改善农业基础设施、提高农业综合生产能力为目的发展农业活动,在丽江市中心城区主要功能分布中,农业仍占据一定空间,主要位于大研中心城区、新团(火车站)和玉龙县城及三者之间的农田带和村镇。

在分析了丽江市中心城区社会经济发展过程中的主要功能区分布和活动领域后,按照城市温室气体排放空间分区一级分类步骤,结合城市碳流动三要素——能源输入、能源利用和直接碳源/汇,可将丽江市中心城区温室气体空间分为六类,分别为:①能源输入要素——工矿设施空间、交通运输空间;②能源利用要素——公共服务空间、居民生活空间;③直接碳源/汇要素——农业生产空间、绿地和水域空间。

2. 丽江市中心城区温室气体排放空间分区——二级分类

丽江市中心城区现有用地类型是以遥感影像解译得到的丽江市中心城区土地利用现状图为基础,结合《丽江市城市总体规划修编(2004~2020)》中对城市用地分类的规划形成的。将现有用地类型与一级分类结合,形成与城市能源和非能源活动导致的碳流动有关的二级分类。该分类与土地利用现状分类和城市建设规划用地分类不同,是在城区温室气体排放空间分区体系一级分类下形成的类别,而非基于城市功能的分类。

（1）工矿设施空间。该空间下二级分类结果包括：工业用地，为工业生产和以化石燃料燃烧活动为基础的工业分行业和部门用地，供应设施用地，为城市供水、供电、供燃气用地。

（2）交通运输空间。该空间下二级分类结果包括：对外交通运输用地，含铁路和公路（国道、省道等）；城市道路运输用地，为城市主干路、次干路和支路；附属设施用地，为火车站、大型汽车站和停车场。

（3）公共服务空间。该空间下二级分类结果包括：行政办公用地，含党政机关、社会团体等用地；商业休闲用地，含商业、金融、贸易、旅馆业、市场交易活动等服务业用地；文化娱乐用地，为各类文化、体育、娱乐及公共广场；教育医卫用地，为各类教育，独立的科研、勘测、设计、技术推广、科普等及医疗卫生设施用地；废弃物处理用地，为生活和工业污水处理用地及粪便垃圾处理用地。

（4）居民生活空间。该空间下二级分类结果包括：居民住宅，为城市居民住宅生活用地；村镇用地，为村镇居民生活居住的各类房屋用地及其附属设施和开展畜牧生产的用地类型。

（5）农业生产空间。该空间下二级分类结果为耕地，中心城区三片区之间的农田带和村镇所属的种植农作物的用地类型。

（6）绿地和水域空间。该空间下二级分类结果包括：园林绿地，含公园、街头绿地、防护绿地、疏林地等；风景保护区；水域，含中心城区内河流、湖泊和水库。

2009 年丽江市中心城区基于温室气体排放的空间分区见表 3-3。

表 3-3　2009 年丽江市中心城区基于温室气体排放的空间分区

碳流动要素	一级分类	二级分类	温室气体部门和项目		温室气体排放量			
					CO_2/万 t	CH_4/万 t	N_2O/万 t	GHG/万 t CO_2e
能源输入	工矿设施空间	工业用地	工业生产过程		69.33	—	—	69.33
			能源活动	工业和建筑业	钢铁有色金属化工建筑业建材其他行业	96.32	—	—	96.32
			煤炭开采逃逸		—	13.70	—	287.70
		供应设施用地	能源活动	能源工业	电力生产[a]	—	—	—	—
	交通运输空间	对外交通运输用地	能源活动	交通运输	道路运输航空	48.81	2.03×10^{-3}	1.98×10^{-3}	49.47
		城市道路运输用地							
		附属设施用地							

碳流动要素	一级分类	二级分类	温室气体部门和项目	温室气体排放量			
				CO_2 /万 t	CH_4 /万 t	N_2O /万 t	GHG/万 t CO_2e
能源利用	公共服务空间	行政办公用地	能源活动	服务业	35.7	—	—	35.70
		商业休闲用地						
		文化娱乐用地						
		教育医卫用地						
		废弃物处理用地	废弃物处理	废水处理	—	0.04	4.39×10^{-3}	2.22
				固体废弃物处理	0.2	0.13	—	2.87
直接碳源/汇	居民生活空间	居民住宅	能源活动	居民生活	28.6	—	—	28.60
		村镇用地	能源活动	居民生活				
				农林牧渔业	7.49	—	—	7.49
				生物质燃料燃烧（以能源利用为目的的）	2.71	0.02	4.56×10^{-4}	3.27
	农业生产空间	耕地	农业	动物肠道发酵	—	1.87	0.00^b	39.32
				动物粪便管理系统	—	0.31	0.03	15.58
				稻田	—	0.16	0.00^b	3.34
				农用地	0.00^b	—	0.1	32.03
	绿地和水域空间	园林绿地	林业和土地利用变化		−695	—	—	−695
		风景保护区						
		水域	——	—			

注：a 二级分类供应设施用地所对应的温室气体部门为电力生产项目，丽江市在电力、热力的生产和供应业能源转换过程中，供应过程产生的碳排放量通过电力排放因子计入终端消费部门，即属于公共服务空间和居民生活空间范畴；该部门生产的电、热力过程产生的碳排放量计入工业部门中的其他行业；b 表中数值为 0.00 所对应项目导致的温室气体排放量较小，因此以 0.00 表示

3. 丽江市中心城区温室气体空间分区量化结果

根据前面提出的城市温室气体排放空间分区体系，参考温室气体部门和项目与二级分类的对应关系，在丽江市中心城区温室气体空间分区一、二级分类结果的基础上，将已估算所得的 2009 年丽江市中心城区排放量涉及的各部门和项目匹配，同时与各类温室气体量化数据相对应。

3.4.3 基于温室气体排放的城市空间分区可视化结果及排放特征分析

1. 工矿设施空间

根据图 3-4 中 2009 年丽江市中心城区工矿设施空间要素布局来看，研究区域内工业

用地空间分布集中于城市边缘地带,远离城市中心,与村镇地区相邻。供应设施用地空间分散于城市中心密集区域,以保障城市电力、燃气及水供应的空间可达性。总体上看,工矿设施空间占中心城区总体用地面积比例小,布局呈集中—分散式;能源输入——一次能源(化石能源)的生产、供应和消费活动排放温室气体。

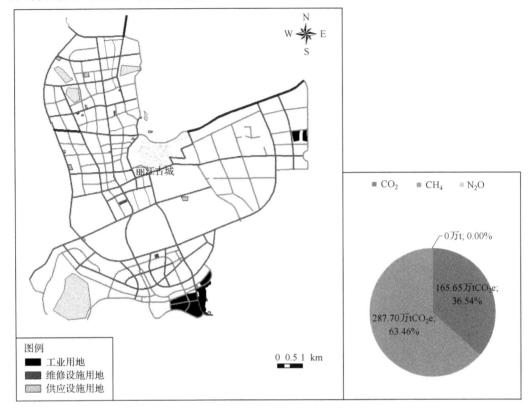

图 3-4   工矿设施空间及其温室气体排放量

从温室气体排放量化结果来看,丽江市中心城区工矿设施空间 CO_2 排放当量总计为 453.35 万 t,其中,CO_2、CH_4 分别占 36.5%、63.46%,没有 N_2O 排放。工矿设施空间温室气体排放总量高于其他空间,分别是交通运输空间、公共服务空间、居民生活空间、农业生产空间的 9.16、11.1、4.8、12.8 倍。其中温室气体种类以 CO_2 和 CH_4 为主,按二氧化碳当量计算,CH_4 排放量为 CO_2 的 1.74 倍,主要产生于丽江市中心城区化石能源煤炭开采过程;CO_2 排放则源于工业生产过程和生产、消耗化石能源的工业企业。

丽江市中心城区工矿设施空间所占用地面积比例小,温室气体排放量和排放强度高。丽江市中心城区由古城区和玉龙县组成,工业产业对推动整体经济发展作用显著,且增速呈上升趋势。随着丽江市城镇化进程的加快,农村人口向城市转移的现象加剧,这导致城市水、电、热、燃气的供应水平在未来仍将大幅提高,因此也将增加城市整体温室气体排放量。

2. 交通运输空间

根据图 3-5 中丽江中心城区交通运输空间要素布局来看,中心城区东部新团片区以铁路运输为主,为对外交通重点空间范围;城市道路呈典型的"横—纵—环"布局,要素包括城市主干道、城市次干道和城市支路;中心城区覆盖少数停车场和公交车总站以及火车站三类交通设施用地。交通运输空间以能源输入——一次能源(化石能源)的消费活动排放温室气体。从温室气体排放量化结果来看,丽江中心城区交通运输空间 CO_2 排放当量总计为 49.46 万 t,其中,CO_2、CH_4 和 N_2O 分别占 98.68%、0.09% 和 1.23%。丽江市 2009 年公路通车里程比 2008 年增长 27.44%;民用车辆和营运车辆拥有量较上年分别增长 22.8% 和 11.78%;公路和民航客运量与 2008 年相比增加 111.23% 和 21.95%,相应的交通附属设施也随之增多。由此可见,由人类能源活动驱动产生的城市交通功能所形成的交通运输空间对城市温室气体排放的影响将越来越大。

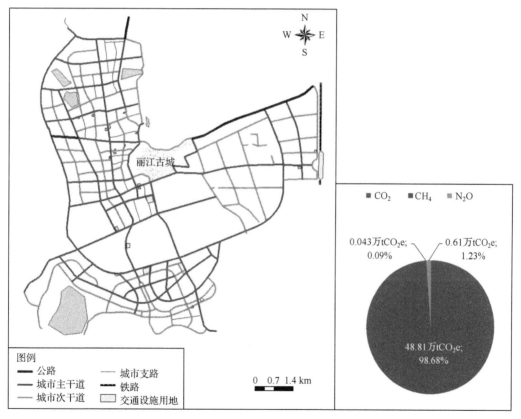

图 3-5　交通运输空间及其温室气体排放量

结合丽江市和国内交通运输温室气体排放特征的分析可知,城市的空间形态特征与城市交通方式的选择有关。不同的城市空间结构需要有相应的交通结构体系来支撑,低碳城市的空间结构就需要由低碳交通系统支撑,因此,研究城市交通运输的温室气体排放空间特征对改变人类出行方式,构建低能耗的城市交通体系,搭建城市低碳规划框架具有重要作用。

3. 公共服务空间

从图 3-6 中 2009 年丽江中心城区公共服务空间要素布局来看,公共服务空间涵盖城区最多的用地类型,涉及行业部门复杂,包括丽江第三产业中除交通运输外的所有行业领域,分布于城市中心城区人类活动区域。该空间内以能源利用——非化石能源、电力二次能源消费活动排放温室气体。从温室气体量化结果来看,丽江市中心城区公共服务空间 CO_2 排放当量总计为 40.83 万 t,其中,CO_2、CH_4 和 N_2O 分别占 87.93%、8.74% 和 3.33%。总体上看,丽江中心城区公共服务空间占研究区域比例大,排放量和排放强度不高。

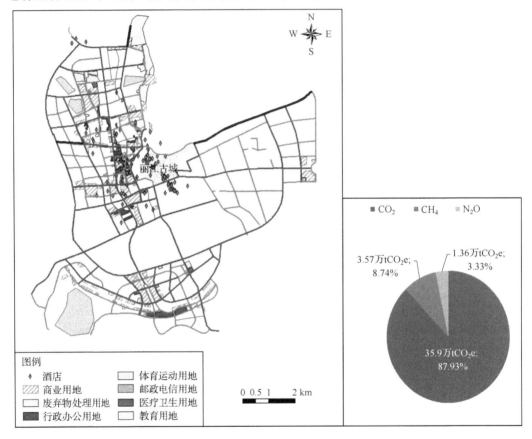

图 3-6   公共服务空间及其温室气体排放量

对 2009 年统计数据的分析可知,丽江市第三产业增加 51.17 亿元,增长 13.2%,对经济增长的贡献率为 46.8%,为三种产业中最高。在丽江,以服务业和旅游业为主的第三产业发展迅猛,其他行业领域平稳推进。由此可见,涵盖第三产业绝大多数行业的公共服务空间的能源利用活动强度将继续增长,如商业休闲这类服务业增加,导致二次能源消耗水平相比其他生产和分配环节更具多样性,成为人类社会经济活动过程中能源消耗产生温室气体排放的重要组成部分。

因此,研究该空间的温室气体排放特征有助于在不断提高城市消费对经济增长的拉动力的同时,保证丽江市产业结构进一步向高效率、低能耗、低排放的优化模式发展。

4. 居民生活空间

从图 3-7 中 2009 年丽江中心城区居民生活空间要素布局来看,区域内居民住宅区和村镇区覆盖总用地面积比例大,布局中存在明显的城乡结合部,这类村镇区人类社会经济活动种类复杂,既有利用电力二次能源产生温室气体的排放活动,也有村镇区畜牧生产活动产生的直接碳源。从温室气体量化结果来看,丽江市中心城区居民生活空间 CO_2 排放当量总计为 94.44 万 t,其中,CO_2、CH_4 和 N_2O 分别占 41.08%、48.92% 和 10.00%。居民生活空间排放总量仅次于工矿设施空间,其空间内要素占地面积大,与各空间相比,排放强度属中等水平。

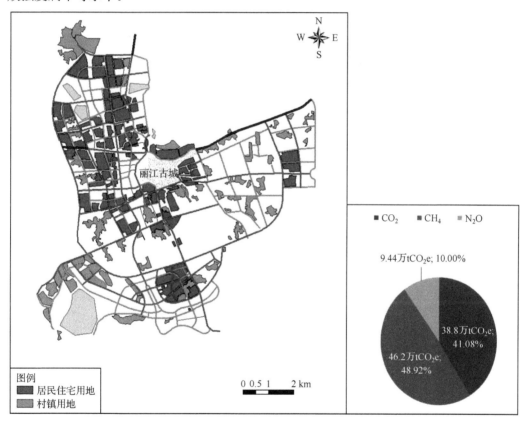

图 3-7　居民生活空间及其温室气体排放量

居民生活空间的人类社会经济活动不仅涵盖了城市居民日常家庭的电力消费活动,还有城镇居民的生活和生产活动。这些活动水平与居民人口数量成正比,人口数量越大,住宅数量和密度越高,同时相应空间内人类活动水平的强度增加,导致能源消耗温室气体排放增加。

因此,研究居民生活空间的温室气体排放特征不仅有助于在快速推进城镇一体化的过程中逐渐改变人类高碳的生活方式,从人类活动水平的角度降低温室气体排放,而且能够为城镇一体化过程中出现的人口流动社会因素导致的温室气体排放问题提供技术支撑,使丽江市逐渐向可持续城市发展转变。

5. 农业生产空间

从图 3-8 中 2009 年丽江中心城区农业生产空间要素布局来看,区域内农田分布于城市与相邻村镇的连接带,主要位于中心城区东部,成为城市与村镇的过渡空间。该空间内人类活动是通过农作物生产这类非能源活动直接产生温室气体,主要为 CH_4 和 N_2O。从温室气体量化结果来看,丽江市中心城区农业生产空间 CO_2 排放当量总计为 35.39 万 t,其中,CH_4 和 N_2O 分别占 12.40% 和 87.60%。丽江市中心城区农田占地面积比例大,排放量为所有空间内最低,排放强度相应最低。人类活动中能源活动导致的温室气体排放量和排放强度高于非能源活动。从自然属性角度考虑农业生产空间内碳流动的空间特征,其属于保障人类进行更进步的社会经济活动而从事的非能源活动,其碳排放属于自然过程,需预留发展空间;从社会经济属性来看,丽江市产业结构中,第一产业比重逐渐下降,但由于它的自然属性,农业生产仍是政府重点关注问题,因此需保证农业生产空间的充分性。

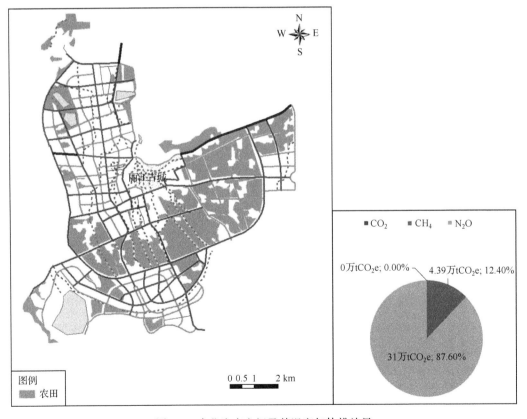

图 3-8　农业生产空间及其温室气体排放量

6. 绿地和水域空间

从图 3-9 中 2009 年丽江中心城区居民生活空间要素布局来看,区域内风景保护区和水域面积较大,有丽江古城、黑龙潭公园、世界遗产公园、狮子山公园及文笔水库、清溪水库、中济海;绿地以园林绿地为主,分散于各街道建筑的交接区域,中心城区内还有少量防护绿地和生产绿地,由于面积较小,与园林绿地一并在图上显示。绿地空间是城市最重要的碳汇途径,从温室气体量化结果来看,丽江市中心城区绿地和水域空间共吸收 CO_2 695 万 t,为非能源活动直接碳汇方式吸收,从自然属性角度考虑,属于碳吸收自然过程,与目前的人为碳吸收方式——碳存储技术相对应;由于碳存储技术涉及人类能源活动,在过程中也将产生温室气体排放,因此本章不考虑碳存储作用。

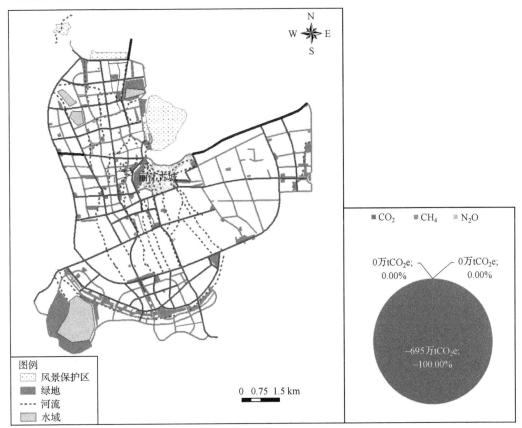

图 3-9 绿地和水域空间及其温室气体排放量

绿地和水域空间是六类空间中唯一的温室气体吸收空间,对维持城市空间温室气体循环和平衡至关重要。因此,研究该空间的温室气体排放特征不仅有利于城市生态环境保护,也有助于降低城市温室气体排放,实现减排目标。此外,林业碳汇已成为国际气候变化谈判中的关键议题之一,其测算、报告、核实方法及使用规则对各国实现国家减排目标具有决定性作用,研究林地的空间特征对我国确定国际林业碳汇方法论具有参考意义。

7. 总体分析

丽江市温室气体排放空间分区情况见图 3-10。分析各空间分区温室气体排放情况

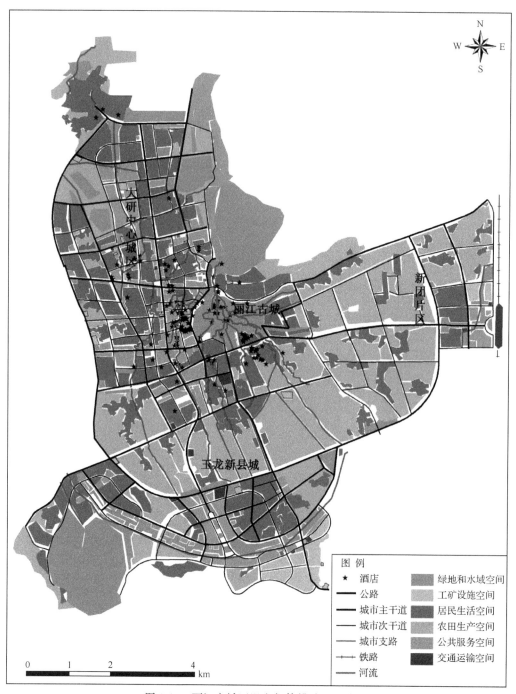

图 3-10　丽江市城区温室气体排放空间分区

（图 3-11）可知,中心城区工矿设施空间排放总量和强度均高于其他空间,该空间排放总量占全区域总量的 67.32％;其次为居民生活空间,其排放总量和强度相对应,仅低于工矿设施空间,该空间排放总量占全区域总量的 14.02％;公共服务空间和农业生产空间排放总量相近,分别占全区域总量的 6.06％和 5.25％,排放强度前者为后者的 1.67 倍;交通运输空间排放总量居工矿设施和居民生活空间之后,占全区域的 7.34％,其排放强度以里程排放量计算,与其他空间单位面积排放量不具有可比性。

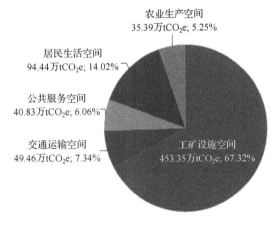

图 3-11 丽江市中心城区不同温室气体排放空间总量比较

3.5 小 结

全球气候变化问题已日益凸显,我国已在国际社会作出 2020 年实现在 2005 年基础上减少单位 GDP CO_2 排放量 40％~45％的减排承诺。当前,面对快速的城镇一体化进程,我国如何降低温室气体排放,规避气候变化可能带来的风险已成为亟待解决的国家问题。城市是温室气体最大的排放源,从空间角度探讨城市温室气体特征能拓宽目前已有的城市温室气体排放的研究视角,进一步探索城市温室气体减排途径,实现 2020 年的国家减排目标,推动低碳、可持续的城市发展模式的建设。本章基于温室气体排放的空间特征对城市空间分区开展了初步研究,很多问题还有待于进一步探讨及完善。

首先,目前对城市温室气体排放空间特征的定义、内涵还缺乏定位准确、客观性较强、适用性较广的结论。由于城市不同功能会导致温室气体排放具有一定的空间特征,因此在此基础上建立的空间分区体系对不同类型城市是否具有可操作性值得进一步研究。

其次,本章所提出的城市温室气体空间分区是从碳流动的角度出发,按照能源活动和非能源活动产生温室气体排放的思路进行空间分区。除此之外,与温室气体清单部门和项目匹配、关联时,分区角度和原则具有一定主观性,因此需对空间分区类型及排放源对应进行进一步探讨,全面、客观考虑各分类对应的相关性和合理性。

最后,本章在量化处理城市温室气体空间分区时,采用的是基于国家发展和改革委员会与 IPCC 清单编制指南编制而成的丽江市温室气体清单数据。选取排放源数据时,由于城市清单在计算过程中具有不确定性,若仅仅参考一项计算数据则缺乏准确性和全面性,如何降低数据选取的不确定性,以保证能真实、综合的反映研究区域温室气体的排放情况需更进一步讨论。

参 考 文 献

陈广生,田汉勤.2007.土地利用/覆盖变化对陆地生态系统碳循环的影响.植物生态学报,31(2):189-204

付允,马永欢,刘怡君,等.2008.低碳经济的发展模式研究.中国人口·资源与环境,18(3):14-19

付允,汪云林,李丁.2008.低碳城市的发展路径研究.科学对社会的影响,2:5-10

胡鞍钢.2007.中国如何应对全球气候变暖的挑战.国情报告,29:29-31

夏堃堡.2008.发展低碳经济实现城市可持续发展.环境保护,(003):33-35

Bourne L S. 1982. Internal structure of the City: Reading on Urban Form, Growth and Policy. New York: Oxford University Press

Ewing R,Rong F. 2008. The Impact of Urban Form on U. S. Residential Energy Use. Housing Policy Debate,19(1):1-30

Foley D L. 1964. An Approach to Metropolitan Spatial Structure. In: Webber MM. Explorations into Urban Structure. Philadelphia: University of Pennsylvania Press

Galster G,Hanson R,Michael R. 2001. Wrestling Sprawl to the Ground: Defining and Measuring an Elusive Concept. Housing Policy Debate,12(4):681-717

Hogan A W,Ferrick M G. 1998. Observations in Non-Urban Heat Islands. Journal of Applied Meteorology,37:232-236

Newman P,Kenworthy J. 1999. Sustainability and Cities,Overcoming Automobile Dependence. Washington DC:Island Press.

Permana A S,Perera R,Kumar S. 2008. Understanding energy consumption pattern of households in different urban development forms:A comparative study in Bandung City,Indonesia. Energy Policy,36:4287-4297

第 4 章　城市温室气体减排潜力

城市中能源利用引起的碳排放是城市最主要的温室气体排放,因此城市减排潜力主要来源于能源利用的节能减碳。本章从城市尺度出发,应用 LEAP 模型对城市节能减排潜力进行定量的分析评价。首先介绍应用 LEAP 模型节能减排潜力研究的基本方法,其次根据城市实际的节能减排政策设计不同情景,并详细分析各种控制情景和各部门的节能减排潜力,最后对 LEAP 模型在案例城市的应用结果的准确性、可靠性和有效性进行讨论。本章通过对城市节能减排政策进行分析,定量评价这些节能减排政策的优劣以及节能减排的潜力,以期为其他城市制定节能减排政策、发展低碳经济提供借鉴。

4.1　城市温室气体减排潜力研究思路

城市温室气体减排潜力分析采用的核心研究方法是情景分析法。研究遵循政策—情景—参数—结果的分析思路。首先,本章对驱动低碳城市发展所制定低碳能源政策按照其自身的属性进行分类整理,并提炼出各项政策措施的核心内容。随后,对这些提炼出来的核心内容进行定性分析,为下一步的定量分析打下坚实的理论基础。定性分析的内容包括城市社会经济在规划年内的发展趋势、各部门能源利用终端发展趋势和低碳能源技术设备的推广普及趋势等。在定性分析完以上内容以后,对研究中所涉及的低碳能源政策进行情景模拟。根据研究目的的需要,本章只设定两个情景:一是基准情景;二是控制情景。所谓基准情景就是在规划年以前地区用能趋势的自然延伸。所谓控制情景是指在规划年以后颁布,或是在规划年以前颁布但是在规划年以后实施的低碳能源政策影响下的地区用能的发展趋势。情景设置完以后,接下来需要对其进行参数设置,这个过程本质上就是不同情景参数差异化的定量过程。随后,选用合适的基于情景分析的能源环境分析软件,本章选用了 LEAP 模型。最后提炼分析模型的计算结果。具体的研究思路见图 4-1。

4.2　城市减排潜力情景分析方法框架

4.2.1　减排潜力情景分析方法

近年来,情景分析方法在各国能源发展、规划和预测研究中得到了越来越多的应用。相应的,也出现了很多基于情景分析方法的能源-环境分析软件,比较成熟的有 LEAP 和 MARKAL 等。情景分析方法一个通俗的定义是指在对经济、产业或技术的重大演变提

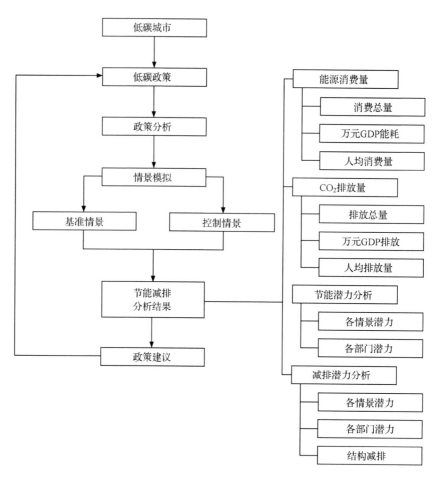

图 4-1　城市碳减排潜力分析技术路线图

出各种关键假设的基础上,通过对未来详细地、严密地推理和描述来构想未来各种可能的方案(岳珍和赖茂生,2006)。朱跃中(2001)认为:在进行情景设定之前,人们需要对过去的历史进行回顾分析,然后对未来的趋势进行一系列合理的、可认可的、大胆的、自圆其说的假定,或者说确立某些未来希望达到的目标,亦即对未来的蓝图或发展前景进行构想,然后再来分析达到这一目标的种种可行性及需要采取的措施。宗蓓华(1994)在总结国外相关的研究成果后,认为情景分析方法的本质特征为:

(1)承认未来的发展是多样化的,有多种可能的发展趋势,其预测结果也将是多维的。

(2)承认人在未来发展中的"能动作用",把分析未来发展中决策者的群体意图和愿望作为情景分析中的一个重要方面,并在情景分析过程中与决策人之间保持畅通的信息交流。

(3)在情景分析中,特别注意对组织发展起重要作用的关键因素和协调一致性关系的分析。

（4）情景分析中的定量分析与传统趋势外推型的定量分析区别在于：其在定量分析中嵌入了大量的定性分析，以指导定量分析的进行，所以是一种融定性分析与定量分析于一体的新预测方法。

（5）情景分析是一种对未来研究的思维方法，其所使用的技术方法手段大都来源于其他相关学科，重点在于如何有效获取和处理专家的经验知识，这使得其具有心理学、未来学和统计学等学科的特征。

情景分析法的最大优点是使管理者能发现未来变化的某些趋势，从而避免犯两个最常见的决策错误：过高或过低估计未来的变化及其影响。情景分析法的价值在于它能使行为主体对一个事件做好准备，并采取积极的行动：将负面因素最小化，正面因素最大化。情景分析法也提供了思想上的模拟，能保证行为主体朝着希望的方向行动。情景分析法在实际操作中主要是通过对影响行为主体的各种因素进行定性分析，然后构想出最可能出现的几种结果，并对这几种结果进行严密客观的分析，由此制定相应的对策。

4.2.2　减排潜力情景分析步骤

1. 情景分析一般步骤

关于情景分析方法的步骤，不同的学者有不同的观点。Gilbert 认为情景分析法应该分为 10 个步骤，而 Fink 认为情景分析法应该分为 5 个步骤，而目前大多数国际组织和公司经常使用的是斯坦福研究院（Stanford Research Institute，SRI）拟定的 6 个步骤（岳珍和赖茂生，2006），如图 4-2 所示。

图 4-2　情景分析一般步骤

（1）明确决策焦点。明确所要决策的内容项目，以凝聚情景发展的焦点。

（2）识别关键因素。确认所有影响决策成功的关键因素，即直接影响决策的外在环境因素。

（3）分析外在驱动力量。确认重要的外在驱动力量，包括政治、经济、社会、政策、技术各层面，以决定关键决策因素的未来状态。

（4）选择不确定的轴向。将驱动力量以冲击水平程度与不确定程度按高、中、低加以归类。在属于高冲击水平、高不确定的驱动力量群组中，选出二到三个相关构面，称之为不确定轴面，以作为情景内容的主体构架，进而发展出情景逻辑。

（5）发展情景逻辑。选定二到三个情景，这些情景包括所有的焦点，完善情景内容。

（6）分析情景内容。可以通过角色试演的方法来检验情景的一致性，这些角色包括家庭、企业和政府。通过这一步骤，管理者可以看到未来能源环境里各角色可能做出的反应,最后认定各情景在管理决策上的涵义。

虽然不同的学者对情景分析具体步骤持有不同的观点,但究其实质,可以发现他们都有一个显著的共同点,就是对情景关键因素的分析,并一致认为这一步骤是否完善将影响最后各个情景预测的可信性与准确性。因此,在低碳能源政策的碳减排潜力进行战略情景分析时,不管具体采用哪套标准,都应该加大情景关键因素分析的比重,详细分析这一步骤在整个情景分析中的重要作用。这对成功地使用情景分析方法并得出正确的结论有很大的意义。需强调的是该流程常常需要重复多次才能完成,只有通过对设想的情景反复探讨来加深对影响系统的了解,才能发现恰当的问题。

2. 能源情景分析的过程

从宏观到微观,有许许多多的社会经济因素会对能源消费产生影响。构筑能源情景要根据所研究问题的主题,鉴别和确定出影响未来能源需求和能效水平的重要驱动因素,这些因素的变化将会构成不同的能源情景。通过对这些重要的驱动因素的定性讨论和描述,明确和区分不同情景所代表的政策和发展方向,使能源情景形象化。进行能源情景分析时,需要分析和设定出与所要研究的能源情景相协调的社会经济发展状况,能源情景应该是这种社会经济发展状况下能源发展的相应结果。

本章进行的能源情景分析过程见图 4-3。该过程可以分为两个阶段:情景设置阶段和情景计算阶段。驱动城市能源需求变化的影响因素主要有社会经济宏观因素、低碳能源技术设备和低碳城市能源政策。不同的影响因素对能源需求影响的途径和方式是不一样的。社会经济宏观因素主要影响能源活动水平,低碳能源技术设备主要影响生产的工艺结构和能源的使用效率,而低碳能源政策则同时影响能源活动水平、生产工艺结构和能源使用效率。本章的核心目的是计算低碳能源政策的碳减排潜力,因此,研究中只考虑低碳能源政策对碳减排的影响,而将社会经济宏观因素和低碳能源技术设备因素假定为外生,即由外部环境条件决定,不受模型系统本身的影响。从低碳能源政策到活动水平、工

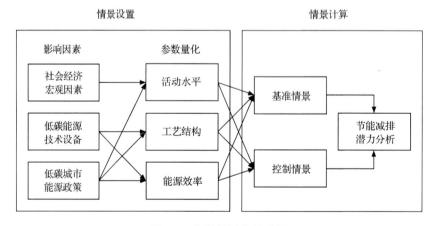

图 4-3　能源情景分析过程

业结构和能源效率是一个参数量化的过程,所对应的参数集即为控制情景参数集。为了明确低碳能源政策的碳减排潜力,我们需要跟没有实施这些低碳能源政策的碳排放情况进行对比,也就是跟基准情景进行对比。在没有实施这些低碳能源政策的情景下,活动水平、工业结构和能源效率所对应的参数集为基准情景参数集。不同的情景对应不同的参数集,不同的参数集对应不同的碳排放,不同的碳排放情况即可以计算低碳能源政策的碳减排潜力。

4.2.3 情景分析计算模型选择

基于大量数据的能源环境政策评价模型大致可以分为两种类型(刘强,2008):一是"自上而下模型"宏观经济模型,其代表是一般均衡模型(CGE 模型),世界上一些有名的能源环境 CGE 模型包括温室气体排放预测与政策分析模型(EPPA)、GLOBAL2001、温室气体减排政策地区与全球影响评价模型(MERGE)、一般均衡环境模型(GREEN)等(Paltsev et al.,2008;赵永和王劲峰,2008),这类模型能够更好地反映宏观经济部门之间的相互影响,但与技术有关的资源和环境约束成本等无法在模型中得到反映。二是"自下而上模型",主要包括优化和仿真模型,具有代表性的优化模型包括以国际能源组织(IEA)为核心开发的 MARKAL 模型、日本国立研究所(NIES)开发的 AIM-技术模型、法国开发的 EFOM 模型、国际应用系统分析研究所(IIASA)开发的 MESSAGE 模型等(Kannan,2009;陈荣等,2008)。LEAP 模型是仿真模型的代表,这个基于情景分析的能源-环境模型工具亦得到广泛应用(张颖等,2007)。此类模型可以将技术的经济性、利用效率及环境排放水平等一系列信息纳入到模型中,但该类模型缺乏和忽略了经济系统内的反馈关系。

1. LEAP 模型简介

LEAP(long-range energy alternatives planning)模型是由斯德哥尔摩环境研究院波士顿/达拉斯分院开发的一个基于情景模拟的能源-环境分析工具(Stockholm Enironment Institute,2006)。该模型为"自下而上"的模拟模型,可用于计算能源消费需求总量及其相应的污染排放。LEAP 模型包括两个模块:一是终端能源需求分析模块;二是能源转换分析模块。能源需求分析模块根据给定需求部门的活动水平和各种活动所对应的能源消费品种和能耗强度,计算出该部门对各种能源的需求量。在 LEAP 模型中,能源需求模块具有比较完备的功能,即可以通过输入具体用能设备的技术数据来对终端用能技术进行详细分析,也可以根据所输入的宏观经济参数来分析部门能源消费的变化趋势。能源需求模块可以单独运行,对能源需求进行计算。能源转换模块通常需要和能源需求模块一起运行,计算是为了平衡能源需求模块产生的二次能源需求而消费的一次能源的数量。LEAP 模型的一个较为突出的优点是数据比较透明且对输入数据要求非常灵活。用户可以根据所研究问题的特点和数据的可获得情况,选择输入数据的形式和数量,而不像一些其他的模型具有严格的数据输入要求,缺少一些数据(如价格或成本数据)就不能运算。而在对未来进行研究时,许多部门的价格或成本数据常常很难获得和界定。

LEAP 模型在 Windows 系统下运行,输入数据采用了树形结构,输出形式非常多样化,不仅提供了图和表两种形式,而且输出数据的种类和时序也可以灵活选择。LEAP 模型自带的技术和环境数据库全面充分具体,包含了大量的 IPCC 和一些国家和地区的各种不同燃料的燃值和排放因子数据。当然,LEAP 模型也存在一些自身的缺点。LEAP 模型很难反映不同的经济增长速度、能源结构、技术构成条件下,各经济部门之间的相互影响和相互作用,以及微观因素对宏观因素的反馈影响等。

2. LEAP 模型在国内外的应用概况

由于 LEAP 模型具有用户可以根据研究问题的自身特点和数据的可获得性灵活设定模型结构和数据形式的突出优点,因此被广泛应用于全球、国家、区域尺度的能源战略规划和温室气体减排评价研究(国家发展和改革委员会能源研究所"中国可持续发展能源暨碳排放情景分析"课题组,2003)。亚太能源研究中心应用 LEAP 模型研究预测了亚太经济合作组织成员国到 2030 年的能源需求、能源供给和温室气体排放趋势(APERC,2006)。Huang 和 Lee(2009)应用 LEAP 模型预测了台湾能源消耗引起的 CO_2 排放趋势,然后评估了台湾 2006 年颁布的温室气体减排法案的减排潜力。Ghanadan 和 Koomey(2005)应用 LEAP 模型分析研究了不同情景下加州能源组成、能源结构、能源使用和温室气体排放情况,时间跨度是 2000~2035 年。Price 等(2006)应用 LEAP 模型对全球工业、交通和建筑部门的能耗和 CO_2 排放进行情景分析。Cai 等(2008)应用 LEAP 模型研究了中国五个最大的碳排部门的减排潜力。Shin 等(2005)应用 LEAP 模型对韩国垃圾发电厂进行了环境经济影响评价。Limmeechokchai 和 Chawana(2007)应用 LEAP 模型分析了泰国农村改进厨灶和小沼气池的节能减排潜力。Zhang 等(2007)应用 LEAP 模型评价了中国电力行业在不同情景下的节能减排政策对于总体的能源需求以及外部成本的影响。Winkler 等(2005)应用 LEAP 模型评估了开普敦市的政策干预所蕴藏的节能减排潜力。Dhakal(2003)和 Pradhan(2006)都应用 LEAP 模型对城市交通的节能减排潜力进行了评价研究。国内也有很多学者应用 LEAP 模型做了相关研究(张颖等,2007;李栎等,2009)。总的来说,已有的这方面研究已经相对比较成熟,但这些研究多数集中于一个或某几个部门,且研究尺度一般都较大,而从整个城市的角度出发,对城市节能减排政策所可能取得的效果进行定量而有效的研究则相对较少。

3. LEAP 模型的研究思路

LEAP 模型采用自下而上的方法,根据当地能源需求,从一次能源出发模拟其转化过程,计算本地资源能否满足其需求以及由此引起的能源进出口量,从而实现供需平衡(张建民和殷继焕,1999)。该模型依赖已编制好的环境数据库对能源利用引起的温室气体排放量进行核算。本章的重点在于分析评价在城市尺度上温室气体的减排潜力,因此本章只计算城市能源引起的温室气体的排放量,并不考虑其他污染物的排放。LEAP 模型的计算过程主要分为三个部分:能源消费量、温室气体排放量和节能减排潜力计算,具体研究思路见图 4-4。研究中设定了两种情景:基准情景和控制情景。两种情景在模型中拥有不同的参数集,分别对应不同的能耗总量和温室气体排放总量,最后比较分析各项节能减排政策的节能减排潜力。

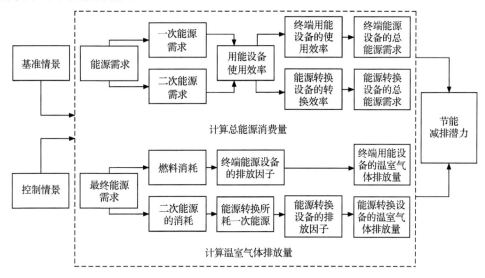

图 4-4　LEAP 模型的研究思路

4. LEAP 模型的计算原理

1) 能源消费量计算

总能源消费量包含能源需求总量和能源转换净耗能。由于,能源需求总量和能源转换净耗能计算方法是有差异的,因此,接下来将分别阐述它们的计算方法。

A. 能源需求总量

$$\mathrm{ED}_k = \sum_i \sum_j (\mathrm{AL}_{k,j,i} \times \mathrm{EI}_{k,j,i}) \tag{4-1}$$

式中,ED 为能源需求总量,tce;AL 为活动水平,台/a;EI 为能源使用强度,tce/(台/a);i 为活动部门;j 为能源使用设备或机动车;k 为能源类型。不同的能源消费设备在不同的情景当中活动水平和能源使用强度是不一样的,因此不同情景拥有不一样的能耗。

B. 能源转换净耗能

$$\mathrm{ET}_m = \sum_n \sum_t [\mathrm{ETP}_{n,t} \times (e_{m,n,t} - 1)] \tag{4-2}$$

式中,ET 为能源转换净耗能,tce;ETP 为能源转换产品,tce;$e_{m,n,t}$ 为在第 n 种能源转换设备生产第 t 种单位二次能源所耗费的一次能源 m 的数量;m 为第 m 种一次能源,n 为第 n 种能源转换设备;t 为第 t 种二次能源。不同的能源转换设备在不同的情景当中所使用的一次能源和能源转换效率 $e_{m,n,t}$ 是不一样的,因此不同情景拥有不一样能源转换净耗能。

2) 模型校正

计算总能源消费量时,由于统计制度和 LEAP 模型的计算口径不一致,因此需要对模型进行校正。我国统计制度明确规定,计算国家、省、市级的能源消费总量时,电力采用等价值(当年每千瓦时电消费的标准煤量 $e_{\text{electricity}}$)进行核算(官义高,2009),而 LEAP 模型对于外界输入的电力采用当量值(即每千瓦时电本身的热量等于 0.1229kgce)进行核算,因此有必要对 LEAP 模型进行校正。

C. 总能源消费量

$$TEC = \sum_k ED_k + \sum_m ET_m + EI \times (e_{\text{electricity}} - 0.1229) \tag{4-3}$$

式中,TEC 为地区能源总消费量,tce;ED 为能源需求总量,tce;ET 为能源转换净耗能,tce;EI 为区域外输入电力量,kW·h;$e_{\text{electricity}}$ 为当年每发 1kW·h 电消费的标准煤量,tce/(kW·h)。

3)污染物排放量计算

D. 能源消费排放

$$ED_{\text{Emission}_p} = \sum_i \sum_j \sum_k (AL_{k,j,i} \times EI_{k,j,i} \times EF_{k,j,i,p}) \tag{4-4}$$

式中,ED_{Emission_p} 为能源消费当中污染物 p 的排放量,tCO_2e;$EF_{k,j,i,p}$ 为第 i 个部门使用第 j 个设备消费单位第 k 种能源所排放的第 p 种污染物的量,tCO_2e/tC。

E. 能源转换排放

$$ET_{\text{Emission}_p} = \sum_m \sum_n \sum_t (ETP_{n,t} \times e_{m,n,t} \times EF_{m,n,t,p}) \tag{4-5}$$

式中,ET_{Emission_p} 表示能源转换当中污染物 p 的排放量,tCO_2e;$EF_{m,n,t,p}$ 表示在第 n 种能源转换设备生产第 t 种二次能源所消费的单位第 m 种一次能源所排放的污染物 p 的量,tCO_2e/tC。本章所涉及的各种能源品种的热值及排放因子来自《综合能耗计算通则》与 LEAP 环境数据库。

4.3 厦门市温室气体减排潜力分析实例

4.3.1 厦门市温室气体减排潜力分析模型

1. 数据来源

研究所使用的数据来源于三个方面:统计年鉴、城市及部门规划和部门调研。基础的社会经济以及相关能耗数据来源于 1999～2008 年的厦门市经济特区统计年鉴。厦门市到目前为止已经出台的一系列节能减排政策所可能取得的效果方面的数据均来源于相关的城市和部门规划,本章所参考的规划包括:厦门市城市总体规划(2004～2020)、厦门市交通综合规划(2006～2020)以及 1999～2008 年的厦门市邮电交通年度报告等。此外,还有很多关于厦门市电力、煤、汽油、柴油、燃料油、液化石油气(LPG)、天然气、液化天然气(LNG)以及原油消费量方面的数据来源于部门调研,研究所调研的部门包括:厦门市经济发展局、发展改革委员会、建设与管理局、统计局、交通局、规划局、公安交通管理局指挥中心、市政园林局和厦门市电力公司等。

2. 模型总体结构与基本假设

1) 模型总体结构

本章建立的 LEAP-Xiamen 模型覆盖了厦门市终端能源消费部门和加工转换部门，并涵盖了厦门市能源平衡表中所列的所有能源品种。该模型以 2007 年为基准年，研究时间为 2007～2020 年。模型的总体结构见图 4-5。能源需求系统被分为四个部门：家庭部

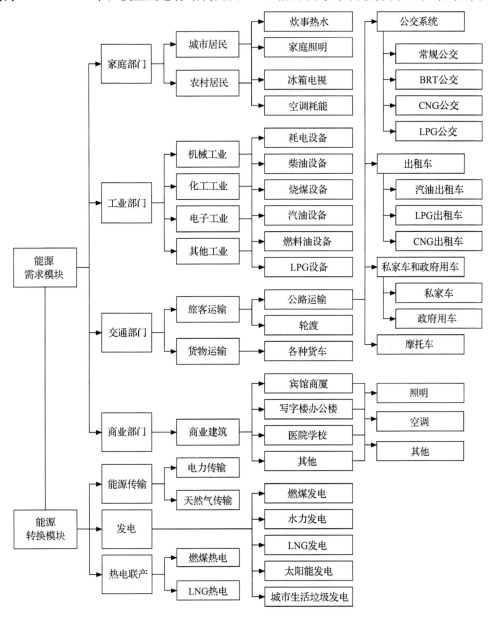

图 4-5 模型的总体结构

门、工业部门、交通部门和商业部门。家庭部门分为城市居民和农村居民。城市居民和农村居民按照终端能源设备又可以分为炊事热水、家庭照明、冰箱电视和空调。工业部门按照厦门市的实际情况被分为机械工业、化工工业、电子工业和其他工业。每个工业部门按照终端能源设备所使用的能源品种分为耗电设备、柴油设备、烧煤设备、汽油设备、燃料油设备和LPG设备。交通部门分得比较细,主要是由于调研的数据较为充分。交通部门按运输对象分为旅客运输和货物运输。旅客运输分为公路旅客运输和轮渡。公路旅客运输分为公交、出租车、私家车、政府用车和摩托车。公交系统按照公交车的车型和运营模式分为常规柴油公交、BRT公交系统、压缩天然气(CNG)公交和LPG公交。出租车分为汽油出租车、LPG出租车和CNG出租车。商业部门主要由宾馆商厦、写字楼办公楼、医院学校和其他商业建筑构成。按照用能的类型分为照明、空调和其他用能。

能源转换系统被分为三个部门:输送与分发部门、发电部门和热电联产部门。输送与分发部门分为电力输送与分发和天然气输送与分发。发电部门根据厦门市的实际情况分为燃煤发电、水力发电、LNG发电、太阳能发电和城市生活垃圾发电。热电联产按照使用能源的类型分为燃煤热电联产和燃LNG热电联产。

2) 模型基本假设

基于中国经济良好的内部发展环境、厦门市强劲的经济发展势头和厦门市综合发展规划等方面的综合考虑,研究中假定厦门市地区生产总值在2007~2020年将以不同的速率继续保持快速增长。LEAP模型关于人口、人口增长率、家庭数、家庭规模、GDP和GDP增长率基础参数见表4-1。

表4-1　LEAP模型中核心参数的基础假定

核心参数	2007年[a]	2010年	2015年	2020年
人口[b]/万	243	261	295	333
人口增长率[c]/%	2.46	2.46	2.46	2.46
家庭规模[d]/口	3	3	3	3
家庭数[e]/万	81.0	87.0	98.3	111.0
GDP/亿元	1387.9	2136.7	3765.6	6064.5
GDP增长率[f]/%	15.47	12	10	10

注:a 2007年的核心参数数据来源于2008年的厦门市经济特区统计年鉴,家庭规模除外;b 根据研究需要,人口用的是常住人口数据;c 人口增长率包括自然增长率和机械增长率,2.46是1998~2007年厦门市人口增长率的平均值;d 考虑到有很多非常住人口在厦门市并没有户籍,只是临时居住,并鉴于研究简化的考虑,人为将家庭规模设定为3口人;e 家庭数等于常住人口总数除于家庭规模;f 在不同时间节点的GRP增长率是参考厦门市"十一五"发展纲要、厦门市综合规划2004~2020等来设定的

3. 模型情景设定

为了分析评价厦门市出台的一系列节能减排政策可能取得的节能减排效果,研究中设定了两种情景:基准情景(business as usual scenario,BAU)和综合控制情景(intergrated scenario，INT)。综合控制情景包括六大措施，分别是：清洁燃料替代措施(clean energy substitution，CES)、工业节能措施(industrial energy conservation，IEC)、热电联产措施(combined heat and power generation，CHP)、建筑节能措施(energy conservation in building，ECB)、机动车控制措施(motor vehicle control，MVC)和新能源开发与利用措施(the development of new energy and renewable energy，DNR)。情景内容及其依据见表 4-2。

表 4-2 情景内容及其依据

情景设置		情景内容	情景依据
基准情景 （BAU）		本情景用 1998～2007 过去 10 年的数据来推导2008～2020 未来 13 年厦门市的用能发展趋势，并不考虑截至目前已经颁布实施的一系列节能减排政策措施	2007 年之前厦门市用能趋势的合理外推
综合控制 情景(INT)[i]	清洁燃料替代措施 （CES）	管道天然气替代全部其他燃气；LNG 分别替代部分工业燃煤、柴油和重油等的 70%、60% 和 40%；LPG 和 CNG 公交替代常规公交的 5% 和 20%；LPG 和 CNG 出租车替代常规出租车的 10% 和 20%；建设一座 LNG 电厂	截至 2007 年，厦门市已经颁布实施了一系列的节能减排政策措施，它们分别是《厦门市人民代表大会常务委员会关于发展循环经济的决定》[a]、《厦门市人民政府关于加强节能工作的意见》[b]、《厦门市"十一五"重点节能工程行动方案》[c]、《厦门市单位 GDP 能耗考核体系实施办法》[d] 和《厦门市节约能源条例》[e]。除此之外，厦门市还出台了一系列的城市及部门规划，它们分别是：厦门市城市总体规划[f] 2004～2020、2006～2020 厦门市交通综合规划[g] 以及厦门生态市建设规划及实施纲要[h]等
	工业节能措施 （IEC）	通过调整工业结构、降低单位产品的能耗、实现能源梯级利用和余热废热回收等提高工业能源利用效率，使单位产品能耗到 2020 年平均降低 15% 以上。建立和完善对重点用能单位的监管体系，推广使用节能产品和技术	
	热电联产措施（CHP）	通过热电联产提高能源利用效率，减少重油使用，实现污染物减排，减少重油使用量达 50 万 t 以上	
	建筑节能措施 （ECB）	通过建筑节能措施降低居民、商用、大型公共建筑等的能耗，建筑节能主要体现为节电，到 2020 年 80% 的家庭将使用节能电器	
	机动车控制措施 （MVC）	控制机动车数量和单车燃油经济性从而降低交通能耗，控制私家车的增长速度，使得私家车的拥有量控制在每百户 30 辆之内，大力发展快速公交(BRT)体系，加快建设成功大道专线和环岛干线，使得 BRT 承担公交客运总量到 2020 年达到 30% 左右	
	新能源开发与利用措施（DNR）	大力开发利用太阳能、水电、生物质能等新能源和可再生能源，使新能源和可再生能源的使用率到 2020 年达到 3%	

注：a 厦门市人大颁布于 2005 年，但此决定的实施细则是在 2007 年出台的；b 此意见出台于 2007 年；c 厦门市节约能源办公室发布于 2007 年；d 厦门市政府出台于 2008 年；e 厦门市人大颁布于 2008 年；f 厦门市规划局制定于 2004 年；g 厦门市规划局制定于 2006 年；h 由北京师范大学环境学院编制于 2004 年；i 这六个子情景是综合考虑厦门市已经出台的一系列政策、措施、规划和报告后设定的，重点参考厦门生态市建设规划之能源规划部分

4.3.2 厦门市温室气体减排潜力分析结果

1. 能源消费量

1) 厦门市能源消费总量

根据厦门市社会经济发展的合理假设和各情景在 LEAP 模型参数的差异定量化,可以得到在两个不同情景下厦门市从 2007～2020 年未来各年的能源消费总量,计算结果见表 4-3。虽然在这两种情景下能源消费总量都不断增长,但增长的速率是有差异的,这种差异见图 4-6。在基准情景下,厦门地区总能耗从 2007 年的 844.54 万 tce 增长到 2020 年的 3092.42 万 tce,年均增长 10.5%。由于一系列节能减排政策措施的颁布实施部分抑制了厦门市能源消费总量的强劲增长态势,因此在综合控制情景下厦门市能源消费总量增长相对较慢,从 2007 年的 844.54 万 tce 增长到 2020 年的 2629.77 万 tce,年均增长 9.13%。虽然在基准情景和控制情景下,厦门市能源消费总量的年均增长率仅相差 1.37%,但是由于累积作用,到 2020 年采取的一系列节能减排政策措施的实施预计可以带来 462 万 tce 的节约量。这个数目是非常巨大的,另外也说明这些低碳能源政策措施所蕴藏的巨大节能潜力。

表 4-3　在基准情景和控制情景下地区总能耗预测结果　　　（单位：Mtce）

年份	2007	2010	2015	2020
基准情景(BAU)	8.46	12.83	20.86	30.92
综合控制情景(INT)	8.46	11.60	17.89	26.30

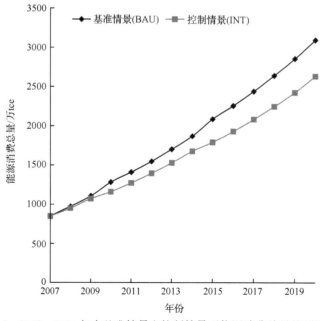

图 4-6　2007～2020 年在基准情景和控制情景下能源消费总量的预测结果

2）万元 GDP 能耗

在基准情景和控制情景下万元 GDP 能耗的预测结构见表 4-4。从万元 GDP 能耗的计算结果分析来看,2007 年的 GDP 能耗是 0.61tce,在这两种情景下万元 GDP 能耗都在下降,到 2020 年,在基准情景下会降到 0.5099tce,而在综合控制情景下会降到是 0.4366tce。在基准情景下,万元 GDP 能耗之所以也会下降,究其原因主要有两点:一是 2007 年以前采取的节能减排政策措施会继续发挥作用;二是世界范围内的节能减排技术进步是客观存在的,这些技术的推广应用也会推动单位地区生产总值能耗的下降。

表 4-4　在基准情景和控制情景下万元 GDP 能耗预测结果　（单位：tce/万元）

年份	2007	2010	2015	2020
基准情景(BAU)	0.6100	0.6003	0.5540	0.5099
综合控制情景(INT)	0.6100	0.5420	0.4750	0.4336

虽然在这两种情景下万元 GDP 能耗都在不断下降,但下降的速率是有差异的,这种差异见图 4-7。在基准情景下,万元 GDP 能耗年均降低 1.37％,而在综合控制情景下,年均降低 2.59％。虽然下降率只相差 1.22 个百分点,但考虑到这是年平均下降的结果,存在复利累积效应,所以到 2020 年,万元 GDP 能耗的差异还是非常明显的。在基准情景下,万元 GDP 能耗的下降可能是由于整体的科技进步和社会生产效率的提高;而在综合控制情景下,除了受以上因素影响外,更主要的是受厦门市颁布的一系列节能减排政策措施的影响。

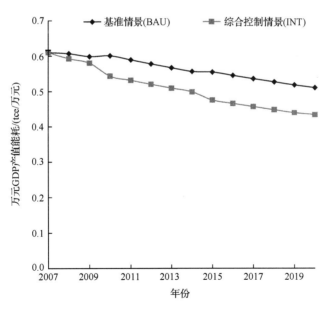

图 4-7　在基准情景和控制情景下万元 GDP 能耗预测结果

3）人均能源消费量

根据厦门市社会经济发展的合理假设和各情景在 LEAP 模型参数的差异定量化,可以得到在两个不同情景下厦门市从2007～2020年未来各年的人均能源消费量,计算结果见表4-5。2007年,厦门市的年人均能源消费量是8.46tce,中国人均能源消费量是1.87tce,世界人均能源消费量是2.38tce。由此可见,厦门市的人均能源消费量明显高于中国和世界的平均水平,节能形势十分严峻,刻不容缓。但必须指出的是,不同的尺度上的人均能源消费量是不具有可比性的。因为在不同的尺度上,社会经济结构是不一样的。厦门市的人均能源消费量和中国的平均水平同样也是不具有可比性的。只有在同一个尺度上,人均能源消费量才具有比较好的可比性。表4-5还呈现了一个让人十分忧虑的预测结果,那就是无论在基准情景下还是在综合控制情景下,厦门市区的人均能源消费量都呈现出强劲的增长态势,到2020年年人均能源消费量都将达到26tce以上。虽然这个计算结果不一定完全准确,但也说明厦门市的人均能源消费量确实具有强劲的增长态势。因此,厦门市在规划年将面临巨大的节能压力,节能形势十分严峻。

表4-5 在基准情景和控制情景下人均能源消费量预测结果 (单位：tce/人)

年份	2007	2010	2015	2020
基准情景 BAU	3.40	4.79	6.90	9.06
综合控制情景 INT	3.40	4.33	5.91	7.70

虽然在这两种情景下人均能源消费量都呈不断增长的态势,但增长的速率是有差异的,这种差异见图4-8。在基准情景下,厦门市人均能源消费量从2007年的8.46tce增长到2020年的30.92tce,年均增长10.48%。由于一系列节能减排政策措施的颁布实施部分抑制了厦门市能源消费总量的强劲增长态势,因此在综合控制情景下厦门市人均能源消费量增长相对较慢,从2007年的8.46tce增长到2020年的26.30tce,年均增长9.12%。这种增长率的下降说明已经颁布或即将颁布实施的一系列节能政策措施对于抑制地区人均能源消费量的增长是有很大作用的。

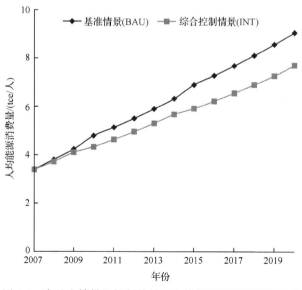

图4-8 在基准情景和控制情景下人均能源消费量预测结果

2. 碳 排 放 量

1) 厦门市碳排放总量

2007～2020 年,厦门市每年的实际温室气体排放(本章亦简称碳排放)总量的模型计算结果见表 4-6。虽然在这两种情景下温室气体排放总量都呈现不断增长的态势,但增长的速率是有差异的,这种差异见图 4-9。两种情景下的温室气体排放总量都呈现出增长态势,这和厦门市的能源消费总量的增长趋势是一致的。在基准情景下,温室气体排放总量从 2007 年的 1730 万 t CO_2e 增长到 2020 年的 6030 万 t CO_2e,年均增长 10.08%;而在综合控制情景下,到 2020 年仅增长到 4140 万 t CO_2e,年均增长 6.94%。和图 4-8 比较发现,在基准情境下,厦门市能源消费总量和温室气体排放总量都保持 10% 左右的同步增长,这说明经济发展和能源消费量具有极高的正相关关系,而且还说明能源结构没有什么变化。而在综合控制情境下厦门地区综合总能耗年均增长 9.13%,温室气体的排放量的年均增长率却只有 6.94%,温室气体的增长并没有随着地区总能耗的增长而出现同步增长。这说明在此情景下,大量清洁低碳能源的使用使能源消费结构转变促使温室气体减排效果较为明显。到 2020 年,已经颁布实施的一系列低碳能源政策有将近 2000 万 t CO_2e 的减排潜力。

表 4-6　在基准情景和控制情景下温室气体排放总量预测结果　（单位：Mt CO_2e）

年份	2007	2010	2015	2020
基准情景(BAU)	17.3	29.0	46.1	60.3
综合控制情景(INT)	17.3	22.7	32.3	41.4

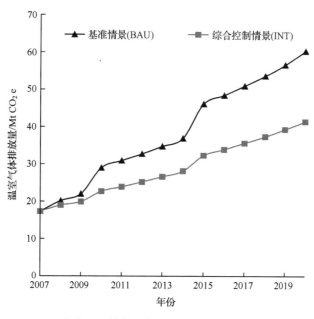

图 4-9　2007～2020 年在基准情景和控制情景下温室气体排放总量的预测结果

2）万元 GDP 碳排放量

万元 GDP 碳排放量指的某一地区在一定的时间范围内（通常为一年）每生产万元 GDP 所排放的碳量。在基准情景和控制情景下，万元 GDP 碳排放量的预测结果见表 4-7。2007 年，厦门市的万元 GDP 碳排放量为 1.247t，中国当年的平均水平为 2.72t。厦门市的万元 GDP 碳排放量不到中国平均水平的一半，说明厦门市产业结构总体具有明显的低能耗、低排放和高附加值的特征。在基准情景下，到 2020 年，万元 GDP 碳排放量将降为 0.994t，年均降低 2.27%，比 2007 年减少 20.29%。在基准情景下的万元 GDP 碳排放量降低主要归因于节能减排政策之外的产业结构升级和低碳能源技术设备的推广应用。在控制情景下，到 2020 年，万元 GDP 碳排放量将降为 0.683t，年均降低 4.53%，比 2007 年减少 45.23%。在控制情景下的万元 GDP 碳排放量的降低除了受产业结构升级和低碳能源技术设备的推广应用影响外，更主要的是受厦门市颁布实施的一系列节能减排政策措施的影响。

表 4-7　在基准情景和控制情景下温室气体排放强度　（单位：$t\, CO_2 e/万元$）

年份	2007	2010	2015	2020
基准情景（BAU）	1.247	1.357	1.224	0.994
综合控制情景（INT）	1.247	1.062	0.858	0.683

3）人均碳排放量

在基准情景和控制情景下，厦门市人均碳排放量的预测结果见表 4-8。2007 年，厦门市的人均碳排放量为 6.95t。当年，美国、俄罗斯、欧盟的人均碳排放量分别为 19.4t、11.8t 和 8.6t，中国为 5.1t，印度为 1.8t。厦门市的人均碳排放量略高于中国的平均水平，但和美国、俄罗斯、欧盟等发达国家相比，厦门市的人均排放量还是比较小的。

表 4-8　在基准情景和控制情景下年人均温室气体排放量预测结果

（单位：$t\, CO_2 e/人$）

年份	2007	2010	2015	2020
基准情景（BAU）	6.95	10.83	15.24	17.66
综合控制情景（INT）	6.95	8.48	10.68	12.12

虽然在这两种情景下能源消费总量都不断增长，但增长的速率是有差异的，这种差异见图 4-10。在基准情景下，到 2020 年，人均碳排放量将增长到 17.66t，年均增长 7.44%，是 2007 年 2.54 倍。在控制情景下，到 2020 年，人均碳排放量将增长到 12.12t，年均增长 4.37%，是 2007 年的 1.74 倍。比较两个情景的计算结果，不难发现，控制情景下的人均碳排放量的增长率明显低于基准情景。这说明厦门市颁布实施的一系列节能减排政策措施在被良好实施的情况下能有效的降低人均碳排放量的增长率。即便如此，无论是在基准情景下，还是在控制情景下，人均碳排放量都将保持较快的增长速度的结果，所以减排任务依然很重，不能掉以轻心。

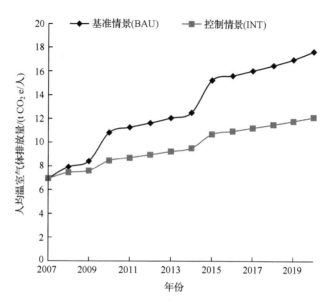

图 4-10　在基准情景和控制情景下年人均温室气体排放量预测结果

3. 节能潜力分析

1) 各情景以及各部门节能潜力分析

厦门市的节能潜力以及各子情景和各部门的节能贡献率见表 4-9。结果显示,如果所有的节能政策措施都能够很好地被贯彻实施,厦门市的节能潜力将逐步增大,2010 年

表 4-9　控制情景相比于基准情景所蕴藏的节能潜力以及各因子的节能贡献率

年份	2010	2015	2020
控制情景相比于基准情景情景所蕴藏的节能潜力			
节能值/Mtce	1.23	2.97	4.63
各措施对于总节能贡献率/%			
清洁燃料替代措施(CES)	66.83	57.04	40.75
工业节能措施(IEC)	7.76	14.65	23.97
热电联产措施(CHP)	13.56	11.23	7.24
建筑节能措施(ECB)	7.48	14.19	23.29
机动车控制措施(MVC)	5.96	8.40	11.47
新能源开发与利用措施(DNR)	0.30	0.84	1.02
各部门节能贡献率/%			
家庭部门	1.88	4.50	5.25
工业部门	71.40	60.60	58.46
交通部门	9.57	15.04	15.11
商业部门	17.15	19.86	21.18

为 123 万 tce,2015 年为 297 万 tce,2020 年为 463 万 tce。从各措施对于总节能潜力的贡献来看,清洁燃料替代措施的贡献是最大的,每年的贡献率在 50% 左右。其次是工业节能措施和建筑节能措施,随着时间的推移,它们对于总节能潜力的贡献逐步增大,2010 年为 7.5% 左右,2015 年为 14% 左右,2020 年为 23.5% 左右。随后是热电联产措施,由于热电厂一旦建立起来,其节能潜力相对较为稳定,因此其对于总节能潜力的贡献随着时间的推移是逐步下降的。机动车控制措施也是一个极其重要的节能措施,对总节能潜力的贡献也是十分重要的,且随着时间的推移其贡献在逐步增长。对于总节能潜力贡献最小的是新能源与可再生能源的开发与利用措施。由于新能源与可再生能源在厦门开发与利用的并不多,因此其贡献小也在情理之中,但这并不意味着新能源与可再生能源的开发与利用不重要。新能源与可再生能源的开发与利用代表着未来能源的发展方向,因此仍需重视它的开发利用。

从各部门对总节能潜力的贡献来看,工业部门的节能贡献率是最大的,在规划年始终保持在 60% 左右。这足以表明加大工业领域的节能工作力度,对于提高地区能源使用效率具有十分重要的意义。其次是商业部门,其对于总节能潜力的贡献始终保持在 20% 左右,这也说明商业部门蕴藏着巨大的节能潜力。然后是交通部门,其对于总节能潜力的贡献保持在 15% 左右。交通部门的节能主要来源于 BRT 公交系统的建设、节能车型的普及和机动车控制的贡献。最后是家庭部门,其对于总节能减排的贡献在 4% 左右,这个值之所以很小是因为家庭部门的总能耗在城市总能耗中所占的比例本身就不大。家庭部门的节能主要是通过提高居民的节能意识、普及节能电器和推广使用新能源来实现的。

2) 各部门节能潜力分析

由于各个部门的总耗能在城市能源总消耗量中所占的比例不同,因此不同部门对于总节能潜力的贡献并不具有可比性。为了比较各个部门所对应的各项节能政策措施的节能力度,下面将分析各个部门自身的节能潜力。厦门市各部门每年所节约的能源量相比较于基准情景下的部门总能耗的计算结果见图 4-12。图 4-12 清晰显示,四个部门每年所节约的能源量占其所对应部门在基准情景下的总能耗的比例都呈现出快速增长的趋势。但其增长的速率还是有明显差异的。商业部门的增长是最快的,其次是交通部门,再次是家庭部门,最后是工业部门。和表 4-10 的计算结果对比分析,可以发现,虽然家庭部门对于厦门市总节能潜力的贡献率始终只保持在 5% 左右,但这并不能说明家庭部门不重要,从图 4-11 的结果可知,家庭部门拥有巨大的节能潜力。然后需要说明的是工业部门,虽然其节能比例在四个部门中是最小的,但由于工业部门总能耗基数巨大,因此其所节约的能源量依然是非常巨大的,对于能源节约总量的贡献率也是最大的。

各部门具体的节能潜力见表 4-10。家庭部门从 2010 年的 1.98% 增长到 2020 年 12.02%,工业部门从 2010 年的 2.76% 增长到 2020 年的 8.57%,交通部门从 2010 年的 2.37% 增长到 2020 年的 17.83%,商业部门的增长是最快的,从 2010 年的 3.62% 增长到 2020 年的 19.57%。2007～2020 年在基准情景和综合控制情景下,四部门的能源消费总量预测结果见图 4-12。

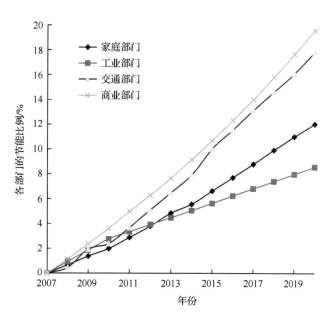

图 4-11 各部门自身的节能潜力

表 4-10 各部门自身的节能潜力 （单位：%）

年份	2010	2015	2020
家庭部门	1.98	6.62	12.02
工业部门	2.76	5.62	8.57
交通部门	2.37	10.03	17.83
商业部门	3.62	10.68	19.57

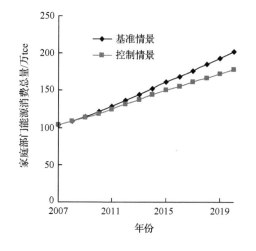

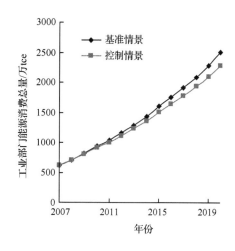

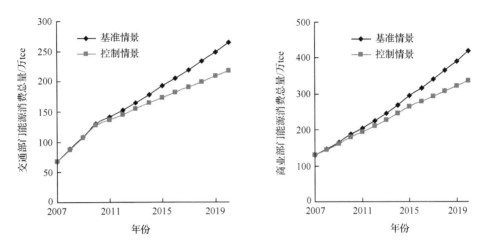

图 4-12 2007～2020 年在基准情景和控制情景下四部门能源消费总量的预测结果

4. 减排潜力分析

厦门市的温室气体减排潜力以及各因子的减排贡献率见表 4-11。结果显示,随着减排政策措施实施的深入,减排效果越来越好。也就是说,如果各项减排政策都能够被良好实施的话,到 2010 年拥有 630 万 t CO_2 e 的减排潜力,2015 年将拥有 1380 万 t CO_2 e 的减排潜力,2020 年将拥有 1890 万 t CO_2 e 的减排潜力。

表 4-11 控制情景所蕴藏的减排潜力以及各因子减排贡献率

年份	2010	2015	2020
INT 情景相比于 BAU 情景所蕴藏的减排潜力			
温室气体减排值/Mt CO_2 e	6.3	13.8	18.9
各措施减排贡献率/%			
清洁燃料替代措施(CES)	82.97	79.79	77.80
工业节能措施(IES)	1.49	2.76	4.47
热电联产措施(CHP)	11.84	10.89	7.83
建筑节能措施(ESB)	0.33	0.67	1.21
机动车控制措施(MVC)	2.48	3.82	5.79
新能源开发与利用措施(DNR)	0.90	2.06	2.91
各部门减排贡献率/%			
家庭部门	3.99	3.82	3.47
工业部门	84.18	83.53	82.92
交通部门	7.13	8.96	8.88
商业部门	4.70	3.70	4.74
结构与非结构性减排贡献率/%			
结构减排[a]	74.60	72.46	68.25
非结构减排[b]	25.40	27.54	31.75

注:a 结构减排指能源结构优化所导致的温室气体减排;b 非结构性减排在研究中特指节能技术和生活行为方式的改变所导致的减排

从各项措施对于总减排的贡献来看,清洁燃料替代措施的减排贡献是最大的,始终保持 70% 以上。清洁燃料替代措施之所以对于总减排的贡献最大,是因为清洁燃料替代措施推广使用的能源是低碳、高效和无污染的天然气或液化天然气。只要这种能源能被大规模推广使用,必然可以大大地减少温室气体的排放,同时还可以减少 SO_2、氮氧化物等有害气体的排放。其余五大措施对于总减排潜力的贡献都较小,相对而言,比较大的是热电联产措施,其次是交通节能措施和工业节能措施。值得一提的是新能源与可再生能源开发与利用措施对于总减排的贡献也是逐步增大的,2010 年为 0.90%,到 2020 年达到 2.91%,说明随着清洁能源与可再生能源开发与利用措施实施的深入,其减排贡献逐步增大。更为重要的是,新能源与可再生能源代表的是能源发展的趋势,代表了能源发展的未来。努力开发与发展新能源与可再生能源对于开拓新能源与可再生能源科技,引领低碳发展潮流,在残酷的国际竞争中树立科技优势都具有十分重要的意义。

这里必须说明的是措施和部门之间不是一一对应关系,如清洁燃料替代措施在所有的部门里面都有体现。因此,各项措施对于总减排的贡献和各部门对于总减排的贡献不是一一对应关系。从各部门对于总减排的贡献来看,工业部门是温室气体减排大户,其贡献率始终保持在 80% 以上,因为清洁燃料替代、工业节能和热电联产措施等在工业部门内的体现是最多的。这样的计算结果和现实情况也是十分吻合的。厦门市工业总能耗占城市总能耗的比例始终保持在 70% 左右,如此庞大的基数也必然决定着工业部门是厦门市节能减排的核心部门,该部门内的节能减排政策措施也是最多的。因此其对于总减排潜力的贡献也是最多的。其余三个部门对于总减排潜力的贡献都比较小,但这并不意味着这几个部门的减排不重要。因为这几个部门本身的排放总量就不大,所以不能简单地用其对于总减排潜力的贡献来评判其在减排中的重要性。

最后,分析一下在基准情景和控制情景下厦门地区能源使用结构的变化情况。所谓能源结构是指某一地区在一定时期内所使用的全部能源的比例关系。研究表明,随着全球经济发展,碳含量相对较低的石油和天然气取代煤炭成为主要能源是能源发展趋势。由于单位热量的石油和天然气的碳排放量和煤炭相比要低 10%～30%,用石油和天然气取代煤炭最终将导致出现碳排放增速的减缓和下降。因此,从长期来看,加快国家能源消费从传统煤炭为主向石油和天然气为主的结构转变是必然选择。但需要指出的是,由于我国现有的资源状况和煤炭在能源生产和消费结构中的比例较大,因此在相当长一段时间内我国以煤炭为主的能源消费结构不容易发生变化。因此,能否通过调整我国能源结构向低碳方向发展,形成以煤炭为主,石油、天然气和水电互补的多品种能源结构体系是当务之急。

在短期内改变我国现有的能源使用结构是极其困难的,但在地区尺度上实现的难度系数将会大大降低。从厦门市已经实施的一系列的节能减排政策当中,可以明显地发现其在大规模的推广使用以天然气为主的清洁能源。众所周知,温室气体的减排主要来源于能源消费总量的控制和能源使用结构的优化。依据模型计算结果并进行统计分析发现,优化能源使用结构对于地区温室气体减排贡献巨大,贡献率始终保持在 70% 左右,这说明优化能源结构蕴藏巨大的减排潜力。在基准情景和控制情景下能源结构变化见图

4-13。图 4-13 清晰地显示在基准情景下,厦门市的能源结构几乎没有变化;而在综合控制情景下,能源结构发生了根本性转变,清洁能源使用量大幅攀升,能源结构逐步趋于低碳化和清洁化。

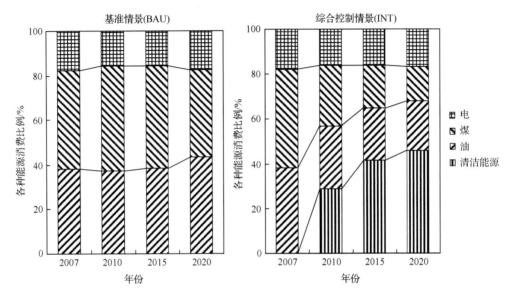

图 4-13　基准情景和控制情景下能源使用结构变化
注:煤包括原煤、洗精煤和焦炭;油包括汽油、柴油、煤油、重油、原油等;
清洁能源包括天然气、LNG、太阳能、风能和生物质能

5. 计算结果讨论

综合以上计算结果,不难发现工商业部门的节能减排潜力是最大的。工商业领域的节能减排政策主要可以分为两类:一是制度上的;二是技术上的。制度上的节能减排主要是指工商企业制定严格的节能减排制度,主要是从意识层面来提高目标群体的节能减排意识,通过制度措施来激励目标群体节约能源。这类政策比较容易实施,但效果不一定会很好,一是因为通过这种方式可节约的能源量不多,二是因为人们意识的改变需要一个过程。技术上的节能减排主要是指工商企业投资新的节能减排技术设备。购买并使用这些新的节能减排技术设备,它的节能减排效果比较好,效果也立竿见影。但是,其实施难度很大,因为企业是否投资使用某种节能减排技术设备是需要考虑成本与收益的,当投资成本远远大于使用收益时,企业是没有动力去使用该技术设备的。因此政府在引导企业实现节能减排目标时应充分发挥财政政策的引导作用,安排相应的节能减排专项资金,推动节能减排重点项目和技术的推广应用。

家庭部门的节能减排主要涉及管道天然气替代传统煤气和节能电器的推广使用,目前厦门市政府已经开始实施此项政策措施,其预期减排效果会比较好。交通部门的节能减排政策主要涉及绿色公交车和出租车的推广、BRT 建设和机动车控制等措施,前两个项目按计划已经实施,能得到预期的效果。比较难的是第三项内容,即机动车控制。汽车产业是中国的支柱产业,且在规划年内是大规模发展期,其在国民经济增长中扮演着重要角色。然而,汽车尾气污染,城市交通拥挤问题是困扰城市发展的核心问题之一。因此,如何协调好这两者之间的关系就变得极其重要。总的来说,该部门的总体预期实施效果会比较好。

本章遵循政策—情景—参数—结果的分析思路,分析中隐含了两个基本假设:一是政策被良好地实施;二是模型参数被合理地设定。这两个隐含假设的合理性直接决定着LEAP 模型在厦门的应用结果的准确性、可靠性和有效性。政策的实施效果和政府的决心、实施的成本以及政策的可操作性直接相关。当政策的实施效果不好时,节能减排的潜力将大幅缩水,无法达到预期的节能减排目标。第二个隐含假设中的参数包括:核心基础参数、能耗参数和政策参数。前两个参数的数据来源于统计年鉴和相关文献,受主观影响较小;而政策参数的设定则受主观影响较大,容易产生大的误差。当政策参数的设定严重偏离预期时,计算结果的准确性将大打折扣。该误差的纠正需要建立一个反馈调节机制,随着时间的推移不断地修正政策参数。对于政策参数的选取,本章通过采用大量政府部门调研及问卷调查的措施来减少参数取值误差的影响。模型分析的误差除受以上两个隐含假设的影响外,还受模型结构和调研数据可靠性的影响。总的来说,LEAP 模型预测结果的准确性、可靠性和有效性直接依赖于这两个隐含假设的准确性、可靠性和有效性。

4.3.3 厦门市减排潜力分析总体结论

本章首先阐述了用 LEAP 模型分析城市节能减排的基本原理,以厦门市为实际研究案例,建立了 LEAP-Xiamen 模型,结合厦门市的实际情况设计了相应的控制情景,情景分析结果表明,厦门市已经出台的一系列节能减排政策在被良好实施的情况下拥有巨大的节能减排潜力。研究的主要结论如下:

(1) 在基准情景下,厦门市能源消费总量年均增长 10.5%,万元 GDP 能耗年均降低 1.37%,温室气体排放总量年均增长 10.08%;而在综合控制情景下,厦门市能源消费总量年均增长 9.13%,万元 GDP 能耗年均降低 2.59%,温室气体排放总量年均增长 6.94%。

(2) 从节能的角度看,各项节能措施在 2010 年拥有节能 123 万 tce 的潜力,2015 年达到 297 万 tce,2020 年达到 463 万 tce。从各种措施的贡献来看,清洁燃料替代措施节能效果最好;从部门来看,工业部门节能潜力最大,接下来依次为商业、交通和家庭部门。

(3) 从减排的角度看,各项减排措施在 2010 年拥有减排 6.3Mt CO_2e 的潜力,2015 年达到 13.8Mt CO_2e,2020 年达到 18.9Mt CO_2e。从各种措施的贡献来看,清洁燃料替代的贡献最大;从部门来看,工业部门的减排潜力最大;从能源结构来看,结构减排潜力巨大。

(4) 综合两方面考虑,清洁燃料替代措施的节能减排效果最好,工业部门的节能减排潜力最大。此外,优化厦门地区的能源结构是减排的长远战略。大力推广清洁燃料的使用、抓好工业部门的节能减排和优化城市能源结构是发展低碳城市的有效路径。

参 考 文 献

曹斌,林剑艺,崔胜辉,等.2010.基于 LEAP 的厦门市节能与温室气体减排潜力情景分析.生态学报,30(12):3358-3367

陈荣,张希良,何建坤,等.2008.基于 MESSAGE 模型的省级可再生能源规划方法.清华大学学报(自然科学版),48(9):1525-1528

官义高.2009.关于电力折标问题的探讨.中国能源,31 (6):34-36

国家发展和改革委员会能源研究所"中国可持续发展能源暨碳排放情景分析"课题组.2003.中国可持续发展能源暨碳排放情景分析综合报告

李栋,王如松,周传斌.2009.基于 LEAP 的城市居住区能值评价与复合情景分析.中国科学院研究生院学报,26(1):72-82

刘强.2008.能源环境政策评价模型的比较分析.能源环境,30 (5):26-31

岳珍,赖茂生.2006.国外"情景分析"方法的进展.情报杂志,(7):59-61

张建民,殷继焕.1999.LEAP 模型系统分析.中国能源,(6):31-35

张颖,王灿,王克,等.2007.基于 LEAP 的中国电力行业 CO$_2$ 排放情景分析.清华大学学报(自然科学版),47(3):365-368

赵永,王劲峰.2008.经济分析 CGE 模型分析与应用.北京:中国经济出版社

朱跃中.2001a.中国交通运输部门中长期能源发展与碳排放情景设计及其结果分析(一).研究与探讨,(11):25-27

朱跃中.2001b.中国交通运输部门中长期能源发展与碳排放情景设计及其结果分析(二).研究与探讨.(12):29-31

宗蓓华.1994.战略预测中的情景分析法.预测,(2):50-52

APERC. 2006. APEC Energy Demand and Supply Outlook. Asia Pacific Energy Research Centre, Institute of Energy Economics, Tokyo, Japan. 〈http://www.ieej.or.jp/aperc/outlook2006.html〉

Cai W J, Wang C, Chen J N, et al. 2008. Comparison of CO$_2$ emission scenarios and mitigation opportunities in China's five sectors in 2020. Energy Policy,36:1181-1194

Dhakal S. 2003. Implications of transportation policies on energy and environment in Kathmandu Valley, Nepal. Energy Policy,31:1493-1507

Fang W K,Matsumoto H,Lun Y F. 2009. Application of System Dynamics model as decision making tool in urban planning process toward stabilizing carbon dioxide emissions from cities. Building and Environment,44:1528-1537

Ghanadan R,Koomey J G. 2005. Using energy scenarios to explore alternative energy pathways in California. . Energy Policy,33:1117-1142

Huang W M. , Lee W M. 2009. GHG legislation:LessonsfromTaiwan. Energy Policy,37:2696-2707

Kannan R S N. 2009. Modelling the UK residential energy sector under long-termdecarbonisation scenarios:comparison between energy systems and sectoral modelling approaches. Applied Energy,86 (4):416-428

Limmeechokchai B, Chawana S,2007. Sustainable energy development strategies in the rural Thailand:the case of the improved cooking stove and the small biogas digester. Renewable and Sustainable Energy Reviews,11:818-837

Paltsev S R,Jacoby H D, et al. 2008. Assessment of US GHG cap-and-trade proposals. Climate Policy,8(4):395-420

Pradhan S,Ale B B, Amatya V B. 2006. Mitigation potential of greenhouse gas emission and implications on fuel consumption due to clean energy vehicles as public passenger transport in Kathmandu Valley of Nepal:a case study of trolley buses in Ring Road. Energy,31:1748-1760

Shin H C, Park J W, Kim H S,et al. ,2005. Environmental and economic assessment of landfill gas electricity generation in Korea using LEAP model. Energy Policy,33:1261-1270

Stockholm Environment Institute (SEI) T. I. 2006. LEAP:Long Range Energy Alternative Planning System, User Guide for LEAP2006. http://www.energycommunity.org/documents/Leap2006UserGuideEnglish.pdf

Winkler H B M，Hughes A，et al. 2005. Cape Town energy futures：Policies and scenarios for sustainable city energy development. Energy Research Centre，University of Cape Town，Cape Town. http：//www. energycommunity. org/ documents/CapeTownEnergy. pdf

Zhang Q，Tian W，Wei Y，et al. 2007. External costs from electricity generation of China up to 2030 in energy and abatement scenarios. Energy Policy，35：4295-4304

第5章　低碳城市发展路线图

城市低碳发展,是城市发展模式的创新与变革,涉及城市发展理念、规划与建设、管理体制机制、生产生活和消费模式等方方面面。因此,必须推动城市在从战略到规划、从体制到机制、从理念到行动等方面形成共识,并对城市实现低碳发展的路径、方式有系统全面的设计(中国科学院可持续发展战略研究组,2009)。低碳城市发展路线图的功能在于:为城市实现低碳发展提供系统化、实用化的路径和过程设计、战略和规划指导,提供制度安排和机制设计,确定行动方案和重点项目安排。

5.1　低碳城市发展路线编制思路

5.1.1　编制总体思路

低碳城市要顺应全球低碳发展的大趋势,以及国家贯彻落实科学发展观,加快建设资源节约型、环境友好型社会的要求,充分认识自身资源环境约束条件下的城镇化和新型工业化所面临的内外部发展环境,利用城市产业转型升级、新型城镇化发展等方面的建设发展契机。依据低碳城市发展理念,确定新型城市低碳发展模式和目标,以降低温室气体排放为主要关注点,基础是建立低碳能源系统、低碳技术体系和低碳产业结构,发展特征是低排放、高能效、高效率,核心内容包括制定低碳政策、开发利用低碳技术和产品,以及采取减缓和适应气候变化的措施,有效地降低资源消耗和减少碳排放,维系城市的可持续发展(雷红鹏等,2011;The Climate Group,2009)。

5.1.2　编制基本原则

低碳城市发展与社会经济发展目标相协调,实现社会经济发展、温室气体减排、环境质量改善的协调发展,应该统筹规划,突出重点,分步实施,量力而行。

1. 效率优先原则

提高现有各类能源的综合利用效率,大力发展循环经济,物尽其用,是发展低碳城市的首要原则。推进节能技术和高效率能源利用技术在各产业中的应用,对于城市的基础支撑产业、城市经济主导产业以及具有集聚优势的非传统产业,需要通过这些技术的创新、普及和应用,提高并减少其对于化石能源的需求程度。

2. 低碳创新原则

通过低碳能源技术创新,开发新的低碳能源,重点注重新能源在普及成本以及稳定性方面的研发,同时,积极推进碳捕获、碳封存技术的研发与实践,针对重点行业进行针对性研制,直接削减碳排放量。

3. 结构优化原则

在产业结构、能源结构、交通结构和住区的空间结构方面,进行合理的低碳规划与调整。包括三产业之间结构的调整和轻、重工业比重的调整,在产业结构中加大低碳产业的比例,逐步减少甚至取代高碳产业所占的比例。加大新能源和可再生能源在电力生产中应用的比例,改变社会供电中碳元素的比例,从能源使用源头上实现低碳目标。

4. 广泛参与原则

公众的参与是建设低碳城市的重要原则。低碳城市的发展关系到每个居民的每日生活,广泛的公众参与和公众支持是低碳城市发展计划中重要的一环。甚至,低碳发展的计划如果得不到公众的广泛支持,低碳城市的建设将难以有效实施。

5.2　低碳城市发展路线图编制方案

低碳城市建设是一个综合的系统工程(付允等,2008;顾朝林等,2009;中国城市科学研究会,2009),涉及城市的多个方面,见图5-1。

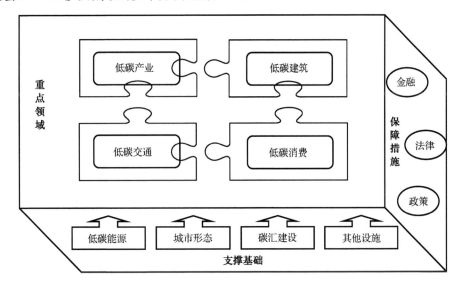

图 5-1　城市低碳发展路线框架图

重点领域包括:城市产业低碳化发展是重点,从经济发展源头上保证城市总体规划符合低碳发展原则。建筑低碳化,主要指节能与绿色建筑设计。交通低碳化,在交通出行的各个环节全面关注温室气体排放问题,鼓励和推进以公共交通为导向的城市交通发展模式。消费行为低碳化,加强对城市居民低碳消费观的教育,推广应用节能产品,鼓励节约用能,倡导低碳环保。

支撑基础包括:能源低碳化,侧重新能源与可再生能源的开发利用,从城市层面、社区层面以及终端层面规划低碳能源利用。空间形态低碳化,是指低碳而高效的城市空间形态,合理的城市土地利用格局,适当高密度的产业和人口布局,以及城市功能区和单体建筑物的紧凑性。城市固碳能力建设,包括碳汇与碳捕捉技术的研制,还可通过土地利用调整和林业措施将温室气体储存于生物碳库中,营造森林和绿地。基础设施低碳化,主要从城市水资源利用、输变电系统、信息基础通道、固体废弃物处理与循环利用等方面奠定城市低碳发展的基础。

保障措施包括:低碳法律与政策,低碳发展同时需要强有力的制度驱动和法律保障,需要建立节约能源和保护环境与气候的长效机制和政策措施,将气候变化因素纳入政策和法规标准的制定中,从法律、法规、政府运行机制、政策等方面提出相应的保障措施。低碳金融,以及与低碳经济发展相匹配的功能完善的金融体制机制,包括碳基金、银行信贷、碳保险和碳证券等一系列创新工具。

5.2.1　低碳支撑基础

1. 低碳能源

低碳能源主要指绿色清洁能源,它的基本特征是可再生、可持续应用、高效且环境适应性能好。狭义地讲,绿色能源指太阳能、氢能、风能、水能、生物能、海洋能、燃料电池等可再生能源,而广义的绿色能源包括在开发利用过程中低污染的能源,如天然气、清洁煤和核能等。低碳城市的能源供应系统包括城市层面、社区层面和终端层面,主要在能源结构上加大低碳和无碳能源的比例。低碳能源规划主要侧重新能源与可再生能源的开发利用规划,从城市层面、社区层面以及终端层面规划绿色能源利用,主要包括太阳能、生物质能、风能、水能、氢能、海洋能、燃料电池等可再生能源,以及其他低污染的能源,如天然气、清洁煤等。

2. 低碳空间形态

研究城市高效的城市空间形态,建立合理的城市土地利用格局,探索城市低碳空间形态是建设低碳城市的重要内容。低碳城市形态要求在有限的城市空间上布置高密度的产业和人口,单位用地面积有较高的产出,城市功能区和单体建筑物布局紧凑,根本目的是提高城市资源配置效率,提高城市交通效率。城市空间可进一步紧凑化,通过合理的城镇空间布局、产业结构及基础设施的合理安排,引导城乡各类要素向城镇聚集(Zhao et al.,2011)。城市低碳空间结构规划主要是顺应社会经济发展、节能减排、产业集群和环境保护的需要,在空间上对城市发展做出合理引导。

3. 固碳能力建设

城市碳汇是实现低碳城市的另一个重要方面。城市碳汇是指对城市排放的 CO_2 进行人工或天然的固定,使其脱离大气,以降低温室效应的过程。通过合适的方法积极提高城市碳汇能力,不仅可以降低城市碳排量,还可以美化城市环境,使城市更加宜居,也更具有生态魅力。

尽管碳捕捉技术发展还有很多不完善的地方,也存在很多争议,如投资高,无直接产品产出等,但是在未来其仍可能是碳减排的重要方式,所以城市应积极实行试点工程,提出适当方案,可能会有较好的发展前景。

4. 低碳基础设施

低碳基础设施主要从城市水资源利用、输变电系统、信息基础通道、固体废弃物处理与循环利用等方面提出低碳发展的方向与内容,从资源角度系统地做好城市低碳规划的基础工作。

5.2.2　低碳重点领域

1. 低碳产业

低碳产业发展规划要从经济发展源头上保证城市总体规划符合低碳发展原则,要降低高碳产业的发展速度,提高发展质量;要加快经济结构调整,加大淘汰污染工艺、设备和企业的力度;提高各类企业的排放标准;提高有色、建材、化工、电力和轻工等行业的准入条件;建立循环经济,推广清洁生产;推广应用低碳技术在各部门各产业的应用。

2. 低碳交通

低碳交通是在交通出行的各个环节全面关注温室气体排放问题,通过对运输结构和运输效率的优化,最大程度地减少碳排放总量。低碳交通建设的核心是要控制发展个体机动交通、鼓励和推进以公共交通为主导的城市交通发展模式,并从用地布局优化、交通政策引导、信息技术支撑、交通工具排放控制等多个方面共同减少碳排放。

3. 低碳建筑

低碳建筑规划主要包括:建筑节能标准与法规的建立;建筑节能设计研究;可再生能源等新能源和低能耗、超低能耗技术与产品在住宅建筑中的应用等;推广建筑节能,促进政府部门、设计单位、房地产企业、生产企业等就生态社会进行有效沟通。

4. 低碳消费

通过低碳知识的宣传教育,培养增强居民适度消费和可持续消费的意识。首先就要走出节约消费降低了消费水平和消费质量的认识误区,这里所倡导的低碳消费是指在维持高标准生活的同时尽量减少高能耗产品的使用。在大众中传播低碳消费与可持续消费理念,倡导大家实行节俭消费、垃圾分类收集、废弃物回收、节水节能等有利于低碳城市建设的活动。

5.2.3 低碳保障措施

1. 低碳政策

城市低碳发展政策是从政府管理层面进行政策创新,制订鼓励发展低碳产业、低碳社会公共行为和低碳城市建设的政策体系。主要包括以下三方面的政策:第一,产业、财税、金融政策,主要是通过设定产业准入制度和低碳产业鼓励发展政策,引导构建低碳产业体系,通过财政转移支付、减免和返还的财税政策、优惠贷款等金融政策鼓励重大低碳项目的实施建设。第二,公共政策,通过制订发展公共交通、低碳就业、家庭节能减排、垃圾分类等鼓励性政策,推动社会公共消费低碳化转变。第三,生态建设和环境政策,制订有利于提高碳汇、降低碳排放的生态和环境管理政策,优先发展生态林、污染生物化治理、提高资源集约利用效率的重大项目。

2. 低碳法律

我国应尽快完善低碳城市发展的政策法律体系。首先,应完善我国有关的立法体系,制定气候变化法,如制定石油、天然气、原子能等主要领域的能源单行法律,同时也制定能源公用事业法,全面作用于能源与环境相协调的各领域。其次,应改变我国法律建设中"易粗不易细"的传统,使能源立法规定足够详细,有足够的操作性,只有这样,我国目前环境执法(包括能源领域)效果不佳、环保状况不能得到根本改善的状况才能改变。最后,法律、规划规定的执行措施上应涉及税收优惠、补贴等奖励手段来激励公众与企业自愿实行有利于低碳经济发展的行为,同时规定细化的奖励手段与程序,使其在现实中能产生广泛的影响。

3. 低碳金融

低碳城市建设离不开金融的支持,同时也为金融业的发展提供了新的机遇。为推动低碳城市建设,建议城市政府可设立低碳专项基金,并引导社会资金的积极参与。在提供融资服务的同时,为企业提供标准、技术、认证方面的咨询和能力建设服务。加大创新,引导银行、证券、保险等机构开发和提供新的低碳金融产品和服务。充分发挥市场机制的资源配置作用,积极探索区域范围内的碳交易试点,并为企业和金融机构的对接搭建平台,推动低碳产业和城市发展。

5.3 厦门市低碳发展路线图编制实例

根据路线图的指导思想和总体原则,参考国内外低碳城市建设经验,结合厦门本地特点,制定厦门市的低碳城市发展路线图。厦门市低碳建设的目标是摆脱经济增长对化石能源的依赖,使城市经济活动的碳排放总量得到控制,建成结构优化、循环利用、节能高效的经济体系,形成健康、节约、低碳的生活方式和消费模式,最终实现城市的清洁、高效、可持续的低碳发展目标。低碳城市建设是一个综合的系统工程,涉及低碳发展的支持基础、重点领域和保障措施,具体路线图见图 5-2。

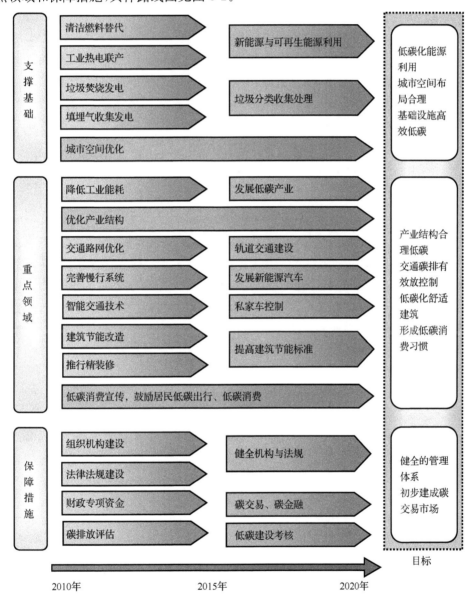

图 5-2　福建省厦门市至 2020 年低碳发展路线图

1)近期目标(2010～2015 年):布局建设阶段

规划近期目标:到 2015 年,单位 GDP 碳排放在 2005 年基础上减少 32%～34%。启动厦门市低碳产业、低碳建筑、低碳交通、低碳生活等各领域建设,形成系统的低碳城市建设框架体系;初步形成厦门市低碳城市能源基础、合理低碳的空间形态和低碳的环境基础等;同时建设相关的组织机构和政策法规体系,做好碳排放评估与专项财政资金补助;突出厦门本地特点,着力重点领域、重点项目,基本建成资源节约型与环境友好型的低碳城市。

2）中期目标(2015～2020 年)：全面发展阶段

规划中期目标：到 2020 年,单位 GDP 碳排放在 2005 年基础上减少 40％～45％。建立起完善的低碳城市发展的制度体系、政策支持体系、金融保障机制、技术创新和激励约束机制,在低碳产业、低碳建筑、低碳交通、低碳生活等领域取得重大成果,低碳城市建设目标全面实现,形成以低碳为核心的经济体系、价值体系和文化体系,建成即符合国家要求又具有厦门特色的国家低碳示范城市。

5.3.1 厦门市低碳发展支撑基础

1. 低碳能源

目前厦门市的能源消费结构仍以煤炭、石油等传统能源为主,为了落实节能减排,促进低碳城市建设,必须通过推行 LNG 替代政策、提高天然气使用比例、开发利用新能源与可再生能源以及推行环境友好能源政策等来优化能源消费结构。利用厦门市丰富的可再生资源,在现有的可再生能源规划基础上,加大风能、太阳能、生物质能、水力发电、热电联厂的开发力度,考虑地热能和海洋能的开发潜力。加快建设新能源技术研发平台,加大对新能源前沿、关键技术的研发力度,整合海峡两岸优势科研资源,推进新能源领域技术研发和市场开拓的合作。

1）煤炭

煤炭是厦门市主要的一次能源,为了达到低碳目标,到 2020 年单位 GDP 的 CO_2 排放量为 2005 年的 45％,必须严格控制煤炭的使用量,嵩屿电厂二期不能上马,电力需求要继续加大对外调电力的依赖。在保持 2010 年煤炭现有消耗量 354.8 万 tce 不变,总能源消费量增加的前提下,煤炭比例大幅下降。

2）石油

加快醇化类燃料推广和煤炭液化工程实施进度,发展新型燃料等替代燃料的生产及应用;建材行业以天然气、水煤浆等替代重油,化工行业以煤炭气化替代燃料油和原料油,燃油锅炉、燃油热媒炉、烘炉等以天然气替代重油和柴油。在交通方面降低石油消费的比例,鼓励用天然气替代石油在交通车辆中使用。

3）天然气

目前厦门市的能源消费结构仍以煤炭、石油等传统能源为主,为了落实节能减排,促进低碳城市建设,必须通过推行 LNG 替代政策、提高天然气使用比例,加大天然气在一次能源中的使用比例,鼓励居民在生活中直接使用天然气,同时要加大天然气在交通车辆中的使用。

4）风能

厦门海岸线长,风力资源十分丰富,尤其是翔安素有"风头水尾"之称,风能利用前景很好。加大对风能发电厂的开发建设力度。陆地不足的海岛型城市,可以考虑建设离岸式风力发电厂,在海上设置风力机。厦门市预计风电装机容量可达 16 万 kW,主要规划了 3 个风能电场,分别是翔安内厝风电场、莲河风电场和大嶝岛海上风电场。

同时大力发展风光互补路灯照明供电系统,充分利用绿色清洁能源,实现零耗电、零排放、零污染,加强在道路、景观、小区照明及监控、通讯基站、船舶等领域的广泛应用(风光互补路灯具有不需铺设输电线路,不需开挖路面埋管,不消耗电能等特点,风光互补路灯独特的优势在城市道路建设、园林绿化等市政照明领域十分突出)。

5）太阳能

厦门市常规能源缺乏,大力发展新能源和可再生能源,不断优化能源结构,是厦门市能源产业发展的必然选择。在太阳能方面,厦门市已列入国家建筑节能改造示范城市,通过实行太阳能建筑一体化,推广太阳能的使用,"十二五"期间将大力发展太阳能光热建筑应用,计划建设完成 10 个试点示范项目,建设完成 5 个太阳能光电建筑一体化示范工程。集美新城西亭中心区、同安新城(环东海域)和翔安新城将重点建设太阳能建筑一体化项目。不仅如此,农村也将使用太阳能,小城镇和新农村建设中将重点推广太阳能光热建筑一体化和太阳能路。

6）生物质能

垃圾焚烧发电厂有效利用城市垃圾进行发电,"变废为宝",不仅改善了城市环境而且在一定程度上缓解了厦门市能源匮乏的局面。已建成的后坑垃圾焚烧发电项目,设置 6000kW 的发电机组,日发电量 14.4 万 kW·h,日处理垃圾 400t,年处理垃圾可达 13 万 t。积极推进"十二五"期间规划建设东部(翔安)和西部(海沧)垃圾焚烧发电两个项目。东部(翔安)垃圾焚烧发电厂二期项目位于翔安区新镇白云飞固废处理中心地块内,规模为 600t/d,装机容量 1×12MW。西部(海沧)垃圾焚烧发电项目位于海沧新路西侧蔡尖尾山坡地上,工程建设一次规划,分二期实施,总规模 1200t/d,发电装机容量 2×12MW;一期建设规模为日焚烧垃圾 600t/d,发电装机容量 1×12MW,总投资 30 851 万元,计划 2012 年建成,二期项目计划 2013 年建成,规模同一期项目。

重点工程包括:① "十城万盏"试点工程;② 东部垃圾焚烧发电厂;③ 西部垃圾焚烧发电厂;④ 福满再生资源处理基地项目;⑤ 东部填埋气体利用项目;⑥ 光伏发电项目;⑦ 东部燃气电厂二期。

2. 低碳空间

1）城市空间结构效应减碳

城市空间结构效应减碳主要是通过调整各类用地比例。主要思路是减少高碳排空间、增加低碳排空间或负碳排空间(碳汇空间)。高碳排空间的减少包括两种方式:一种是通过改变高碳排空间的用地功能,直接用低碳排功能空间加以替换;另一种是提高高碳排空间的使用效率,实现碳排空间效率的提高。

A. 管制城市碳排空间

对城市建设空间、产业园建设进行合理管制。在土地适宜性分析、碳排放量预测的支撑下,保证厦门的生态屏障的同时,为经济发展和城市建设留有充足的土地空间,实现经济发展和生态保护相协调。

从宏观上加强碳排放空间管制指引。依据厦门市社会经济发展现阶段各区域节能减排的现实情况,以发展低碳产业为出发点,在满足经济社会发展规划产业集群和环境保护需要的前提下,将厦门市市域空间划分为碳汇保护培育区、低碳严格控制区、中碳适度控制区和高碳减量控制区,见表 5-1 和图 5-3。

表 5-1　碳排空间管制

管制区	范围	措施
碳汇保护培育区	林地、草地、公园与绿地	以零碳排为目标,严格控制碳排放
低碳严格控制区	耕地、园地及相连农村宅基地	严格按照低碳标准控制碳排放量
中碳适度控制区	厦门岛及岛外四区城区	通过节能技术和管理措施尽量减少碳排放
高碳减量控制区	岛外四区工业园	重点管制,最大限度的提高能源资源和土地的利用效率,推广循环经济和清洁生产,打造成低碳工业示范

根据城市碳排空间的分析结果可知,碳汇保护培育区主要是市域范围内的林地、草地及公园与绿地,这部分保护与培育并重,一方面保护和加强现有林地和绿地的固碳能力,通过改善林相的手段加强基底碳汇系统固碳能力;另一方面,应积极培育新的碳汇节点,按照生态效益、经济效益、固碳效益最大化的原则,增加街头绿化、街头公园、沿溪沿街绿化的建设,在道路溪流两侧拓宽绿化宽度,改善生态廊道的固碳能力。

低碳严格控制区主要包括农用地(耕地、园地)与其相连的农村宅基地,其中农用地地均碳排强度为 0.1344 万 t CO_2e/km², 对这部分用地应继续保持和控制碳排放,按照土地利用规划保护基本农田,建设用地尽量不占用一般农用地。

中碳适度控制区主要包括厦门岛及岛外四区的中心城区,以居住用地和服务业用地为主,其中居住用地的地均碳排强度为 1.9571 万 t CO_2e/km², 仅高于农用地的地均碳排强度;城区内的服务业用地和交通用地碳排强度尽管相对较高,但是考虑到部分服务业用地和交通运输用地不仅服务于生活居住用地,而且有相当一部分是生产性服务用地,为工业用地内的碳排主体服务,因此总体上这部分的碳排较为适中,具有一定的碳减排潜力,应通过节能技术和管理措施尽量减少碳排。厦门岛包括工业区也整体归入中碳适度控制区,主要是因为厦门岛功能定位以发展现代(高端)服务业和高新技术产业为主,目前的工业园区先进制造业已颇具规模,整体效益较高,而且未来将逐步完成二、三产空间资源置换和优化,引导一般工业、大型批发市场、一般商贸和部分企事业单位等向岛外转移,带动生产要素和人口向岛外转移。因此应将厦门软件园、厦门火炬高技术产业开发区、湖里高新技术园、思明光电研发和产业基地、海洋生态产业园项目等多个园区打造成微碳工业示范区,在园区内发展电子信息、光电、软件、生物与新医药、新能源和新材料、光机电一体

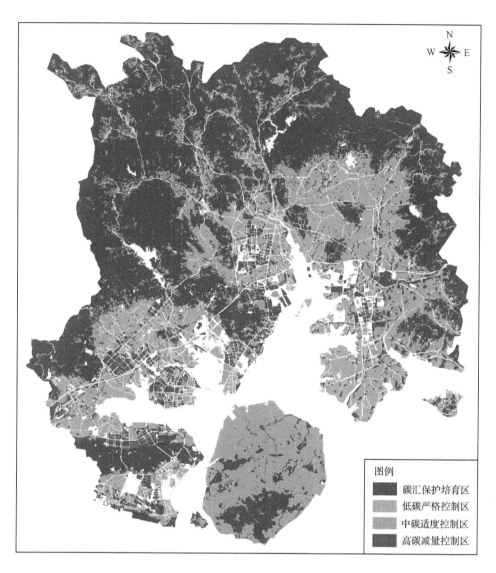

图 5-3 碳排管制区

化、海洋科技、环保科技等高新技术产业。

高碳减量控制区主要包括岛外四区的工业园区。岛外的工业园区整体效益相对岛内工业区有一定差距,产业结构上以一般制造业为主,而且未来岛内一些碳排相对较高的产业会进一步向岛外转移,是碳排放管制的重点区域,应通过产业集聚,优化整合上下游产业,实现综合利用和循环使用,最大限度地提高能源资源和土地的利用效率。对现阶段碳排放强度较大的园区进行技术改革和产业重组,推广循环经济和清洁生产,采用先进的节能环保技术进行系统的规划设计,将工业区打造成低碳工业示范区。

B. 提升高碳空间功能

重点对厦门本岛的旧居住区、城中村进行改造,落实本岛和岛外四区的中心城,火车站、客运站等交通节点,鼓浪屿、旧城中山路等景观门户区内的城中村、旧居住区改造,及营平、湖里旧村等旧城区的城市更新。倡导柔性的更新改造,以补贴鼓励、综合整治为主要手段,为推动城市有机更新打开门路,对城市特色地区着力保持原有风貌,避免大拆大建;合理运用低碳生态的各项技术,实现城市更新资源的循环利用。同时对本岛已迁出的工业厂房进行功能置换,由传统制造业功能转变为旅游产品、创意产品等商业功能,重点推进湖里工业区、龙山、七星山、仙乐山、浦南、开元、枋湖等传统制造业区,杏东工业区、杏南工业区、巷北工业区、同安城东工业区等用地零散工业区的整合、搬迁。

推进立体空间利用工程,在厦门本岛结合 BRT 换乘点与重点商业中心,推进交通综合体和地下商业街区的建设。强化土地空间资源的高效利用。重点推进火车站、机场等重要交通枢纽地区建设大型综合体;在旧城中山路商业街区、富山商业中心等地区建设地下商业街区,形成整片人行网络。

2)城市空间联系效应减碳

城市不同功能空间之间通过交通相互联系,由于城市功能布局的差异导致了交通联系的不同。低碳的城市空间布局,应通过减少不必要的交通出行或减少小汽车等高碳交通出行方式,达到减少碳排放的目的,这就是通过城市空间联系效应减碳。城市空间联系效应减碳主要通过规模控制和功能平衡两个途径来实现。

A. 控制城市空间规模

在城市尺度上,防止城市建设用地的无序蔓延。低碳空间结构规划主要是顺应社会经济发展、节能减排、产业集群和环境保护的需要,在空间上对厦门市发展做出合理引导和管制,完善"一心两环、一主四辅八片"的组团式空间布局,加强基本生态控制线管理,有效控制增长边界;通过环状、带状、楔形绿地的引入,加强组团间的生态隔离,重点规划建设蔡尖尾山组团隔离绿地、马銮湾组团隔离绿地等五处城市组团间隔离绿地,同时建设319国道、324国道、205省道等道路绿廊,保持城市结构的完整性与延续性,防止城市建设无序蔓延。

在地块尺度上,保持适宜的地块尺度和开发强度。地块尺度过大,会增加绕行距离,然而产权集中往往导致管理封闭,给公共交通、步行、自行车交通带来不便,也在一定程度上鼓励了私人小汽车的出行,导致更多的碳排放。地块尺度小、路网密度高时,步行和自行车的出行优势范围、步行占出行总量的比例均较高。土地的开发强度如果过高,超出公共交通的运载能力,将导致公共交通服务水平下降,居民转向小汽车等其他交通方式;土地开发强度过低、客流量过少又将导致公共交通运力的浪费或是公共交通运营成本过高而无法支撑,使交通的效用产生折减,使城市的开发背离以公交为主导的发展目标,并可能导致鼓励高能耗的出行方式,不利于碳排放的减少。

实现适宜的地块尺度和开发强度的可能途径包括:①对道路规范进行修订,使街区尺度、道路密度更利于非机动交通和公共交通出行。②地块尺度应随着与市中心的距离而变化。中心区地块采用小尺度,鼓励步行与自行车出行,随着距市中心的距离增加,地块尺度加大,但当距市中心距离和地块尺度达到一定值后应当重新组织用地,以公共交通枢纽为中心缩减靠近中心的地块尺度,以利于步行、自行车出行和换乘公共交通。③鼓励大型城市公共设施集中的城市区域中心与公交枢纽的结合,通过空间耦合一致度的指标,判断城市公共活动中心与公共交通枢纽在空间上叠合一致的程度。④在总体规划与控制性详细规划结合的时候,应以公共交通可达性水平来确定开发强度,使其成为确定控制性详细规划的依据。

B. 平衡城市功能布局

实现混合的土地利用的可能途径包括:①避免绝对的功能分区,避免为大面积用地设置单一功能,提倡居住用地与第三产业用地以及部分工业用地适度混合,以及水平、垂直双向的土地混合使用,提高职住平衡比例。②通过"有效混合"减少长距离的通勤出行。例如,在规划中每个社区中不同收入水平的人群的混合或是鼓励学校和企业制订"员工出行方式计划",促进就近工作。

土地有效混合使用的要点包括:①将居住、商业和办公等混合性功能布置在人们从住所至轻轨、地铁或公交站点的步行范围内,从而减少人们因日常生活需要而造成的重复交通。②商业区、就业区和使用频率高的区域布置在公交站点周围,便于居民使用公交出行。③以公交枢纽和公交站点为中心展开城市组团和社区布局,将交通、就业与生活设施配套之间的空间布局得到综合考虑。

通过合理的城镇空间布局、产业结构组织及基础设施的合理安排,引导城乡各类要素向城镇集聚。在城市建成区,空间布局进一步调优。积极引导城区各项功能的合理分区,完善基础设施布局,避免城市规模过度扩张和功能的单一化。在社区空间层面,强调混合使用和社区开发适度高密度的策略,打破传统方式上的功能分区,以不同的社区组团作为城市功能最小功能体,通过公共交通联系起来,减少小汽车的使用,发挥城市功能的综合优势。发展以轨道交通或快速交通站点为中心的高密度混合化社区,通过提高土地利用密度、混合使用,以促进土地利用及交通的整合,推动就业与住房的平衡,减少交通出行次数,提高公交使用率,以实现城市节能减碳的目标。

针对厦门市六个区职住中心距离与土地利用混合性的不同特点,六个区分别落入四个象限。第一象限内,湖里区具有较高土地混合性但职住距离较长,应着重提高职住平衡性;第二象限包括同安区和翔安区,两区的土地利用混合性较低、职住距离也较长,应该同时极高基础设施配套、促进居住-就业的平衡分布;集美区和海沧区在第三象限,总体上土地利用混合性较低但是职住距离较短,因此重点是继续完善公共服务设施配套;思明区在第四象限,土地利用混合性较高而且职住距离也较短,可作为其他区的标杆,但是也应进一步优化提升城市服务功能(图5-4),因此,总体上可将全市城市功能布局平衡策略分为岛内优化提升区、东部完善优化区和北部重点完善区(图5-5)。

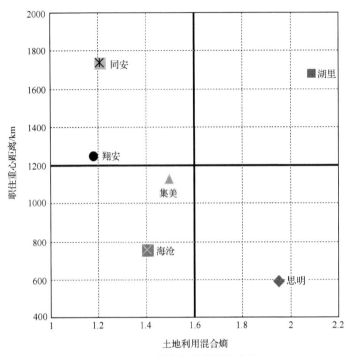

图 5-4 土地混合与职住距离象限

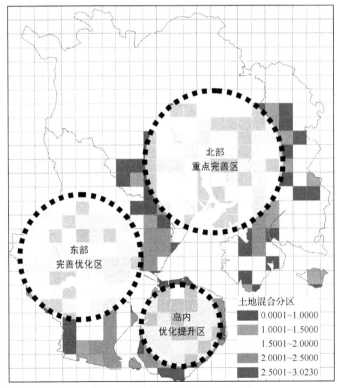

图 5-5 城市功能布局平衡分区

建议引入城市管理中的格网管理模式,将厦门市划分为若干较小的格网,从整体上动态监测土地利用混合性,及时发现问题并迅速反应。进一步加强火炬高新技术产业园、航空工业园、环海湾产业园区带、海沧港口物流园等重点产业片区的配套居住建设和保障性住房建设,合理规划集美、海沧等城市新区居住用地、工业用地的供给,促进组团内居住与就业的平衡,减少由于"钟摆式"交通引起的高碳排放。促进公交引导的土地开发模式,在有条件的地段,如思明、湖里中心区重点开展 TOD 模式的试点建设。

重点项目包括:①PCDM 集美西亭示范项目;②TOD 示范项目;③立体空间利用项目;④城市建设空间管制项目;⑤微碳工业示范区。

3. 低碳环境

1) 固体废物低碳处理

A. 垃圾分选系统

实施城市生活垃圾分类,是城市生活垃圾管理的一个重要方向。生活垃圾分类收集为有效实现废弃物的重新利用和最大程度的废品回收,减少垃圾的处置量,即生活垃圾的资源化,提供了重要条件,已在许多发达国家的城市中广泛实施。混合垃圾进厂后,在进入预处理系统前进行分选(全自动或辅以人工),将可燃物、金属等可回收材料分离进行再利用,餐厨垃圾进行资源化处理。

目前,厦门市生活垃圾为混合收集方式。为实施生活垃圾分类收集,需注意以下五点:第一,制定垃圾分类收集的规章或条例,使分类收集有法律支持,成为强制性的义务和必须遵守的规章制度;第二,总结完善垃圾分类收集的具体做法,制定《厦门市生活垃圾分类收集、处置实施方案》;第三,加强关于生活垃圾管理的信息交流;第四,制定相应的宣传教育规划,通过学校、广播、电视、报刊、社会宣传等形式,使广大市民理解分类收集的重要意义和具体做法,必要时可采取一定的奖励措施;第五,加强对承担垃圾收运单位或个人的行业指导和监督。

B. 加强管理,发展废品回收业

废品回收对废弃物减量有巨大作用,提高了废弃物的循环利用率,包括生活固体废弃物、工业固体废弃物等,从而达到减量的目的。除建立垃圾分拣中心外,发展废品回收业是实现废品再利用的又一重要手段。建议采取以下措施促进废品回收业的发展:第一,在经济上给予废品回收业适当的优惠政策,如采取一定的减、免税或税收返还等措施,降低回收、再加工成本。第二,在深入调查的基础上,研究制定个体废品回收经营管理办法,使个体废品回收纳入本市废品回收的系统中,从而得到有效的规范化管理;第三,统筹规划,合理安排收购网点。除商业系统的废品回收网络外,还可在居民区设立回收点,并在公共场所设立专用回收器,作为废品回收网络的延伸;第四,加强行业管理和信息交流,指导、帮助从事回收物品再生利用的单位,研发回收利用技术。

C. 有机垃圾厌氧处理

厦门市餐厨垃圾量巨大,历年来占生活垃圾总量的 50% 以上。为减少餐厨垃圾的处理量,厦门可推行"净菜"进城措施,这样既可减少居民生活垃圾中的厨余垃圾,又可减少集贸市场的垃圾。所谓"净菜"是指蔬菜经加工后达到以下要求:①不带泥土;②不带枯黄叶;③不带菜根(调味类蔬菜除外);④不浸泡污水;⑤不含高毒、高残留农药。据厦门环卫处不完全统计,厦门市每天从集贸市场产生的垃圾约 40~50t,批发市场日产垃圾 6~8t,这些垃圾以残菜为主。可见,强化产地的蔬菜加工,提高"净菜"上市率,规范集贸市场将有利于减少集贸、批发市场的有机垃圾量。

另外,有机垃圾,特别是餐厨垃圾富含丰富有机质,在厌氧条件下极易被微生物分解,产生 CH_4、H_2 等可燃气体,若进行填埋处理,其造成的后续温室气体排放较其他垃圾更为严重。若进行厌氧消化方式处理的同时回收可燃气体,进行发电或制作天然气,残渣作为有机肥料,在减少温室气体排放的同时,可以在一定程度上缓解能源短缺的现状。德国的 BTA(bio-technische abfallverwertung)餐厨垃圾资源化处理系统是循环经济模式下实现餐厨垃圾资源循环利用的最佳处理工艺,其核心技术为湿式预分选和厌氧发酵技术。目前,厦门市餐厨垃圾处理项目正在筹建中,建议采用 BTA 厌氧处理法,以日处理量 800t 厨余垃圾为目标,分两期投入建设。

D. 垃圾填埋气收集发电

垃圾填埋气体收集用于锅炉供热或并网发电是目前国际上应用最广泛的温室气体减排技术。由于填埋气损失、不能完全收集等原因,可利用填埋气约为理论值的 1/2,其 CH_4 含量在 50% 以上,是一种良好的可再生能源。寨后垃圾卫生填埋场填埋气体利用项目是厦门市第一个以清洁发展机制(CDM)方式进行城市固体废弃物处理再利用的项目,项目占地约 2200m^2,总投资 3443 万元,设有两台发电机组,装机容量为 2000kW,年发电约 1600 万 kW·h,温室气体平均年减排约 9.4 万 t。所发电量除少量自用外,其余进入华东电网。

厦门市 2011 年计划开展东部垃圾填埋气体利用项目,东部填埋场于 2009 年投入使用,至今已填埋垃圾近 100 万 t,日填埋垃圾约 2500t,填埋气体中 CH_4 含量约为 55%,具有可利用价值。

E. 垃圾焚烧发电

垃圾焚烧发电有效利用城市垃圾进行发电,不仅改善城市环境,还利于减少温室气体排放。现已建成后坑垃圾焚烧发电厂,日处理垃圾 400t,日发电量 14.4 万 kW·h,年处理垃圾 13 万 t。

东部(翔安)垃圾焚烧发电厂位于翔安区新镇白云飞固废处理中心地块内,一期项目 2011 年建成并试运行,日焚烧垃量为 600t,发电机容量 1×12MW,总投资 29 393 万元。二期项目将于 2013 年进行扩建,达到总规模日处理垃圾 1200t,总发电机容量 2×12MW,可从一定程度上减少废弃物处理的温室气体排放。

除此之外,西部(海沧)垃圾焚烧发电厂位于海沧新路西侧蔡尖尾山坡地上,日处理垃圾 1200t,一期建设项目规模为日焚烧垃圾 600t,发电机容量 1×12MW,于 2012 年建成,二期项目于 2010 年已经启动。

2）污水处理低碳化规划

A. 加强管网建设,提高集中处理率

厦门市污水集中处理率为 80.1%,由于未经处理的污水 COD、氨氮含量较高,若排入不流动的湖泊、沟渠后可厌氧分解产生 CH_4、N_2O 等温室气体,所以提高污水集中处理率对于减少温室气体排放量有一定意义,同时也利于改善生态环境:一方面,提高污水处理厂处理量,满足城市用水需求;另一方面,加强污水管网建设,提高污水管网覆盖面积是提高污水集中处理率的重要措施。厦门市应加强对农村地区的污水管网覆盖面积,使农村生活污水进入污水处理厂,争取实现到 2020 年厦门市污水集中处理率达 95.0% 的目标。

B. 提高中水回用率

中水回用是指以污水处理厂的尾水为原水,经进一步处理后达到国家回用水标准,可以在一定范围内重复使用的非饮用的杂用水、其水质介于上水和下水之间。厦门作为典型的水质型缺水城市,随着人口增加,城市化加快,河流湖泊等水体污染现象日益突出,城市污水的再利用是节约及合理利用水资源的有效途径,同时也减少了污水排放量,降低污水处理的温室气体排放,应受到重视并大力推行。

国外如日本创造了中水道系统,在建筑群内设双管供水系统,利用中水冲刷厕所、用作冷却水、浇花园和场地、冲洗马路和汽车、用作景观和消防水;国内如北京、大连、青岛、太原等城市也大力发展中水回用,大连春柳河水质净化厂是我国第一个中水回用示范工程,把中水回用于附近的工程作为冷却水、洗焦水、消防用水、市政杂用水等。厦门市应吸取国内外城市的成功经验,建设中水回用系统。

目前,厦门市对这些中水的利用还非常有限,中水的回用仅限在几片绿地的浇灌上,还没有一处小区能用中水进行冲厕和洗涤,大量的中水被白白排放。最早建成的湖滨南路的厦门污水一厂,是目前厦门唯一进行中水回用的污水处理厂,目前日产量是 5000t。建议在厦门市新建的污水处理厂中增加中水回用项目,既利于缓解水资源短缺状况,又利于减少温室气体排放。

C. 提高生活污水 COD 去除率

提高污水 COD 去除率利于减少尾水排放后可能产生的温室气体排放。厦门市生活污水 COD 去除率从 2005 年开始已经有所提高,由 33.9% 提高到 43.5%,这主要通过改进污水处理工艺实现。可通过对终沉池各类絮凝剂进行新一轮的调试,最大化地降低COD,并在节省成本的基础上选用不同的絮凝剂进行配比调试和对污水进行可靠性、稳定性试验,以找到最佳比例投入到实际生产中,更好、更合理地选择药剂,使生产的可行性得到提高,最大程度去除 COD。

D. 污泥制生物有机肥、制砖

经多年的研究探索和生产实践,厦门市水务集团已具备较成熟的污泥制肥技术,目前在同安已建成一条小型生产线,每天可处置污泥 15t。根据长期跟踪检测,本岛三个污水处理厂现日产约 260t 的污泥,基本满足好氧堆肥及资源化利用的要求,若全部制成有机肥,将能有效处置厦门市 50% 左右的污泥,大大缓解当前污水处理厂的污泥出路问题,符合循环经济和绿色经济理念。另外,用污泥制作建筑材料,如制砖等,可有效对污泥进行再利用,不仅缓解了污泥的处理压力,还将提高经济收益。

重点工程包括:①东部(翔安)垃圾焚烧发电厂二期工程;②西部(海沧)垃圾焚烧发电厂工程;③厦门市东部固废填埋场填埋气体收集利用工程;④废旧商品回收点建设工程;⑤生活垃圾分类处理厂与餐厨垃圾厌氧发酵处理工程;⑥污水处理厂扩建工程;⑦建设项目自建污水处理站工程;⑧松柏公园地埋式污水处理厂工程。

4. 碳汇

1) 划分城市生态系统碳汇功能区

根据城市与各类型绿地关系的密切程度,市域绿地分为三个层次。

A. 市区内城市绿地

包括公园绿地、防护绿地、生产绿地、附属绿地,具体内容见表 5-2。这一层次的规划建设是城市绿地系统规划的主要内容。

表 5-2 低碳城市绿地系统分类

类别名称	内容与范围
公园绿地	向公众开放,以游憩为功能,兼具生态、美化、防灾等作用绿地
生产绿地	为城市绿化提供苗木、花草、种子的苗圃、花圃、草圃等圃地
防护绿地	城市中具有卫生、隔离和安全防护功能的绿地。包括卫生隔离带、道路防护绿地、城市高压走廊绿带、防风林、城市组团隔离带等
附属绿地	城市建设用地中绿地之外各类用地中的附属绿化用地
其他绿地	风景名胜区、水源保护区、森林公园、自然保护区、风景林地
城市绿化	隔离带、野生动植物园、湿地、垃圾填埋场绿地恢复等

B. 市区周边大环境绿地

包括以自然山水为主体构架的城市组团绿化隔离带、插入市区的或与市区相邻的风景林地以及风景区等。该层次的绿地按国家规定及城市总体规划的意图,有的可划归为城市绿地(风景林地),有的可划归为郊区绿化,应根据实际情况有针对性地编制相应规划。从厦门市的现状及总体规划来看,对于插入市区内的和与市区紧密相连的风景林地的规划控制,应在城市绿地系统规划中进一步深化。

C. 市域内广义自然型绿地

包括远郊风景区、水源保护区、农业用地、山体林地、自然植被分布区等。这一层次绿地的存在对城市生态环境的改善具有重要意义,而市域绿地系统规划则是从城市生态环境及绿地系统的完善等角度提出一些规划构想及控制要求。

从市域绿地系统规划的角度出发,厦门市绿地系统中除城市园林绿地、绿色景观廊道外,还应有城市组团隔离绿地、郊野游览休闲绿地、水源保护用地、红树林保护地和自然生态控制区绿地等。

A. 城市组团隔离绿地

城市组团隔离绿地的作用主要在于阻止城市建设用地无序蔓延,防止城市环境的恶化。厦门市的城市组团隔离带可充分利用良好的自然山水条件,结合绿地及游乐用地设置。主要的组团隔离绿地有以下四个。

蔡尖尾山组团隔离绿地:位于马銮-新阳组团与海沧新区组团之间,利用蔡尖尾山、大坪山天然生态林地,进行普遍绿化,远期可部分辟为城市公园。

马銮湾组团隔离绿地:位于杏林组团与马銮-新店组团之间,该组团隔离绿地利用马銮湾这一天然海湾,结合城市滨海绿地而设。

杏林湾组团隔离绿地:位于杏林组团与集美组团之间,该组团隔离绿地利用杏林湾及温泉等资源,西侧结合杏林组团的公共滨水绿地,形成以旅游、疗养、娱乐及水上活动为主的滨海度假绿地。

集美组团北部的组团隔离绿地:位于集美北部,沿天马山、美人山和同集路之间设置,结合滨海绿地进行普遍绿化。今后随着城市的发展,可适当增加设施,形成前以海景为主,后以天马山为背景的郊野观光地。除上述组团隔离绿地外,还有同安与马巷、马巷与新店-刘五店之间的组团隔离绿地,同时沿同集路至同安城区间可设若干规模较小的绿带,使同集路发展成轴向组团式绿地格局。

B. 郊野游览休闲绿地

郊野游览休闲绿地主要是指以自然景观为主的绿地(包括郊野公园、森林公园等)和以人工开发为主的休疗养、体育休闲场所(如度假村、高尔夫球场等)。以自然景观为主的郊野休闲绿地,要坚持保护与利用并举的开发方针,充分展现自然景观特征。市域郊野游览休闲绿地主要有天竺山森林公园、小坪森林公园、大轮山-梅山风景名胜区、北辰山风景名胜区、青礁慈济宫风景名胜区、金光湖生态旅游度假区、凯歌高尔夫球场、东方高尔夫球场、杏林湾滨海度假绿地,其中杏林湾滨海度假绿地同时兼有组团隔离带的作用。

C. 水源保护绿地

水源保护绿地是指为保护城市水源而划定的限制开发的绿地。厦门市域内主要有三个水源保护区:一是汀溪-溪东水库保护区,二是坂头-石兜水库保护区,三是本岛湖边水库保护区。在划定的水源保护区的界线范围内,严格禁止任何开发建设行为。

D. 红树林分布区

市域漫长的海岸线中,有一定的滩涂岸线,部分地段如环同安湾一带仍有红树林分布。除严格保护好现有红树林外,厦门市应根据海域功能规划,合理安排海产品养殖场地,部分海域应有选择地进行植树绿化。作为天然海岸适生树种,宜大力发展红树林。

E. 自然生态控制区绿地

自然生态控制区绿地包括农业用地、森林山体、自然保护区和垃圾填埋场恢复绿地等,这些用地是城市外围总体生态环境中最主要的组成部分和生态实体,是保护城市生态环境可持续发展的基础,如美人山林地、天马山林地等。在城市建设规划中对于这些不同类型的用地应制定严格的有针对性的保护措施。例如,对于森林山体,要大力治山、植树造林,提高森林覆盖率;对于穿越自然生态用地的铁路、公路及市政设施走廊(福厦铁路、厦漳泉高速公路两侧的市政防护林带除外)设置不小于 100m 宽的绿化带,等等。

通过对上述用地的规划控制,将土地利用纳入到城市长远发展战略方针之中,才能把大海、山体、水系等自然资源与城市的人工景观巧妙地结合形成特色,才能在环境生态均衡发展的基础上建设独具厦门市特色的绿地系统,使厦门市成为国内领先水平的现代化生态型园林城市。

2）选择合理的植物配置

在厦门市常见树种中,小叶榕、大叶榕、芒果和菩提出现的频率最高,这表明它们作为厦门市的传统树种,仍有继续推广的市场潜力;而南洋杉、高山榕、羊蹄甲等树种也有较高的应用比例,是优良的观花、观叶树种。而厦门的市树——凤凰木,则远远没有得到相应的普及。从现状来看,全市种植的乔木数量远远不够,各类绿地中也只有公园绿地和风景林地发挥了森林的功能,单位附属绿地和居住区绿地虽有较好的景观效果,但密度和数量还需要增加1~2倍,并适当控制种植的比例。

针对目前厦门市绿化植物应用雷同较多、植物种类不够丰富等问题,在树种选择上,建议厦门市绿化配置应考虑景观性、观赏性和可持续性,以大花乔木、棕榈科、榕属植物为主,加大乡土树种种植,加强绿化树种生物多样性的建设。因此,树种选择应遵循以下原则:以乡土树种为主来创造特色,充分挖掘地方植物资源;突出市树凤凰木和市花三角梅的使用,加强三角梅新品种的引进和培育;优先选择抗逆性强、抗风、防火、管理粗放、易于推广的植物种类;注重生态效益,降低维护成本,营造植物立体群落,除了广场、道路以外的绿地应坚持乔木为主,乔、灌、藤、草相结合的原则,不提倡单一的大面积草坪;速生树和慢生树相结合,常绿与落叶搭配的合理性与科学性的原则;城市植物园、苗圃要承担起引种任务,进一步加强引种驯化工作,丰富植物品种,改变目前植物种类欠丰富的现状,以丰富城市绿地的生物多样性;加强垂直绿化,选择具有丰富林相的树种,考虑不同季节开花植物的搭配,丰富城市景观。

3）市域绿地系统布局

A. 布局原则

依据厦门市自然条件、绿地建设现状、绿地系统规划的指导思想及厦门市城市总体规划布局,结合厦门市的用地现状,本规划提出绿地空间布局原则如下。

空间上综合考虑厦门市的自然山水条件,合理布局各类绿地,使其充分发挥综合效益。内涵上充分挖掘、发挥厦门市依山面海的自然、人文景观与旅游资源优势,突出特色,形成风格。重点建设滨海海岸带和绿色走廊的绿化景观,形成"山、城、海、林"相交融的市域绿地系统。有利于分期建设与衔接,保证城市的可持续发展。

B. 布局结构

厦门的城市形态为"众星拱月",即以厦门岛为中心,比喻为月亮。围绕着厦门海域和大陆,星罗棋布的分布着许多岛屿和小镇,比喻为星星,生动形象地描绘出理想的大城市框架——众星拱月、一环数片(一城多镇)、中心辐射的空间结构。城市总体规划结构为"多核单中心组团式"的模式,由片区和组团两个层次构成,共分成四大片区。

本岛为中心片区:包括中部赏謷新市区(CBD金融、商务区),西南部旧城区,北部港区高科技园区,东南部鼓浪屿-万石山风景名胜区,共四个组团构成。

西片区:海沧、篙屿、马变、新阳,共四个组团构成。

北片区：集美、杏林、同安，共三个组团构成。

东片区：刘五店、大瞪岛、小瞪岛、新店、马巷，远景含大、小金门，共五个组团构成，从九龙江三角洲经济活动向心力分析可知，这种划分会促进南岸龙海市的港尾港、后石等的发展进程。

城市空间开发原则：严格保护鼓浪屿，优化建设本岛，积极发展海沧，充实配套杏林，完善提高集美，创造条件拓展同安、刘五店、大瞪岛等东北海湾片区的开发建设。

城市结构框架是以保护自然生态，蓝色的海、绿色的山渗透在城市之中为原则。大海和九龙江水体、山体、岛屿、岩石、绿化植被等，是厦门城市得天独厚的自然资源和城市基本形象特征，规划概念是将各城镇镶嵌在大自然的绿色之中，构成真正的人们赖以生存的生态型山水城市。

城市规划区范围的西北部有一条交通市政走廊，自天马山至天竺山南麓，宽度800～1000m，为厦门陆地对外交通主干线集中地带，有福厦漳公路（324国道、319国道）、沿海高速公路、国铁鹰厦线、福漳线，同时也有北溪引水至同安、金门的通道和500kV输变电高压走廊等从中穿过，形成了发展至西北部的门坎和城市形态限定空间（界面），所以交通市政走廊外侧的山林将部分规划为厦门的各类郊区森林公园——天竺山公园、小坪森林公园、金光湖原始森林风景区、天马山-美人山风景林地等。

根据厦门市城市总体规划及绿地现状，引用"滨海绿带加绿色走廊、环环相扣"的绿地系统模式，确定厦门市域绿地系统布局结构为：一片、两带、一区、一环、多廊道指状放射网络。

"一片"，是指由外围山地现有风景林地、防护林、农田、果园（经济林）等形成绿地系统的大生态背景片林。该片起到维持市域生态系统的动态平衡和提供城市建城区新鲜空气库的作用；同时也为将来的城市绿地发展预留了空间、奠定了基础。

"两带"，是指沿福厦铁路、厦漳泉高速公路两侧的市政防护林带以及沿海湾的滨海绿化带，两带各有特色。其中，市政防护林带的宽度为800～1000m，防护绿带为改善交通市政走廊周边生态环境、限制城市形态无序蔓延和城市过度发展起到一定的积极作用。滨海绿化带的宽度为50～100m，从大瞪岛一直延绵到海沧篙屿，通过滨海绿带把同安区、集美区、杏林区和海沧区串连成整体，充分展示岛外城区景观形象。

"一区"，是指鼓浪屿-万石山国家级风景名胜区，该区风光旖旎，环境优美，是重点生态保护区，也能突出反映厦门海湾、山林、岩石、岛屿这一滨海城市特殊风貌。面向生态城市的绿地系统规划研究——以厦门市为例的重点地段，不允许有任何形式的不当开发建设。

"一环"，是指厦门本岛环岛滨海绿环（绿圈），是中心城区外围滨海区域形成的公园绿地、防护林、风景林地等所组成的滨海绿地环带，也是海、岛之间的过渡性生态绿地圈。应严格保护一些原有海岸带绿地、积极恢复一些已被占用作城市建设用地的海岸带的绿化。该环是把岛内几处大的绿地连为一体的关键，绿环道路靠海一侧原则上全部辟为绿地，道路另一侧绿化宽度至少为50m，绿地内容设置可以丰富多样，充分体现海湾城市的特色。对于生产性海岸带，难以实现绿化的大面积覆盖，应考虑在环岛路两侧分别设置50m宽的防护林绿化带共同形成环岛路绿化环。

"多廊道",包括生态绿廊和道路绿廊。生态绿廊是指从生态大背景的山林中延伸出多条宽度在500m以上的绿色景观廊道和城市组团之间的组团隔离绿带,直达海湾,呈网络状。这样既有良好的景观视线,又起到由生态背景片林向城市内部园林绿地渗透与过渡的作用,从而为城市建成区输送大量新鲜空气。道路绿廊主要是指沿国道和区际干道两侧的绿化廊道,其中包括已含在市政交通走廊中的319国道、324国道,以及205省道等。

"一片、两带、一区、一环、多廊道"绿地系统规划结构充分体现了厦门市自然地貌的结构特征,要实现该布局结构,就要求市域土地使用和城市建设发展具有宏观的调控力和长远目标,强化市域绿地系统网络布局,以保护自然环境为前提,处理好保护与开发的关系。在规划管理中,体现人与自然的共存,真正把厦门建设成"人-建筑-山林-大海"相融相亲的生态园林城市,创造出可持续发展的绿色人居环境。

重点工程包括:①城市组团隔离绿地规划项目;②郊外游览休闲绿地规划项目;③水源保护地绿地规划项目;④红树林分布区绿地规划项目;⑤自然生态控制区绿地规划项目。

5.3.2 厦门市低碳发展重点领域

1. 低碳产业

1) 继续优化产业和能源结构,促进产业低碳化发展

着力二、三产共同推进,优化提升第二产业,加快发展第三产业,推进三次产业在更高层次上协调发展。通过畜禽养殖污染整治,推广更新生态型和发酵式等低碳排放养殖模式,促进农业低碳化;通过产业和能源结构调整,有效提高能源利用率。加快企业自主创新,加大新产品研发力度,发展石化高端产品,严格限制高耗能、高耗材、高耗水产业发展,改造传统高碳产业,淘汰落后的生产工艺技术及装备,走节能减排、循环经济的发展道路,促进传统产业转型升级,构建节能型产业体系。

2) 促进产业化、规模化集聚发展

在壮大产业规模,打造海峡西岸强大的先进制造业基地和最具竞争力的现代服务业集聚区的趋势下,低碳产业发展需把握传统与新兴产业的未来发展与市场,结合产业空间布局调整,基于厦门市现有基础与资源禀赋,加强产业园区高端化、集约化、基地化发展思路。在工业区统一规划建设集中供热(冷)、集中处理"三废"、集中配送原料,集中配套公共基础设施等提高土地、水、电等资源利用效率,形成一定规模的低碳产业园区,通过发挥产业集聚效益,加强产业关联度,形成低碳产业的产业化、规模化。

3) 立足科技创新,以发展低碳技术为基础

低碳产业发展取决于科学技术进步,当以技术进步为基础,增强自主创新能力,加强科技创新与品牌建设,推动信息化与工业化、制造业与服务业互相融合,推动厦门制造向厦门创造提升,采用高碳能源低碳化,零碳能源新技术替代等方法,推广应用现有市场的低碳技术;同时,大力发展低碳技术,鼓励企业自主研发,加强相关产业的低碳技术研发实力,扩大新能源的利用规模,提高利用技术和效率。

4)结合先进制造业发展,以市场需求为导向,把握低碳行业发展趋势

在厦门市先进制造业中一批具有比较优势的百亿元产业链的拉动、战略新兴产业的带动下,低碳产业发展当以市场为基础导向,在不损害社会经济目标的前提下,正确把握未来市场的供求状况,这样才能把握市场脉搏,推动行业发展。在此过程中,政府通过制定厦门市产业发展规划方向,对企业减排进行激励与引导,促进低碳产业的发展,促进企业决策者观念转变并加深低碳认识,提高企业自愿减排的积极性。

5)优先发展现代服务业

做强做大航运物流、旅游会展、金融与商务、软件与信息服务业等碳排放强度相对较低的现代支柱服务产业,积极发展总部经济。大力发展新一代信息技术产业、生物与新医药产业、新材料产业、节能环保产业、文化创意产业与海洋高新产业等战略性新兴产业。

6)推进节能减排,发展循环经济

结合建设资源节约型、环境友好型社会和节能减排工作的要求,继续巩固工业节能减排各项措施,推进实施重点节能工程,推广节能先进技术和产品,依据《厦门市节约能源条例》对重点耗能企业的节能管理,建立循环经济示范试点,推进国家"金太阳"示范工程,开展资源节约与综合利用认定、清洁生产审核。

重点工程包括:①再生资源综合利用工程;②低碳产业园区;③工业节能工程;④推进国家"金太阳"示范工程;⑤农业低碳化;⑥建立碳交易平台。

2. 低碳交通

1)优化城市交通结构,构建节能高效的交通运输组织体系

厦门市优化城市交通结构宜采取的具体措施包括以下四个方面:

A. 加强城市交通基础设施建设

进一步完善城市道路网络结构,加强养护管理,使路网更畅通、更高效;进一步完善运输大通道和综合交通枢纽建设,实现客运的"零换乘"和货运的"无缝衔接";提升道路技术等级,提高路面铺装率,强化连接线、断头路、拥挤路段等薄弱环节;积极推进现代综合交通运输体系建设,优化交通布局,引导城市交通向节能、低碳、高效的交通结构发展;完善公共客运服务体系,加快构建由轨道客运、快速客运、干线客运、农村客运、旅游客运、水运组成的多层次城市客运网络服务体系,全面提升客运服务品质;针对车流量大,容易发生拥堵的路段进行适当改造,提升道路通行能力(图5-6)。

B. 倡导公共交通出行,加快轨道交通建设,控制私家车使用

由于轨道交通具有运量大、速度快、安全、准时、能耗少、集约化利用土地资源等诸多优点,因此厦门市要发展以公共交通为主的便捷出行模式应大力推进城市轨道交通体系建设。轨道交通作为未来厦门市城市交通网络的主干,将成为联接厦门市城市组团间的纽带,也是未来厦漳泉同城化的主要客运通道。同时要注重城市轨道交通与其他交通的

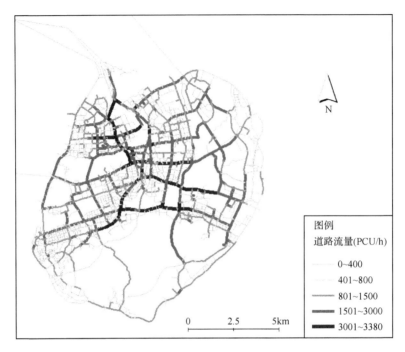

图 5-6　厦门岛通勤交通车流量空间分布图

衔接,以换乘枢纽为中心,采取调整、截短、取消和合并的方式整合常规公交线路,布设枢纽间公交干线和放射状公交支线,逐步减少重复线路,增加公交系统的运营效率,提高线网覆盖率。进一步提升公共交通基础设施布设的合理性、专业性和舒适性,提高公共交通的营运服务水平,提高公交分担率,切实形成具有安全、畅通、高效的节能型城市公共交通体系。

由于小汽车运行时的单位碳排放量是公共交通的数十倍,因此适当控制私家车在城市交通中的比重也是城市交通低碳化的关键。适度采取在特殊时间、特殊区段的收费模式和管理政策,如拥堵收费等,以控制厦门市私家车的过度增长。

到 2020 年,力争使厦门市的公共交通分担率由 2009 年的 30.87% 上升至 40%,万人公共交通车辆拥有量由 16 辆上升至 27 辆,私家车年增长率由 11.2% 下降至 8%。

C. 倡导自行车交通和步行交通

将自行车作为公共公交系统的补充纳入城市规划。大力发展自行车交通,将其比例提高 15%～20%。并在实际规划过程中,首先保证自行车专用道网络的可达性,鼓励在居住区组团间、城市特定公共设施间设置完全与机动车道路分离的自行车道路网络,并与步行道结合起来,为慢行交通提供专用的空间;其次,在道路横断面设计中,实现自行车专用道与机动车道在空间上的分离,可采用在机动车道与自行车道之间保留足够宽度隔离带的方法,以提高自行车的安全性;最后,自行车道容量须适中,既满足基本需要,具备一定弹性,又不占用过多空间。

目前,步行交通方式在厦门市出行比例中达到 30% 以上,步行交通的提升目标主要侧重步行系统配套设施的完善与提升,减少车辆对人和环境的压力,减少行人对车辆交通的不利影响,提高交通管理效率,减少交通安全隐患,使居民能充分享受城市生活的乐趣,构建和谐、高品质的低碳交通系统。

D. 加快优化城市货运的运力结构

引导营运车辆向大型化、专业化方向发展,加快发展适合高速公路、干线公路的大吨位多轴重型车辆,以及短途集散用的轻型低耗货车,推广厢式货车,发展集装箱等专业运输车辆,加快形成以小型车和大型车为主体、中型车为补充的车辆运力结构。

2) 提升城市交通的组织管理水平,发展智能交通,提高交通运输效率

厦门市提升城市交通组织管理水平的具体措施包括以下两个方面:

A. 优化城市客/货运输的组织和管理

加强客运运力调控,对于实载率低于 70% 的客运线路不得新增运力。大力推进客运班线公司化改造,提高公路客运企业集约化水平。推广滚动发车等先进客运运输组织模式,提高客运实载率。引导运输企业规模化发展,充分运用现代交通管理技术,加强货运组织和运力调配,有效整合社会零散运力,实现货运发展的网络化、集约化、有序化和高效化。有效利用回程运力,降低车辆空驶率,提高货运实载率,降低能耗水平。加强节能驾驶培训服务,制定汽车节能驾驶技术标准规范,编制培训教材和操作指南,强化公路运输企业节能驾驶的培训和宣传,全面提升汽车驾驶员的节能意识与素质。

B. 大力推进交通运输行业的信息化和智能化进程

加快相关交通信息平台建设和技术应用,逐步实现智能化、数字化管理。智能交通系统能够最佳地利用交通系统的时空资源,降低运输成本,提高运输效率,是目前公认的全面有效地解决交通运输领域问题(特别是交通拥挤、阻塞、事故和污染等)的最佳途径。厦门市拥有较好的城市信息化基础,但是智能交通系统发展却一直较为滞后,作为低碳交通发展的重要要求,厦门市交通运输行业的信息化和智能化具有很大的发展空间。

加强现代客运信息系统、客运公共信息服务平台、货运信息服务网和物流管理信息系统建设,促进客货运输市场的电子化、网络化,实现客货信息共享,提高运输效率,降低能源消耗。重点开展公众出行信息服务系统建设。整合交通出行信息资源,建立统一的公众出行信息服务平台,采用多种信息发布方式向公众提供各种交通信息,从而引导公众高效、便捷、舒适地出行,优化出行路线,引导交通参与者转变出行方式和消费观念,缩短出行人员在途中的距离和时间,提高交通运营效率,最大限度降低能耗和排放水平。

通过合理组织管理以及智能化信息服务平台的采用,到 2020 年,力争使营业性汽车客/货运车辆实载率达到 70% 和 72% 以上,预期可使单耗同比 2009 年下降约 3.3%。

3) 大力提倡低碳交通新技术,减少客/货运周转量能耗水平与碳排放水平

节能低碳技术、新能源是未来低碳交通发展的重要着力点,通过道路交通运输工具的技术改造,实现单位客货运周转量能耗与碳排放水平的下降,切实有效地实现低碳交通。加强高效环保、气候友好的交通运输技术研究、示范和推广,积极推广车辆利用天然气、电力、燃料电池、醇类燃料、生物柴油等石油替代性能源,推广应用自重轻、载重量大的运输设备。大力调整优化道路客货运的运力结构,大力推广应用节能环保型运输车辆。加强各类交通运输装备的检测和维修保养,加快淘汰高能耗、低效率、污染重的老旧车辆,引导营运车辆向专业化、标准化、低碳化方向发展。鼓励使用能耗低、性能好、排放少的节能环保型车辆和新能源汽车,快速形成高能效、低碳化、环保型的交通运输装备体系,为交通运输行业节能减排奠定坚实的技术基础,最大限度地降低能耗和碳排放水平。针对交通发展现状,厦门市城市交通碳减排宜采取的具体措施包括以下两个方面:

A. 营运车船设置能耗准入与退出机制

严格遵守《机动车登记规定》和《报废汽车回收管理办法》,全面实施营运车辆燃料消耗量限值标准,加强对已达到报废期限机动车的监督管理,加速淘汰高耗能的老旧车辆,在相关财税政策的支持配合下,试点推行老旧车辆提前退出运输市场的措施;探索建立市场退出机制和配套的经济补偿机制,积极争取加大国家汽车"以旧换新"补贴政策对大吨位载货汽车、公交车和农村客车的补贴力度,加快淘汰高能耗、高污染的运输车辆。2009年厦门市营运客车单位运输周转量能耗值为 22.13gce/(人·km),通过相关市场退出机制和经济补偿机制的实施,至 2020 年营运客车单位运输周转量能耗控制在 20.16gce/(人·km)水平,比 2009 年的能耗水平约能减少 8.9%的碳排放量。

B. 城市公共交通营运车辆中全面推行节能与新能源车辆

逐步开展公共汽车天然气推广试点工作,投放 LPG(液化石油气)单燃料车型出租车。同时,针对新能源车辆在城市公共汽车和出租车示范推广过程中的安全、便捷使用和维修问题,加强相关设施建设和人员培训,减少车辆运行中的安全、故障等问题,降低车辆运行费用。至 2020 年,厦门市公共交通营运车辆中,实现使用清洁能源或混合动力的车辆在出租车中的覆盖率达到 100%,在公共汽车中的覆盖率达 60%。以 LPG 和天然气作为主要能源计算,与 2009 年的厦门市公共交通营运车辆能源结构相比,2020 年公共汽车碳排放量将减少约 12.86%,出租车碳排放量将减少约 27.26%。

重点工程包括:①新能源 LNG 代用燃料推广示范工程项目;②智能交通系统("停车便民交通信息服务系统")建设项目;③慢行交通系统建设项目;④轨道交通示范工程项目;⑤路网设施调整优化项目;⑥交通枢纽建设项目。

3. 低碳建筑

低碳节能建筑发展主要分为以下几个部分:城镇新建建筑节能规划、城镇既有建筑节能改造、建筑能源使用结构调整、建筑新能源使用规划、节能电器普及及能源替代等,要重点抓新建建筑设计建造及节能验收,国家级办公建筑与大型公共建筑监管与改造,可再生能源在建筑中的规模化应用及产业化推广。

1)紧抓新建建筑节能,保证新节能标准实施到位

城镇新建建筑主要分为新建居住建筑和新建公共建筑两部分,由于建筑性质的差异,两种建筑的节能标准不同,需参考不同的节能设计标准文件。

《夏热冬暖地区居住建筑节能设计标准(JGJ75-2003)》已从 2005 年 1 月 1 日执行,标准规定了城市新报建的居住建筑实现全年空调总能耗节能 50%的目标;厦门市从实际情况出发,争取到 2015 年,全面实现新建居住建筑的空调、通风、照明能耗节能 65%的目标,并且设计、施工和验收,竣工验收阶段节能标准执行率达 100％。到 2020 年,力争实现部分新建居住建筑的空调、通风、照明能耗节能 70％的目标。

《公共建筑节能设计标准(GB50189-2005)》自 2005 年 7 月 1 日起实施,标准规定各项节能指标必须达到标准要求;城市新报建的公共建筑实现全年空调、通风、照明总能耗节能 50％的目标;到 2015 年,厦门市力争全面实现新建公共建筑的空调、通风、照明能耗节能 65％的目标,并且设计、施工和验收,竣工验收阶段节能标准执行率达 100％。到 2020 年,力争实现部分新建公共建筑的空调、通风、照明能耗节能 70％的目标。

新建建筑规划要坚持"三把关",即建筑节能设计把关、建筑施工阶段把关、建筑验收阶段把关,在层层把关的前提下将厦门市的新建建筑节能工作落到实处,新建建筑必须做好自然通风、建筑遮阳、维护结构隔热保温等各项节能工作,并严格按照《关于开展民用建筑设计方案节能审查的通知》《厦门市建筑节能设计指导意见(2012 年版)》和《关于开展民用建筑能效测评与标识工作的通知》实行施工并验收。新建建筑要以实现节能标准为目标,以达到执行率比例为底线,并最终从岛内向岛外推进,实现新建建筑的节能工作。

2) 继续开展既有建筑节能改造,保障既有建筑改造顺利推行

城镇既有建筑是城市建筑节能规划及低碳建设规划的另一重要领域,既有建筑中有一部分年代较早的建筑能耗高,性能差,达不到建筑节能标准的要求,既有建筑节能改造,就是指对这些不符合民用建筑节能强制性标准的既有建筑的围护结构、供热系统、采暖制冷系统、照明设备和热水供应设施等实施节能改造的活动。以促使其符合相应标准,达到能耗要求。切实做好建筑改造工作对低碳建筑的顺利进行起着至关重要的作用。改造工作要重点对能耗高、节能效果差的既有建筑进行。

3) 提升建筑可再生能源使用比例,加快新能源在建筑中的普及

建筑能源结构不合理,可再生能源使用比例低,通过能源政策的调整和新能源的加速普及,对能源使用结构进行合理规划:加大燃气使用的普及力度;制定新的居民用电政策,如分时段电价、正常用电和采暖用电分开计量等,以缓解用电高峰期电网的压力,引导电能的合理利用。通过太阳能、风能等新能源的普及项目工程,优化建筑能源使用结构,提高新能源使用比例,促使能源结构得到改善,最终使厦门市建筑节能工作得到更深入更广泛的推进。

4) 提高商品房精装修比,降低建筑垃圾产生率

加速一次性精装修房的推广,提高一次性精装修房的销售比例,是实现建筑低碳化的重要途径。房屋精装修销售可避免住户随意装修带来的对建筑结构和质量的破坏;避免二次装修对建筑资源和能源的浪费;避免装修时间过长和噪声扰民等问题。在房屋精装修的过程中,要逐步制定并完善精装修房的验收标准,充分保证房间交付前的空间固定和铺装粉刷,并在满足精装修标准的同时留给购房者足够的个性化布置空间。对新建建筑的精装修推广要普及到保障性住房,更要在岛外在建的三个低碳示范区(集美新城低碳生态城、翔安新城低碳产业园、东海低碳科技创新园)内优先实施。要积极出台相关政策以引导房地产业向精装修方向发展。

重点工程包括:①低碳示范城区工程;②既有建筑节能改造工程;③绿色建筑建设工

程；④建筑太阳能利用推广工程；⑤节能电器推广工程；⑥建筑精装修工程；⑦低碳建材推行使用工程。

4. 低碳消费

1）鼓励低碳能源使用

在充分调研厦门市居民生活能源需求量及各种能源使用成本等基础上，出台适当的、阶段性财政补贴，鼓励消费者在炊事、照明、清洁等活动中更多地使用天然气、太阳能等低碳能源。

2）生活节能

针对目前市场上节能产品比普通消费品价格高出许多的现实，政府应出台节能消费品的补贴政策，鼓励消费者购买节能家电，提高生活用能效率；同时通过征收超额用电税、提高电费等经济杠杆抑制高能耗、高排放的消费方式。

3）居民出行低碳化

降低居民公共交通出行成本、提高服务质量，吸引更多市民选择公共交通系统；开设城市公共自行车交通等慢行系统；借鉴国外经验，通过提高燃油税、征收拥堵费及实施交通限行或管制等方式减缓家用轿车保有量增速及缩短出行距离。

4）宣传和发展低碳消费文化

与各宣传媒体结合，开展形式多样的宣传活动，大力倡导节约风尚，使节能、节水、节材、节粮、垃圾分类回收等节约行为成为居民日常行为习惯，不断增强全社会的节能意识，营造低碳消费文化氛围。

重点工程包括：①太阳能热水器推广工程；②节能电器、节水器具推广工程；③居民低碳出行工程；④低碳示范社区带动工程；⑤低碳文明倡导工程。

5.3.3 厦门市低碳发展保障措施

1. 低碳政策与法规

认真贯彻落实国家关于节能、循环经济、新能源等方面的优惠政策，建立健全有利于低碳城市建设的经济政策体系，配套制定科技、产业、金融、价格、税收等政策和措施，按照鼓励低碳发展和限制高碳发展的要求，修订产业发展导向目录和政府采购目录。

依托厦门市作为国务院综合配套改革试点的有利条件，积极推进要素市场化配置改革、环境产权制度改革、投融资体制改革，加强节能减排减碳、低碳技术研发、低碳消费、碳汇培育等方面的体制机制创新，积极探索在部分区域或重点耗能行业（企业）开展碳排放总量控制试点，开展低碳产品认证和碳交易试点，探索建立区域性碳交易中心。

制定低碳城市的指标体系、碳排放控制标准及统计、监测办法，建立健全能耗、水耗和污染排放标准体系，加大行政执法监察的力度，建立浪费资源、污染环境的责任追究制度，改进减排信息的披露方式，完善管理体系和监督实施机制。研究出台对生产、消费和建设过程中高碳排放行为的制约政策和低碳排放行为的激励政策,试行差别电价政策,提高碳排放超过行业平均水平企业的电价标准。

健全各级财政投入机制,在整合厦门市现有财政政策向新能源产业、节能环保产业倾斜的同时,将各类与低碳发展相关的财政资金统筹整合起来,设立低碳城市建设专项资金;对列入本规划的低碳城区试点、低碳示范社区试点、低碳家庭试点,分别给予一定的奖励;落实低碳产品补贴政策,探索建立专项碳基金。积极争取国家各类补贴、奖励资金等。出台税收优惠、能源补贴、产业补贴、优惠贴息和政府担保等优惠政策措施。

从我国低碳经济法律制度建设情况看,我国已经制定出台了《节约能源法》《可再生能源法》等一系列促进低碳经济发展的法律法规,初步形成了发展低碳经济和生态城市的制度政策框架。我国有关低碳经济发展的法律法规的"密度"还不够,操作性不强,地方城市可以研究制定石油、天然气等主要领域的单行法律法规,完善循环利用、节能环保等领域的制度体系。

2. 低碳金融

1)加强对低碳金融的研究,做好碳交易市场体系建设

碳交易市场是将低碳经济和实体经济联接为一体的纽带。要通过对碳交易市场特点的认真研究,加快碳交易市场的建设步伐。健全的碳交易市场,可以有效配置金融资源,引导金融向低碳领域流动,支持低碳经济发展,也可以有效促进已经涉足低碳经济的产业和企业,获得更多的发展资金,做强低碳企业,做大低碳产业,逐步提升低碳产业在经济中的比重,直至成为经济发展的主导产业。

2)完善对金融机构支持低碳经济发展的补偿机制

对低碳经济发展发挥支持作用的金融服务体系,包括低碳货币、低碳银行、低碳证券、低碳保险、低碳基金、低碳衍生工具等。从机构角度看,由于行为惯性及风险因素的存在,目前更多的金融机构仍主要对从事传统产业的企业提供支持和服务,对低碳经济仍持观望和审慎的态度。这就需要政府部门在引导和鼓励金融机构加大对低碳经济支持力度的同时,建立相应的风险补偿机制,或制定相关优惠政策。例如,逐步提高政策性银行对低碳经济发展的投入比例,并给予一定的政策贴息;对商业银行发放的"低碳信贷"减免利息税;增加银行的授信额度,用于发放低碳贷款;监管部门适当提高对低碳信贷不良贷款的容忍度等。

3)建立和完善低碳企业资金补充机制

进一步加强多层次资本市场建设,引导和鼓励成立更多的低碳投资基金,引导担保机构对低碳企业的担保,规范民间借贷行为,给予银行和信托合作代发低碳理财产品一定的政策支持等。只有从多方面努力,多渠道拓宽低碳企业发展的资金来源,才能切实推进低碳产业的发展。

4)为金融机构培养低碳金融人才提供平台

低碳经济、低碳金融发展需要高端研究与实践相结合的复合型人才,金融机构在吸引人才时,能够运用的激励手段更多的是经济手段,但对一些落户、子女就业、研发基金等重

要的配套激励政策却力量有限,这就需要政府部门主动从国家及地区发展的战略角度去考虑和谋划,制定切实可行和有吸引力的政策,搭建吸引高端人才的平台,创造良好的经济金融人才聚集的环境。

参 考 文 献

蔡博峰.2011.低碳城市规划.北京:化学工业出版社

付允,马永欢,刘怡君,等.2008.低碳经济的发展模式研究.中国人口.资源与环境,(03):1002-2104

顾朝林,谭纵波,韩春强,等.2009.气候变化与低碳城市规划.南京:东南大学出版社

何建坤.2009.发展低碳经济,关键在于低碳技术创新.绿叶,(01):46-50

金涌,王垚,胡山鹰,等.2008.低碳经济:理念·实践·创新.中国工程科学,10(9):4-13

雷红鹏,庄贵阳,张楚.2011.把脉中国低碳城市发展——策略与方法.北京:中国环境科学出版社

潘家华,庄贵阳,郑艳,等.2010.低碳经济的概念辨识及核心要素分析.国际经济评论,4:88-101

张坤民,潘家华,崔大鹏.2008.低碳经济论.北京:中国环境科学出版社

中国城市科学研究会.2009.中国低碳生态城市发展战略.北京:城市出版社

中国环境与发展国际合作委员会.2008.低碳经济的国际经验和中国实践

中国科学院可持续发展战略研究组.2009.2009中国可持续发展战略报告——探索中国特色的低碳道路.北京:科学出版社

中国人民大学能源与气候经济学项目组.2010.中国人类发展报告2009/10:迈向低碳经济和社会的可持续未来

庄贵阳.2007.中国:以低碳经济应对气候变化挑战.环境经济,(01):70

NIES. 2008. A Dozen of Actions towards Low-Carbon Societies (LCSs). Kyoto

The Climate Group. 2009. China's Low Carbon Leadership in Cities (Chinese). London

The Stationery Office. 2009. The UK Low Carbon Transition Plan——National strategy for climate and energy,5-8

Zhao J, Song Y, Tang L, et al. 2011. China's Cities Need to Grow in a More Compact Way. Environmental Science & Technology,45 (20):8607-8608

第6章 低碳城市评价指标体系

低碳经济的概念于2003年由英国提出。随后,有关城市低碳发展的研究日益受到重视,但多侧重于理论研究框架的构建,主要从公共政策角度提出城市低碳规划的基本假设、理论框架及方法体系。虽然对低碳城市发展的基本内涵、战略目标、行业发展及政策建议有了一定的研究基础,但研究视野和角度仍缺乏完整性和全面性。因此,本章从低碳城市的碳排产出、能源消费、交通建筑、资源环境和低碳管理各个角度出发,结合目前各试点城市的调查现状,系统地构建一套完整全面的指标体系。

目前对低碳城市评价,其指标体系的研究主要从定性分析角度开展工作,研究成果尚未形成相对独立的理论体系。不仅缺少从可视化角度探讨和分析低碳城市评价的方法和路径,也缺少基于城市社会经济发展、低碳背景和温室气体排放内涵等综合理论,以及服务于决策者的空间定量分析工具。本章研究以定量为主,同时对于难以定量的指标先将它分成若干个等级,再将定性指标定量化,对不同城市进行评价和考核,为决策者正确掌握所在城市低碳发展程度提供参考。

6.1 低碳城市评价指标体系构建思路

6.1.1 构建目标

(1) 从综合、可持续性的视角来考核和评价城市低碳发展水平,积极推进建设资源节约型、环境友好型的城市。

(2) 提供一个可供参考的指标体系框架,探索具有普遍适应性的低碳发展目标,有效地引导管理部门制定战略规划和政策。

6.1.2 指导思想

1. 总体宏观

低碳城市指标体系是对区域发展状况进行预测,对政府工作进行监督,为政府提供决策信息的,因此在制定指标体系时要从总体上把握。这就要求政府转变职能,从过去对经济的直接干预中跳出来,变为对经济社会发展的宏观把握和调控。

2. 政策导向

构建指标体系对区域进行评价,其目的不仅是把握区域低碳经济发展系统的运行现状及变化趋势,更重要的是通过对区域的评价,引导被评价对象向正确的方向发展。指标体系应该突出低碳城市评价的主体行为。实现低碳经济战略离不开政府和个人的共同参与。在现实的社会经济发展状况及资源环境条件下及发展模式转变过程中,政府和个人这两个主体应关注的重点问题及应采取的行动都应在指标体系中有所体现。

3. 以人为本

低碳经济发展必须使人们能享受到更好的生活质量,无论是现在还是将来。《里约宣言》指出:"人类处于可持续发展所考虑的中心。他们有权利过上与自然和谐的、健康的、富足的生活。"最重要的原则是公平性,公平性原则是指发展不仅要满足当代全体公民的需求,求得空间维度上同代人的公平,而且前代人的发展不能建立在牺牲后代人利益的基础之上,不损害后代人满足其需求的能力。

6.1.3 遵循原则

1. 科学性原则

指标体系必须建立在科学的基础上,指标体系应全面涵盖发展战略目标的内涵和实现程度。同时,指标的物理意义应明确,测算统计方法应科学规范,以保证评估结果的真实性与客观性。

2. 代表性原则

在指标体系中,对于要表达的各种子系统,指标选取应强调代表性、典型性,避免选择意义相近、重复的指标,使指标体系简洁易用。指标的数量应该不能过多或过少,尤其不能有冗余。将较少的、精心挑选的指标用简单的、非线性评分的方法综合成的指数可以为决策提供充分的信息。

3. 适用相关原则

指标体系应易于推广应用。指标易于量化和获得,每个指标的值应同其所反映的效益相一致。

4. 整体层次性原则

指标体系作为一个整体,应该较全面反映低碳城市发展的具体特征,即反映社会经济、人口资源、科学技术发展的主要状态特征及动态变化、发展趋势。

5. 可比性原则

低碳城市评价指标体系的可比性包括三个含义:一是基本指标要尽可能采用国际上通用的名称、概念和计算方法,做到与国际指标体系的可比性,如 GDP、能源消费量等;二是纵向上的可比性,即指标体系的确立要考虑对不同时期进行对比,选择指标时尽量选用那些能反映区域发展状况的、有连续数据的指标;三是横向上的比较,即指标体系的建立应有利于同一时期不同评价对象的对比。

6. 定性分析与定量计算原则

指标体系和评价体系应具有可测性和可比性,定性指标应有一定的量化手段,但有些指标很难量化,可将它分成若干个等级,再将定性指标定量化。

6.2 低碳城市指标体系框架

低碳城市评价指标体系的构建,不同国家学者或单位由于角度或者路径的不同,具体指标也会有所差别,但这些指标体系都围绕低碳(碳排放、碳捕捉、低碳支撑与管理)和城市复合生态系统(自然、社会、经济等不同方面)来构建,体现了指标的综合性,涉及了低碳城市的方方面面。针对当前低碳城市指标体系的研究,也有很多专家指出,低碳城市的建立与否及如何建立,将考验各级政府的政治远识和政策水平;虽然应当设置量化的指标对低碳型城市进行评价,但是不能单纯通过控制性指标的高低来评价它的优劣。另外,低碳城市评价指标体系如何为环境管理服务应该是此类研究的主要目的,但这也是当前研究的一个不足。如何构建一个有效的、综合的,且具有评价可操作性的指标体系及其评价方法,更好地为管理部门开展相关评价与管理工作服务,是当前指标体系研究急需解决的问题。

6.2.1 指标选取

根据国内外低碳相关指标体系研究成果,结合当前国家低碳发展要求,遵循指标建立原则,研究针对低碳城市指标体系的框架,按以下步骤进行。

1. 指标库建立

指标库建立在国内外研究经验的基础上,应全面涵盖国家发展低碳战略目标的内涵。指标的选取一方面要与国际研究接轨,应强调代表性、典型性;另一方面要确实符合当前我国城市发展的现实状况和政策体系。另外,指标体系应易于推广应用,而且要考虑在城市发展中将不同时期进行对比,选择时尽量选用那些能反映区域发展状况的、有连续数据的指标。通过调研资料,充分借鉴国内外研究成果,将已有的指标体系成果构建成一级指标库,包含 67 项指标。

2. 二次筛选

首先将国内外指标分类选取,同类指标合并,避免选择意义相近、重复的指标,使指标体系简洁易用。将初选的指标进行二次筛选,根据指标的获取难易,尽可能地选取体现国家现行规划和考核信息公布的指标,使得选取的指标的代表性更强,更加客观,并综合考证每个指标的评价结果,得到指标44项。

3. 指标精选

将选出的44项指标编制出专家评议表,通过网络、专家座谈、发放问卷的形式,咨询低碳领域的专家意见和建议。主要按各指标的重要性依次排序进行讨论分析,根据指标的特征和内涵进一步归类简化,最终得到精选指标19项。

4. 专家打分权重

通过专家打分,基于德尔菲法对19项指标进行指标权重的确立,见表6-1。整个指标体系框架分为碳排产出、能源消耗、资源环境、交通建筑和低碳消费及管理五大类别。碳排产出准则层包含三个指标:人均碳排放、单位GDP碳排放、单位GDP碳排放减排速率;能源消耗准则层包含三个指标:单位GDP能耗、单位GDP能耗下降速度、清洁能源使用率;交通建筑准则层包含四个指标:机动车环保定期检测率、人均乘坐公共交通出行次数、新增绿色建筑占有率、新型建筑节能材料占有率;资源环境准则层包含四个指标:建成区绿化覆盖率、森林碳汇强度、万元工业增加值主要污染物排放强度、PM2.5不达标天数;低碳消费及管理准则层包含五个指标:人均生活用能、城镇居民服务性消费比例、低碳发展管理水平、公众对低碳认知度、公众环境保护满意率。

表6-1 低碳城市评价考核指标体系

准则层(分值)	指标名称(分值)	单位
碳排产出 (22)	人均碳排放(6)	tCO$_2$e/人
	单位GDP碳排放(8)	tCO$_2$e/万元
	单位GDP碳排放减速率(8)	%
能源消费 (22)	单位GDP能耗(7)	tce/万元
	单位GDP能耗下降速率(8)	%
	清洁能源使用率(7)	%
交通建筑 (16)	机动车环保定期检测率(3)	%
	人均乘坐公共交通出行次数(5)	次
	新增绿色建筑占有率(4)	%
	新型建筑节能材料占有率(4)	%

续表

准则层(分值)	指标名称(分值)		单位
资源环境 (20)	建成区绿化覆盖率(4)		%
	森林碳汇强度(8)		%
	万元工业增加值 主要污染物排放强度 (4)	工业废水	t/万元
		化学需氧量	t/万元
		SO$_2$	t/万元
		烟尘	t/万元
	PM2.5不达标天数(4)		d
低碳消费及管理 (20)	人均生活用能(6)		kgce/人
	城镇居民服务性消费比例(3)		%
	低碳发展管理水平(5)		—
	公众对低碳认知度(3)		%
	公众环境保护满意率(3)		%

6.2.2 指标解释

1. 人均碳排放

1) 计算方法

$$人均碳排放(X_1) = \frac{全市\ CO_2\ 总排放量(万\ tCO_2e)}{全市年末总人口(万人)} \quad 单位:tCO_2e/人$$

反映了一个地区(城市)碳排放强度与人口之间的关系。参照 IPCC《2006 年 IPCC 国家温室气体清单指南》(政府间气候变化专门委员会,2006)及国家发展与改革委员会气候司(2011)《省级温室气体清单编制指南》国家发展和改革委员会气候司,2011,核算范围包括:能源活动、工业生产过程、农业活动、土地利用变化和林业、城市废弃物处置的温室气体排放量估算。城市煤炭(原煤、洗精煤)、焦炭、燃料油、汽油、柴油、天然气等的具体消费数据以各省级能源统计年鉴、城市统计年鉴为准。人口为全市年末总人口数,具体参考各城市统计年鉴。

2) 指标描述

联合国千年发展目标指标网站给出了 1990~2007 年美国、加拿大、日本、韩国、中国和巴西等国的人均碳排放量,见图 6-1(厦门节能中心,2010)。美国、加拿大、澳大利亚三国位居前三名;俄罗斯、韩国、日本、德国位居中间;中国 2003~2005 年人均碳排放增长速度最快;巴西人均碳排放较低,人均 2t CO$_2$e 以下。英国丁铎尔气候变化研究中心的"全球碳计划"2012 年度报告指出,2011 年全球碳排放最多的国家和地区包括:中国(28%),美国(16%),欧盟(11%)和印度(7%)。研究发现,尽管总量偏高,但中国的人均排放量为 6.6t CO$_2$e,与美国的人均排放 17.2t CO$_2$e 相差甚远;同时,欧盟的人均排放量降至了 7.3t CO$_2$e,仍高于中国的人均排放量水平(周凯,2012)。

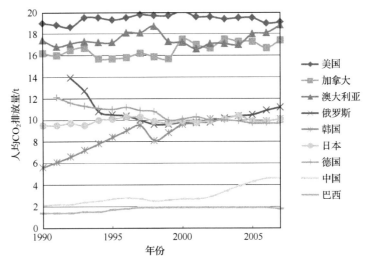

图 6-1 部分国家人均碳排放

资料来源:厦门节能公共服务网;联合国千年发展目标指标网站

参照 IPCC 计算方法初步测算全国 30 个省(自治区、直辖市)①人均碳排放,另外选取 28 个城市计算人均碳排放,见图 6-2,涵盖广东、辽宁、湖北、陕西、云南五省和天津、重庆、深圳、厦门、杭州、南昌、贵阳、保定八市,如图 6-3 所示。由于数据复杂庞大、不易获取,本部分主要测算了占主要排放比的能源活动的 CO_2 排放量,部分城市采用的数值是规模以上工业的能源消费数量,计算结果与实际的排放量有一定的差距,但在指标体系构建初期具备一定的科学意义和参考价值。阈值的最小值采用低碳试点八市的平均值,最大值采用其余 20 个城市的平均值来确定,得到评价标准为[4,14]。

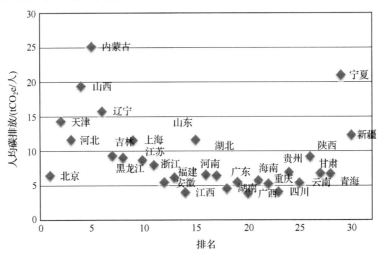

图 6-2 全国 30 个省(自治区、直辖市)

① 暂无西藏数据,不含港、澳、台

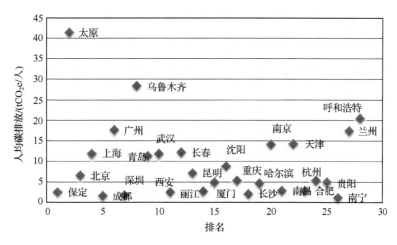

图 6-3 全国 28 个城市人均碳排放

2. 单位 GDP 碳排放

1) 计算方法

$$单位\,GDP\,碳排放(X_2) = \frac{CO_2\,总排放量(tCO_2e)}{地区生产总值(万元)} \qquad 单位:tCO_2e/\,万元$$

反映了一个地区（城市）碳排放强度与经济发展之间的关系，每消耗单位生产总值需要排放的 CO_2 量。参照 IPCC《2006 年 IPCC 国家温室气体清单指南》及国家发展和改革委员会气候司《省级温室气体清单编制指南（试行）》，核算范围包括：能源活动、工业生产过程、农业活动、土地利用变化和林业、城市废弃物处置的温室气体排放量估算。具体城市煤炭（原煤、洗精煤）、焦炭、燃料油、汽油、柴油、天然气等消费数据以各省级能源统计年鉴及城市统计年鉴为准。GDP 为不变价的地区生产总值，具体参考各城市统计年鉴。

2) 指标描述

研究初步计算出全国 30 个省（自治区、直辖市）单位 GDP 碳排放数值，见图 6-4，另外

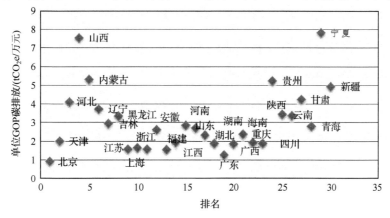

图 6-4 全国 30 个省（自治区、直辖市）单位 GDP 碳排放

28 个城市单位 GDP 碳排放见图 6-5,阈值的最小值采用 28 个城市前十名排位平均值,最大值采用 28 个城市的平均值来确定,得到评价标准为[1,4]。

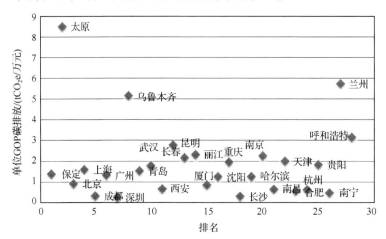

图 6-5　全国 28 城市单位 GDP 碳排放

3. 单位 GDP 碳排放减排速率

1) 计算方法

$$单位 GDP 碳排放减排速率(X_3)$$
$$= \frac{上期单位 GDP 碳排放量(tCO_2e) - 本期单位 GDP 碳排放量(tCO_2e)}{上期单位 GDP 碳排放量(tCO_2e)} \times 100\% \quad 单位:\%$$

指标反映了一个地区经济发展与碳排放强度之间关系的变化趋势。

2) 指标描述

2009 年国务院常务会议决定:到 2020 年我国单位 GDP CO_2 排放比 2005 年下降 40%～45%,作为约束性指标纳入国民经济和社会发展中长期规划。《国民经济和社会发展第十二五个规划纲要》(新华社,2011):"十二五"期间单位 GDP CO_2 排放量将下降 17%。国务院"十二五"控制温室气体排放工作方案的通知中也明确肯定 2015 年全国单位国内生产总值 CO_2 排放比 2010 年下降的目标,大力开展节能降耗,优化能源结构,努力增加碳汇,加快形成以低碳为特征的产业体系和生活方式(国务院办公厅,2012)。将"五年目标"拆分为年均单位 GDP 碳减排速率,约为每年减排 4%,这是把总量控制目标分解落实,实行目标责任管理,可以更加严格地考核城市该项指标的完成绩效,加大考核和监督力度;同时可以为城市建立碳排放减速预测预警机制,跟踪监测减排指标年度达成度,对减排速率较低的地区能够及时预警调控。根据专家论证,将指标评价标准设定为[2,6]。

4. 单位 GDP 能耗

1) 计算方法

$$单位 GDP 能耗(X_4) = \frac{能源消费总量(tce)}{地区生产总值(万元)} \quad 单位:tce/万元$$

反映了一个国家(地区)经济发展与能源消费强度之间的关系,即每创造一个单位的社会财富需要消耗的能源数量。

2) 指标描述

能源消费总量指一定时期内全国物质生产部门、非物质生产部门和生活消费的各种能源的总和,是观察能源消费水平、构成和增长速度的总量指标,是反映全国或全地区能源消费水平、构成与增长速度的总量指标。该指标是一个能源利用效率指标,说明一个国家经济活动对能源的利用程度,单位 GDP 能耗越大,则说明经济发展对能源的依赖程度越高。能源消费总量包括原煤和原油及其制品、天然气、电力的消耗,不包括低热值燃料、生物质能和太阳能等的利用。能源消费总量分为终端能源消费量、能源加工转换损失量和损失量三部分。

图 6-6 是部分国家 2009 年单位 GDP 能耗,可以看出,英国、德国和意大利等国的单位 GDP 能耗基本保持在 0.2tce/万元以下;新兴发展中国家的单位 GDP 能耗普遍高于发达国家,中国和南非超过了 1.0tce/万元(仇保兴,2012)。1995~2010 年全国的单位 GDP 呈现下降趋势,"十一五"时期,全国单位国内生产总值能耗降低了 19.1%,基本实现了"十一五"规划纲要确定的约束性目标,扭转了"十五"后期单位 GDP 能耗上升的趋势。2005 年的单位 GDP 能耗有一次明显的反弹,随后逐渐缓慢下降,见图 6-7。

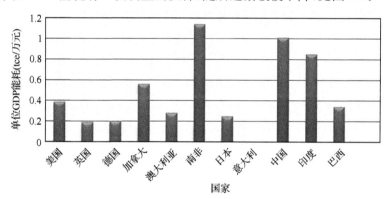

图 6-6   部分国家 2009 年单位 GDP 能耗

资料来源:《兼顾理想与现实——中国低碳生态城市指标体系构建与实践示范初探》

参考《国民经济和社会发展第十二五个规划纲要》和 28 个城市单位 GDP 能耗数值,阈值的最小值采用排名前五的城市的平均值,最大值采用 28 个城市的平均值来确定,得到评价标准为[0.5,1.5]。

5. 单位 GDP 能耗下降速度

1) 计算方法

$$\text{单位 GDP 能耗下降速度}(X_5)$$

$$= \frac{\text{上期单位 GDP 能耗(tce/万元)} - \text{本期单位 GDP 能耗(tce/万元)}}{\text{上期单位 GDP 能耗(tce/万元)}} \times 100\% \quad \text{单位:%}$$

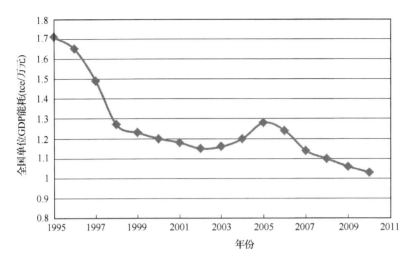

图 6-7　全国单位 GDP 能耗(1995~2010)

资料来源:《中国统计年鉴 2011》

反映了一个地区经济发展与能源消费强度之间的关系的变化趋势,下降速度可以显示产业结构调整的合理性与能源使用的有效性。

2) 指标描述

《国家节能减排"十二五"规划》(国务院办公厅,2012):到 2015 年,全国万元 GDP 能耗下降到 0.869tce(按 2005 年价格计算),比 2010 年的 1.034tce 下降 16%(比 2005 年的 1.276tce 下降 32%)。

如图 6-8 所示,部分地区"十二五"单位 GDP 能耗下降指标中,海南下降指标最低

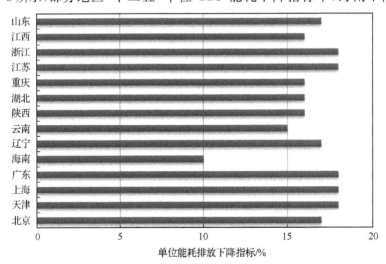

图 6-8　部分地区"十二五"单位能耗排放下降指标

资料来源:试点省"十二五"规划

(10%),而广东、上海、天津的指标则达到了18%,其他省(自治区、直辖市)均在15%以上。2011年分(自治区、直辖市)市万元GDP能耗降幅最大的是北京,比上年下降6.94%;全国万元GDP能耗比2010年降低2.01%,绝大多数省(自治区、直辖市)均呈下降趋势。

参考《国家节能减排"十二五"规划》,单位GDP能耗到2015年比2010年下降16%(比2005年的1.276tce下降32%),约为每年减排3.5%。根据专家论证,将单位GDP能耗下降速度指标评价标准选取为[2,5]。

6. 清洁能源使用率

1) 计算方法

$$清洁能源使用率(X_6) = \frac{城市地区清洁能源使用量(tce)}{城市地区终端能源消费总量(tce)} \times 100\% \quad 单位:\%$$

清洁能源使用率指城市全市域终端能源消费总量中的清洁能源使用量的比例,能源使用量均按标准煤计,考核地级以上城市。终端能源消费总量是指一定时期内全国生产和生活消费的各种能源在扣除了用于加工转换的二次能源消费量和损失量以后的数量。清洁能源是指除煤炭、重油以外的能源。城市清洁能源包括用作燃料的天然气、焦炉煤气、其他煤气、炼厂干气、液化石油气等清洁燃气、电和低硫轻柴油等清洁燃油(不包括机动车用燃油)。

2) 指标描述

国务院下发的《能源发展"十二五"规划》指出:我国清洁能源比重逐步增加。2010年,我国水电装机规模达到2.2亿kW,位居世界第一;核电在建规模2924万kW,占世界核电在建规模的40%以上;"十一五"时期新增风电装机规模约3000万kW,2010年并网规模位居世界第二;太阳能热水器集热面积继续保持世界第一(国务院办公厅,2013)。

国家可再生能源中长期发展规划指出:提高可再生能源在能源消费中的比重,解决偏远地区无电问题和生活燃料短缺问题,推行有机废弃物的能源化利用,推进可再生能源的技术产业化发展(国家发展和改革委员会,2007)。

2010年全国城市环境管理和综合整治年度报告指出,全国城市清洁能源使用率平均为72.94%,比2009年提高了6.17个百分点(环境保护部,2011)。

根据"十二五"城市环境综合整治定量考核指标及其实施细则(环境保护部,2011)、能源发展"十二五"规划、2010年全国城市环境管理和综合整治年度报告,以及28个部分城市清洁能源使用率数据,研究将清洁能源使用率指标设定为[30,80]。

7. 机动车环保定期检测率

1) 计算方法

$$机动车环保定期检测率(X_7) = \frac{机动车环保检验车辆数}{机动车注册登记车辆总数} \times 100\% \quad 单位:\%$$

机动车环保定期检验率指在统计年度中城市全市域实际进行机动车环保检验的车辆

数占全市机动车注册登记总数的百分比。机动车（汽车）环保检验车辆数是指按照《大气污染防治法》和环境保护部有关文件规定,在由省级环保主管部门委托的检验机构进行环保检验的车辆数(国家环境保护部,2011)。

2) 指标描述

随着我国机动车保有量的迅速增加,机动车污染已开始成为城市污染的重要组成部分,部分城市的污染类型已从煤烟型转为煤烟和机动车混合型污染,机动车排放的氮氧化物、细颗粒等污染物是导致污染直接原因(邵祖峰,2001;百度百科,2012)。国家《大气污染防治法》和《汽车排气污染监督管理办法》规定:"必须将汽车排气污染检验纳入初次、年度检验,初次检验达不到国家排放标准的汽车不发牌照,年度检验达不到国家规定的排放标准的汽车,不得继续行驶。"

环境保护部《"十二五"主要污染物总量减排监测办法》明确规定,机动车环保检验机构应按照国务院环境保护主管部门的要求开展机动车环保检测业务,市(地)级政府环境保护主管部门负责机动车环保检验机构的日常监督检查,每季度至少开展一次;省级政府环境保护主管部门负责对机动车环保检验机构检测线进行监督性监测,每年抽测比例不少于50%。检验机构加快安装自动检测设备,地级以上城市全面使用简易工况法进行检测,到2015年年底前,机动车环保检验率(含免检车辆)达到80%(国家环境保护部等,2013)。

根据"十二五"城市环境综合整治定量考核指标及实施细则和国家环保部"十二五"主要污染物总量减排监测办法,确立指标的评价标准为:[40,80]。

8. 人均公共交通出行次数

1) 计算方法

$$人均公共交通出行次数(X_8) = \frac{城市公共交通客运总量(万人次)}{全市年末总人口(万人)} \quad 单位:次$$

$$改进的人均公共交通出行次数(X_8') = \frac{X_8}{\sqrt{建成区面积}}$$

该指标是公共交通在城市交通系统中主体地位的具体体现,《城市公共交通"十二五"发展规划纲要》明确提出,优先发展城市公共交通是符合中国城市发展和交通发展实际的正确战略思想。

人均公共交通出行次数是评价城市交通出行相关方面的常用指标;但实际上,乘坐公交出行率与城市(建成区)的面积、人民出行距离、公交线路长度等密切相关,而人均公共交通出行次数在不同面积的城市间进行比较时,可比性较差。另外,城市(建成区)的面积、人民出行距离、公交线路长度三者之间有时相互联系,存在一定的正相关性。因此,基于数据的易获得性,作为尝试,提出改进的人均公共交通出行次数这一指标。

2) 指标描述

城市公共交通是满足人民群众基本出行的社会公益性事业,是交通运输服务业的重要组成部分,与人民群众生产生活息息相关,与城市运行和经济发展密不可分,是一项重大的民生工程。城市交通工具系统是由多种交通工具组成的,目前城市中以公交、地铁、轻轨等方式为主。公共交通为主的工具系统运能高、车辆少、交通拥堵少。公共交通是指在日常出行中通常选择低能耗、低排放、低污染的交通方式,这是城市交通可持续发展的大势所趋。

《道路运输业"十二五"发展规划纲要》(交通运输部,2011)指出:建立政府主导、文明规范、诚信可靠、保障有力的城市公共交通系统,为人民群众提供快捷、安全方便、舒适的公共交通服务,使广大群众愿意乘公交,更多乘公交。到 2015 年,基本确立公共交通在城市交通系统的主体地位,公共交通的服务能力和服务质量明显提高,行业可持续发展能力显著增强,推进城市交通向更便捷、更清洁、更和谐的方向发展。

《交通运输"十二五"发展规划》明确指出,树立绿色、低碳的发展理念,加快建立以低碳为特征的交通运输体系,实现交通运输绿色发展。充分发挥轨道交通和快速公交(BRT)在城市交通系统中的骨干作用,300 万人口以上的城市加快建设以轨道交通和快速公交为骨干、以城市公共汽电车为主体的公共交通服务网络;100 万~300 万人口的城市加快建设以城市公共汽电车为主体、轨道交通和快速公交适度发展的公共交通服务网络;100 万人口以下的城市加快建设以公共汽电车为主体的公共交通服务网络(交通运输部,2011)。

根据 28 个城市的城市年鉴,我们得到 28 个城市人均公共交通出行次数(图 6-9)及改进后的人均公共出行次数(图 6-10)。

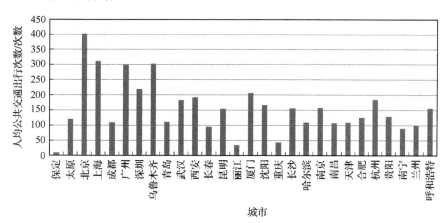

图 6-9　28 城市人均公共交通出行次数
资料来源:28 个城市《城市统计年鉴》

根据计算结果,改进后的人均公共交通出行次数为[0,10]。

9. 新增绿色建筑占有率

1) 计算方法

$$新增绿色建筑占有率(X_9) = \frac{新增城市绿色建筑总面积(万\ m^2)}{城市既有建筑总面积(万\ m^2)} \times 100\%　单位:\%$$

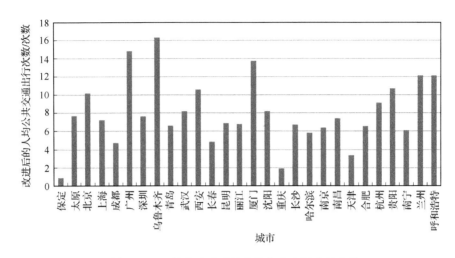

图 6-10　28 城市改进后的人均公共交通出行次数

该指标反映建筑对环境的负荷减轻,绿色建筑是指在建筑的全寿命周期内,最大限度地节约资源(节能、节地、节水、节材)、保护环境和减少污染,为人们提供健康、适用和高效的使用空间,与自然和谐共生的建筑。绿色建筑的基本内涵可归纳为:减轻建筑对环境的负荷,即节约能源及资源;提供安全、健康、舒适性良好的生活空间;与自然环境亲和,做到人及建筑与环境的和谐共处、永续发展。

2) 指标描述

根据 2008 年数据,我国现有 420 亿 m² 存量建筑,绝大部分为高能耗建筑,而近年来我国每年新建 20 亿 m² 建筑,其中 95％以上仍属高能耗建筑,单位建筑面积采暖能耗是气候相近发达国家的 2～3 倍,不仅过多的消费了能源,而且严重污染了环境。我国建筑能耗总量占能源消费总量的 19.3％,其中建筑电耗占总能耗的 12％(欧阳生春,2009)。

2005 年颁布的《国家长期科学和技术发展规划纲要(2006-2020)》将建筑节能与绿色建筑作为“城镇化与城市发展”重点领域的优先发展内容之一。2006 年 3 月 7 日,建设部和国家质量监督及检验检疫总局联合发布了《绿色建筑评价标准》(GB/T 50378-2006)(《绿色建筑评价标准》编制组,2012)。

2010 年,温家宝总理在政府报告中指出:“十二五”期间要加大既有建筑节能改造投入,积极推进新建筑节能。截至 2010 年底,全国有 113 个项目获得了绿色建筑评价标识,建筑面积超过 1300 万 m²。全国实施了 217 个绿色建筑示范工程,建筑面积超过 4000 万 m²。通过对获得绿色建筑标识的项目进行统计分析,住宅小区平均绿地率达 38％,平均节能率约 58％,非传统水资源平均利用率约 15.2％,可再循环材料平均利用率约 7.7％。

国家《“十二五”建筑节能专项规划》指出(中华人民共和国住房和城乡建设部,2012),制定并实施绿色建筑行动方案,从规划、法规、技术、标准、设计等全面推进建筑节能。要新建绿色建筑 8 亿 m²,规划末期,城镇新建建筑 20％以上达到绿色建筑标准要求。

参考《"十二五"建筑节能专项规划》《绿色建筑评价标准》(GB/T 50378-2006),新建节能建筑、城镇既有建筑分省情况一览表(表6-2),确立评价指标标准为[10,40]。

表 6-2 新建节能建筑、城镇既有建筑分省情况一览表

地区	"十一五"期间建成节能建筑面积/万 m²	城镇既有建筑面积/万 m²	公共建筑面积/万 m²	新增节能建筑占城镇既有建筑的比例/%
宁夏	4413.96	13 777.75	4580.46	32.04
海南	3525.1	13 359.7	4735.1	26.39
广东	32 167.4	246 034.5	69 950	13.07
广西	8625	112 000	16 000	7.70
湖北	14 840	85 669.53	26 078.42	17.32
浙江	13 000	150 000	26 500	8.67
云南	18 000	113 562	9685	15.85
安徽	20 133.3	64 136.5	18 024.5	31.39
湖南	9600	58 162.2	16 093.5	16.51
福建	18 713	100 849	20 055	18.56
江西	1189.48	65 510.5	25 844.5	1.82
新疆	—	30 223.11	10 400.62	—
新疆生产建设兵团	1257.6802	5746.901 4	1290.427	21.88
贵州	243.98	34 000	13 600	0.72
内蒙古	16 565	45 000	11 894	36.81
江苏	55 765.84	194 554.52	56 733.1	28.66
北京	12 943.75	62 631	24 000	20.67
天津	9873	31 490.81	12 006.17	31.35
河北	19 805.5	54 621.8	12 413.21	36.26
河南	13 800	83 127	29 315	16.60
黑龙江	18 900	73 600	19 100	25.68
山东	22 300	134 700	36 400	16.56
山西	8 099.31	50 855.19	12 667.04	15.93
上海	20 956.01	69 172	18 961	30.30
四川	27 470	75 537.52	23 214.88	36.37
甘肃	4 728.98	28 262.13	13 510.79	16.73
重庆	17 617.92	53 512.05	17 123.86	32.92
辽宁	28 033	91 624	25 157	30.60
吉林	20 467.06	47 157.46	9738	43.40
青海	1988.95	5950.09	1267.01	33.43
合计	445 023.220 2	2 194 827.261	586 338.6	20.28

资料来源:《"十二五"建筑节能专项规划》

10. 新型建筑节能材料占有率

1) 计算方法

$$新型建筑节能材料占有率(X_{10}) = \frac{新型墙体材料总产量(亿块标砖)}{墙体材料总产量(亿块标砖)} \times 100\% \quad 单位:\%$$

该指标突出了地区新型节能建材和再生建材的应用力度。

2) 指标描述

建筑行业随着经济社会的快速发展,其高耗能问题也日趋凸显。节能建筑材料作为节能建筑的重要物质基础,是建筑节能的根本途径。在建筑中使用各种节能建材,一方面可提高建筑物的隔热保温效果,降低采暖空调能源损耗;另一方面又可以极大地改善建筑使用者的生活、工作环境。

《"十二五"建筑节能专项规划》指出(住房和城乡建设部,2012):要因地制宜、就地取材,结合当地气候特点和资源禀赋,大力发展安全耐久、节能环保、施工便利的新型建材。作为约束性指标,新型建筑墙体材料产量占墙体材料总量的比例达到65%以上,建筑应用比例达到75%以上。

《"十二五"墙体材料革新指导意见》指出,2010年全国新型墙体材料产量已占墙体材料总量的55%,比2005年提高11个百分点,以新型墙体材料为主的生产和应用格局基本形成。应用新型墙体材料新建节能建筑累计面积48亿 m²,比"十五"末增加3倍多(国家发展和改革委员会,2011)。

参考《"十二五"建筑节能专项规划》《绿色建筑评价标准》(GB/T 50378-2006),"十二五"墙体材料革新指导意见,确立评价指标的标准为[30,80]。

11. 建成区绿化覆盖率

1) 计算方法

$$建成区绿化覆盖率(X_{11}) = \frac{建成区内绿化覆盖面积(km^2)}{建成区内总面积(km^2)} \times 100\% \quad 单位:\%$$

(1) 建成区绿化覆盖率是指在城市建成区中,一切用于绿化的乔、灌木和多年生草本植物的垂直投影面积(包括园林绿地以外的单株树木等覆盖面积)与建成区总面积的百分比。乔木树冠下重叠的灌木和草本植物不再重复计算。

(2) 市辖区绿地面积指市辖区用作绿化的各种绿地面积,包括公园绿地、单位附属绿地、居住区绿地、生产绿地、防护绿地和风景林地的总面积(国家环境保护部,2011)。

2) 指标描述

国家城市绿化工作的指导思想是:以加强城市生态环境建设,创造良好的人居环境,促进城市可持续发展为中心;坚持政府组织、群众参与、统一规划、因地制宜、讲求实效的原则,以种植树木为主,努力建成总量适宜、分布合理、植物多样、景观优美的城市绿地系统。

《林业发展"十二五"规划》指出,城市建成区绿化覆盖率达到39%,人均公园绿地面积达到 11.2m²,村屯建成区绿化覆盖率达到 25%。

针对《林业发展"十二五"规划》,各城市设立了"十二五"目标:海口市力争把主城区的绿地率提高至 38%,绿化覆盖率达 43.5%,人均公共绿地达到 15m²。太原市计划建成区绿化覆盖率达到 40%,绿地率达到 35%。厦门市大幅度提高岛外各区主要绿化指标,到 2015 年,全市建成区每年新增园林绿地 500hm²。西安市预计到 2015 年,绿地率达到 35.6%,绿化覆盖率达到 42.5%,人均公园绿地面积达到 10.3m²(中国风景园林网,2011)。

2010 年,全国绿地面积达到 1 694 210hm²,人均绿地面积 44m²,建成区绿化覆盖面积达到 1 312 963hm²,建成区绿化覆盖率达到 41.33%。

结合 28 个重要城市建成区绿化覆盖率数值(图 6-11),参考"十二五"城市环境综合整治定量考核指标及其实施细则,评价指标的标准设定为[20,45]。

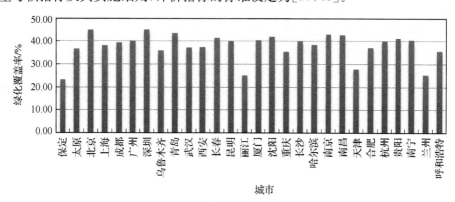

图 6-11 28 个城市建成区绿化覆盖率(2010 年)
资料来源:各城市《城市统计年鉴》

12. 森林碳汇强度

1) 计算方法

$$森林碳汇强度(X_{12}) = \frac{森林固碳量(万\ tCO_2e)}{全市\ CO_2\ 总排放量(万\ tCO_2e)} \times 100\% \quad 单位:\%$$

2) 指标描述

该指标反映出森林固碳潜力与城市碳排放之间的关系。国务院"十二五"控制温室气体排放工作方案指出,要努力增加碳汇。加快植树造林,继续实施生态建设重点工程,巩固和扩大退耕还林成果,开展碳汇造林项目。中国在联合国气候变化峰会上强调,到 2020 年要在 2005 年基础上增加森林面积 4000 万 hm² 和森林蓄积量 13 亿 m³。

森林固碳量由以下公式得到:

$$森林固碳量 = 林地面积(hm²) \times \beta$$

式中,β 为通过林地蓄积量年增长量计算得到每单位面积林地减少排放 CO_2 的系数,单位为 $t/hm²$。

$$\beta = A \times \rho \times C \times T$$

式中,A 为全国森林平均每公顷生长量,为 $3.8m^3/hm^2$,参考第六、七次全国森林资源清查主要结果;ρ 为生物量 $0.66g/m^3$,参考中国主要木材树种的木材密度;C 为生物量含碳率,为 0.5,参考 1996 年 IPCC 国家清单指南的默认缺省值;T 为由碳转化为 CO_2 的系数,为 44/12。通过公式,计算得到 β 为 4.61。

2010 年,选取的 28 个主要城市森林碳汇强度(森林固碳量与全市碳排量比值)中,前十名为:丽江市(133%)、南宁市(54%)、长沙市(21%)、重庆(19%)、昆明(12%)、成都(11%)、西安(11%)、哈尔滨(10%)、保定(9%)、贵阳(8%)。乌鲁木齐(0.42%)、南京(0.49%)、兰州(0.50%)排名较为靠后,见图 6-12。结合 28 个选取城市的森林碳汇强度数值,评价指标的标准设定为[0,10]。

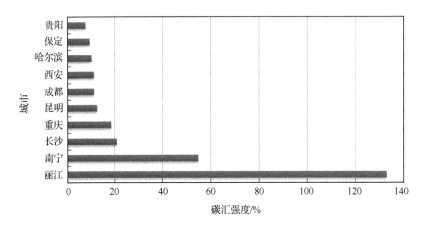

图 6-12　28 个城市森林碳汇强度前十名(2010)

13. 万元工业增加值主要污染物排放强度

1)计算方法

$$万元工业增加值主要污染物排放强度(X_{13})$$

$$= \frac{某工业污染物的年排放量(t)}{工业增加值(万元)} \quad 单位:t/万元$$

考核指标包括:万元工业增加值工业废水排放强度、万元工业增加值工业化学需氧量排放强度、万元工业增加值工业二氧化硫排放强度、万元工业增加值工业烟尘排放强度。

2)指标描述

污染减排是调整经济结构、转变发展方式、改善民生的重要方面,是改善环境质量、解决区域性环境问题的重要手段。工业重点行业的污染物削减仍然是"十二五"总量控制的重点任务,从源头减少污染物新增量,进一步加大治理力度,避免形成生活污染持续削减但工业污染物排放量不断上升的局面。可以从以下两方面着手:一是大幅度加大结构调整力度,优化产业结构,严格行业准入;二是继续加大工业污染防治力度,提高行业污染治理技术水平,严格执行行业排放标准、清洁生产标准,降低污染物产生强度、排放强度,从根本上促进工业企业全面、稳定达标排放。

《国民经济和社会发展第十一个五年规划纲要》提出了"十一五"期间单位 GDP 能耗降低 20% 左右,主要污染物排放总量减少 10% 的约束性指标。"十二五"期间,主要污染物减排再次被列入国民经济和社会发展约束性指标。到 2015 年,全国化学需氧量和二氧化硫排放量各减少 8%,氨氮和氮氧化物排放量各减少 10%(国务院办公厅,2006)。

参考《2010 年环境统计年报》《"十二五"城市环境综合整治定量考核指标及其实施细则》,指标万元工业增加值工业废水排放强度评价标准为[10,50],万元工业增加值化学需氧量排放强度评价标准为[0.001,0.01],万元工业增加值二氧化硫排放强度评价标准为[0.008,0.04],万元工业增加值烟尘排放强度评价标准为[0.002,0.2]。

14. PM2.5 不达标天数

PM2.5 颗粒(细颗粒物),指大气中粒径小于或等于 $2.5\mu m$ 的颗粒物。细颗粒物粒径小,含有大量的有毒、有害物质且在大气中的停留时间长、输送距离远,因而对人体健康和大气环境质量的影响更大。其来源最大的是人为来源,包括固定源和流动源。固定源包括各种燃料燃烧源,如发电、冶金、石油、化学、纺织印染等各种工业过程、供热、烹调过程中燃煤与燃气或燃油排放的烟尘。流动源主要是各类交通工具在运行过程中使用燃料时向大气中排放的尾气。但不论是固定源还是流动源,PM2.5 颗粒来源均与人类能源活动密切相关。

考察 PM2.5 颗粒指标有两个方面:一是具体浓度限值;二是 PM2.5 达标天数即达标率。本指标体系中选取 PM2.5 不达标天数,这样使得指标直观、数据易于获取及分析。

WHO 制定的标准要求每年最多有 3 天 PM2.5 超标(99% 的达标率),澳大利亚最多 5 天,而美国和日本要求的达标率为 98%,即 7 天超标。综合考虑其他标准及中国实际情况,将 PM2.5 不达标天数的评价设定为[10,50]

15. 人均生活用能

1) 计算方法

$$人均生活用能(X_{15}) = \frac{居民用能总量(kgce)}{用能人口数(人)} \quad 单位:kgce/人$$

2) 指标描述

人均能源消费量是反映一个国家经济发展水平和人民生活质量的重要指标。作为终端能源消费,生活用能对总能源的消费结构、供求关系和节能减排具有重要影响(贺仁飞,2012)。人均直接用能包括:电能、燃气、柴薪、汽油、柴油等各种化石燃料,生物质能和电能的消费。电力消费过程没有直接的温室气体排放,但是电力在生产过程中会消耗大量化石燃料。以 2010 年数据为例,电力在居民生活用能中占主导地位,煤炭居化石燃料能源首位。

全国各区域的人均生活用能水平有很大差异。京津区域人均生活用能水平最高,是全国平均水平的 2.7 倍;其次是东北地区,人均生活用能水平是全国平均水平的 1.6 倍;

西北地区人均生活用能水平略高于全国平均水平。

全国各区域生活消费能源结构有很大差异。中部、西南、北部沿海和西北区域生活用能仍以煤炭为主,南部沿海区域生活能源消费以石油和电力为主,其他区域生活用能结构相对均衡,其中东北区域热力消费较多,东部沿海和京津区域石油消费比重相对较高。东北、京津、东部沿海和南部沿海四大区域已大体形成高效优质生活能源消费结构,煤炭消费比例相对较小,石油、天然气、电力、热力消费比例相对较高(樊静丽等,2010)。

2010 年,北京和上海的人均生活用能量为 661.8kgce 和 446.28kgce,广州和呼和浩特的人均生活用能量为 223.4kgce 和 305.3kgce,地处西南的贵阳市人均生活用能为144.8kgce。

根据全国人均生活用能量(图 6-13)和部分城市人均生活用能量,确定本指标为[150,400]。

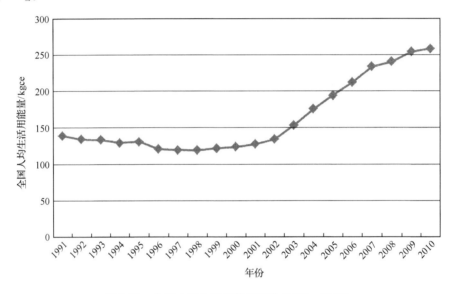

图 6-13　全国人均生活用能量变化(1991~2010)

资料来源:根据《中国能源统计年鉴 2010》绘制

16. 城镇居民服务性消费比例

1) 计算方法

城镇居民服务性消费比例(X_{16})

$$= \frac{城镇居民人均全年服务性消费支出(元)}{城镇居民人均全年消费支出(元)} \times 100\% \quad 单位:\%$$

2) 指标描述

该指标中服务性消费是指居民对除食品、衣着、居住、家庭设备等商品外的服务进行消费,包括医疗保健、通信、教育文化等服务。因考虑到城镇与农村居民消费结构的不同,故以当年居民人口比例为权重进行计算。服务性消费相对于商品性消费而言,其能耗与消费过程的碳排放较低,故居民服务性消费比例越高,表明该地区居民消费结构越低碳。

服务性消费水平的高低是反映居民生活质量的一个重要标志。随着收入水平的提高,人们维持日常生活的物质需求逐渐得到满足,城镇居民的消费重点开始向增加服务性消费的方向发展。但长期以来人们对服务性消费缺乏关注,导致服务性消费所占份额偏低、增速较慢。在目前城镇居民对吃、穿、用等商品需求趋向刚性的情况下,拓展服务性消费不仅有利于推动居民消费层次升级,拉动消费需求的新增长,也是保障服务业健康发展的关键因素。

表 6-3 中,东部地区人均的平均服务性消费支出和服务性消费支出所占消费总支出的比重均高于中部和西部地区。中部与西部地区相差不大,但是各省份之间的差异还是比较明显。在全国范围内,从绝对值来比较,人均服务性消费支出超过 6000 元的共有五个,全部在东部地区;不足 3500 元的共有 6 个,绝大部分在西部地区。服务性消费支出最高的是上海市,人均服务性消费支出 9662.95 元,最低的是西藏,人均服务性消费支出为 2576.34 元,不到上海的三分之一。从相对值来看,人均服务性消费支出占消费总支出比重最高的是北京市,为 43.79%。

表 6-3　东、中、西部各省份城镇居民家庭人均服务性消费需求比较(2010 年)

东部地区	服务性消费支出/元	所占比重/%	中部地区	服务性消费支出/元	所占比重/%	西部地区	服务性消费支出/元	所占比重/%
北京	8498.55	43.49	吉林	4285.81	36.70	四川	4063.01	33.56
上海	9662.95	41.65	河南	3871.28	35.72	青海	3075.90	31.99
浙江	7603.30	42.58	湖北	3551.12	31.01	宁夏	4250.94	37.50
广东	7378.96	39.91	湖南	4139.62	35.01	新疆	3420.60	33.54
福建	5099.54	34.57	江西	3320.05	31.27	甘肃	3429.43	34.66
天津	6318.25	38.15	山西	3676.61	37.54	重庆	4276.57	32.07
河北	3719.12	36.04	安徽	4008.99	34.82	贵州	3378.13	33.59
辽宁	4934.75	37.16	黑龙江	3543.92	33.17	云南	3976.91	35.91
江苏	5388.46	37.53				陕西	4161.62	35.20
山东	4843.53	36.92				广西	4170.47	36.30
海南	3674.52	33.63				西藏	2576.34	26.60
						内蒙古	5246.22	37.49
平均	6101.99	38.33	平均	3799.68	34.41	平均	3795.51	34.15

资料来源:根据《中国统计年鉴 2010》数据整理

根据全国城镇居民家庭人均服务性消费比例,指标为[20,40]。

17. 低碳发展管理水平

1)指标描述

本项指标从政府管理层面上,结合低碳城市发展目标的确立、规划制定和监管力度方面综合考虑低碳发展管理程度。

管理理念直接影响到管理模式、管理手段、运行机制等方面的设计。当前,我国政府的施政理念在不断提高,政府不仅是经济社会发展战略和政策的制定者,也是低碳发展的主导者、引领者和组织推动者(厦门市人民政府办公厅,2011)。在"十一五"期间,低碳节能政策主要是由各级地方政府和重点用能单位具体执行和实施。在中国独特的行政体制下,规划是实现经济和社会发展目标的重要步骤,在各项战略实施中具有重要地位。中央政府对地方政府的低碳发展规划重视度依赖于各地结合地方特点的编制规划,并通过规划引导其他各项工作的进行。

国家机关办公建筑和大型公共建筑高耗能的问题日益突出,做好国家机关办公建筑和大型公共建筑的节能管理工作,对实现"十二五"建筑节能规划目标具有重要意义。国务院关于加强节能工作的决定中指出,推动政府机构节能。重点抓好政府机构建筑物和采暖、空调、照明系统节能改造及办公设备节能,采取措施大力推动政府节能采购,稳步推进公务车改革。严格执行节能标准,实行建筑能耗指标控制。确定各类型公共建筑的能耗基线,识别重点用能建筑和高能耗建筑,并逐步推进高能耗公共建筑的节能改造,争取在"十二五"期间,实现公共建筑单位面积能耗下降 10%,其中大型公共建筑能耗降低 15%。

2) 评价内容

指标作为定性评价考核,包含以下三个方面评价考核内容。

(1) 政府设立专门低碳经济研究部门,制定并通过全面发展规划,将低碳城市发展目标明确写入"十二五"规划,并在相关部门的实施中充分体现。

(2) 政府专门构建低碳城市发展平台,监测披露温室气体排放信息,并建立独立机构来评估能源效率标准是否有效实施。

(3) 国家机关和大型公共建筑节能管理成效。

18. 公众对低碳认知度

1) 指标描述

"低碳生活"(Low-Carbon Life),就是指生活作息时所耗用的能量要尽力减少,从而降低 CO_2 的排放量,继而减少对大气的污染,减缓生态恶化,表现为公众在对低碳经济认知的基础上改变原有的生活方式或者消费习惯。

《"十二五"控制温室气体排放工作方案》指出:提高公众参与意识,利用多种形式和手段,全方位、多层次加强宣传引导,研究设立"全国低碳日",大力倡导绿色低碳、健康文明的生活方式和消费模式,宣传低碳生活典型,弘扬以低碳为荣的社会新风尚,树立绿色低碳的价值观、生活观和消费观,使低碳理念广泛深入人心,成为全社会的共识和自觉行动,营造良好的舆论氛围和社会环境。

中国气候传播项目中心在北京发布《中国公众气候变化与气候传播认知状况调研报告》,调研结果显示,中国公众对气候变化问题的认知度高达 93.4%,而 77.7%的中国公众对气候变化的未来影响表示出担忧。调研报告内容涵盖中国公众对气候变化问题的认知度、对气候变化影响的认知度、对气候变化应对的认知度、对应对气候变化政策的支持度、对应对气候变化行动的执行度,以及对气候传播效果的评价六方面内容(黄栋和胡晓岑,2010)。

2)评价内容

该指标是公众对低碳城市发展的认知程度,以便更好地了解和掌握公众对低碳发展认知状况,从而为政府及有关部门制定构建环境友好型低碳城市提供依据和参考。本项指标从定量和定性评价两方面进行考核。

(1)城市相关部门负责组织"公众对低碳认知度"调查工作,调查公众的低碳认知度,评价区间为[20,80]。

(2)定性评价政府对公众低碳知识的普及宣传力度。

19. 公众环境保护满意率

1)指标描述

低碳经济的概念就是由于对环境问题的关注而产生的,环保是低碳的基本内核,低碳本质是环境保护的一项基本内容。所以,节能环保应该是实现低碳的基础保障和基本内涵。该指标设立是为准确了解公众对城市环境状况的实际感受,客观反映城市在环境治理、环境保护等方面取得的进展和存在的问题,继而为实现低碳城市发展提供良好的基础评判依据。

2010 年全国城市环境综合整治定量考核结果中,全国公众对城市环境保护满意率为62.9%。其中,城市空气污染和噪声污染是公众最为关心、关注的环境问题。城市公众对空气质量满意率为 55.2%,对噪声环境质量满意率为 62%,对水环境质量满意率为67.7%,对垃圾处理处置状况满意率为 68%,对城市环境保护宣传教育满意率为 70.3%,90%的受调查公众认为自身环境保护意识较强(环境保护部,2011)。

2)评价内容

该指标是公众对环境保护的满意程度,从定量和定性评价两方面进行考核。

(1)城市相关部门负责组织"公众对城市环境保护满意率"调查工作,满意率评价标准为[35,85]。

(2)定性评价政府城市环境信息公开力度。

(3)定性评价过去两年内是否发生因环境事件引发的群体性事件。

6.2.3 指标体系及评价标准汇总

根据各个指标的评价标准范围得到低碳城市评价考核指标体系见表 6-4;由此得到低碳城市评价考核方法和模范标准(具体见附录 2)。

表 6-4　低碳城市评价考核指标体系

准则层(分值)	指标名称(分值)		单位	考核限值
碳排产出 (22)	人均碳排放(6)		tCO₂e/人	4~14
	单位 GDP 碳排放(8)		tCO₂e/万元	1~4
	单位 GDP 碳排放减排速率(8)		%	2~6
能源消耗 (22)	单位 GDP 能耗(7)		tce/万元	0.5~1.5
	单位 GDP 能耗下降速率(8)		%	2~5
	清洁能源使用率(7)		%	30~80
交通建筑 (16)	机动车环保定期检测率(3)		%	40~80
	人均乘坐公共交通出行次数(5)		—	0~10
	新增绿色建筑占有率(4)		%	10~40
	新型建筑节能材料占有率(4)		%	30~80
资源环境 (20)	建成区绿化覆盖率(4)		%	20~45
	森林碳汇强度(8)		%	0~10
	万元工业增加值 主要污染物排放强度 (4)	工业废水	万 t/万元	10~50
		化学需氧量	万 t/万元	0.001~0.01
		SO₂	万 t/万元	0.008~0.04
		烟尘	万 t/万元	0.002~0.2
	PM2.5 不达标天数(4)		d	10~50
低碳消费及管理 (20)	人均生活用能(6)		kgce/人	150~400
	城镇居民服务性消费比例(3)		%	20~40
	低碳发展管理水平(5)		—	—
	公众对低碳认知度(3)		%	20~80
	公众环境保护满意率(3)		%	35~85

参 考 文 献

《绿色建筑评价标准》编制组. 2012-09-17. 绿色建筑评价标准. http://www.ccsn.gov.cn/News/ShowInfo.aspx? Guid =01d82525-ff70-4ad8-9da3-0aeb84d1d4eb.

樊静丽, 廖华, 梁巧梅等. 2010. 我国居民生活用能特征研究. 中国能源, 32(8): 33-36

国家发展和改革委员会. 2007-08-31. 可再生能源中长期发展规划. http://www.sdpc.gov.cn/zcfb/zcfbtz/2007tongzhi/t20070904_157352.htm.

国家发展和改革委员会. 2013-03-16. 国家发展改革委关于印发"十二五"墙体材料革新指导意见的通知. 国家发展改革委网站. 2011-11-15. http://www.ndrc.gov.cn/zcfb/zcfbtz/2011tz/t20111128_447166.htm.

国家发展和改革委员会气候司. 2011. 省级温室气体清单编制指南(试行). http://wenku.baidu.com/view/c28d051b52d380eb62946df5.html.

国家统计局, 国家发展和改革委员会, 国家能源局. 2013-03-02. 2011 年分省区市万元地区生产总值(GDP)能耗等指标公报. http://www.stats.gov.cn/tjgb/qttjgb/qgqttjgb/t20120816_402828228.htm.

国务院办公厅. 2012-08-21. 国务院关于印发节能减排"十二五"规划的通知. 中央政府门户网站. http://www.gov.

cn/zwgk/2012-08/21/content_2207867. htm.

国务院办公厅. 2013-01-23. 国务院关于印发能源发展"十二五"规划的通知. http://www. gov. cn/zwgk/2013-01/23/content_2318554. htm.

环境保护部,国家统计局,国家发展和改革委员会,监察部. 2013-01-24. 关于印发"十二五"主要污染物总量减排统计、监测办法的通知. http://www. mep. gov. cn/ gkml/hbb/bwj/201302/t20130204_245884. htm.

环境保护部. 2011-11-07. 关于征求《"十二五"城市环境综合整治定量考核指标及其实施细则(征求意见稿)》意见的函. http://www. mep. gov. cn/gkml/hbb/ bgth/201111/t20111116_220023. htm.

环境保护部. 2011-12-09. 环境保护部关于 2010 年度全国城市环境综合整治定量考核结果的通报. http://www. mep. gov. cn/gkml/hbb/bgth/201112/t20111213_221264. htm.

黄栋,胡晓岑. 2010. 低碳经济背景下的政府管理创新路径研究. 华中科技大学学报:社会科学版,24(4):100-104

交通运输部. 2011-04. 交通运输"十二五"发展规划. http://www. mot. gov. cn/ zhuzhan/zhengcejiedu/guihuajiedu/shierwuguihuaJD/index. html.

欧阳生春. 2009. 美国绿色建筑评价标准 LEED 简介. 建筑科学,24(8):1-3

厦门节能中心. 2010-11-25. 世界各国人均 CO₂ 排放量. 厦门节能公共服务网. http://xmecc. xmsme. gov. cn/2010-11/20101125110403. htm

厦门市人民政府办公厅,厦门市环境保护局. 2011-08-12. 万元工业增加值主要污染物排放强度. http://hbcm. xm. gov. cn/cjcg/jjsh/201108/t20110812_420838. htm.

新华社. 2013-03-02. 国民经济和社会发展第十二个五年规划纲要. 中央政府门户网站. 2011-03-16. http://www. gov. cn/2011lh/content_1825838. htm.

政府间气候变化专门委员会. 2006. 2006 IPCC 国家温室气体清单指南. IPCC 国家温室气体清单计划

中国风景园林网. 2013-3-16. 全国主要城市园林绿化"十二五"规划披露. 2011-01-30. http://www. chla. com. cn/htm/2011/0130/73982. html.

中华人民共和国住房和城乡建设部. 2012-05-31. 关于印发"十二五"建筑节能专项规划的通知. http://www. gov. cn/zwgk/2012-05/31/content_2149889. htm.

周凯. 2013-03-02.《自然》发表报告称中国碳排放总量世界第一. 中国青年报. http://news. sciencenet. cn/htmlnews/2012/12/272518. shtm.

第7章 低碳城市环境综合管理平台

低碳城市环境综合管理平台是利用现代计算机网络手段,面向环境管理部门,进行采集、处理、分析、存储和发布城市温室气体排放相关的社会、经济、环境数据的信息平台。低碳城市环境综合管理平台是数字城市环境网络在城市碳排放这一环境研究领域的一项专题应用(邢廷廷,2003)。

低碳城市环境综合管理平台不仅涉及环境信息的输入、存储、数据结构、连接、查询等,还包括应用温室气体排放计算模型、低碳城市评价考核模型对城市温室气体排放相关的产业数据、社会数据、环境数据进行计算,并对计算所得的温室气体排放清单数据、低碳城市评价考核结果进行存储、分析、查询等。

7.1 低碳城市环境综合管理平台总体设计

7.1.1 总体建设方案

以 B/S 结构模式作为系统运行模式,以网络技术、数据库管理技术、面向对象开发技术作为技术基础,以社会、经济、环境数据作为驱动数据,围绕温室气体排放计算模型、低碳城市评价考核模型,构建由社会经济数据、基础环境信息数据、温室气体排放数据、低碳城市评价考核数据等构成的低碳城市综合信息数据库;以低碳城市综合信息数据库为核心建设低碳城市环境综合管理平台(姜玉新和于海勇,2010)。

系统开发环境:采用 Visual Studio 2008 平台,运用 ASP. NET 技术,使用 C♯语言,实现从浏览器访问管理平台。

系统数据库:采用 Microsoft SQL Server 2008,存储低碳管理系统所需的社会经济数据、模型计算参数,系统运行处理的结果数据也存储在此数据库中。

系统运行环境:Win7。

根据温室气体排放计算过程以及低碳城市评价考核的方法,并考虑温室气体排放计算模型和低碳城市评价考核模型的数据需求,将系统分为三层(彭艳芳等,2010)。

数据层:这一部分主要是系统计算层运行所需要的碳源、碳汇、城市社会经济数据等输入数据,主要包括由各个地方的相关部门远程录入的社会经济统计数据、土地利用情况、人口数据等。各地方录入的数据上传至服务器后存储在 SQL Server 数据库中,以便各地方对本地方数据的查询和修改,以及国家部门的统一查询。

计算层:一方面,采用基于第 2 章介绍的温室气体排放清单计算方法,结合《省级温室气体清单编制指南(试行)》(2011 年版)中推荐的温室气体排放清单计算方法所建立的温室气体排放清单计算模型,输入数据层存储的数据源,结合相关的模型参数,计算得到温室气体排放清单。模型参数是由有关部门、相关领域专家研究取得的参与模型计算所必需的环境因子,存储于 SQL Server 数据库中,允许国家部门对这部分数据进行更新。另一方面,采用基于第 6 章介绍的低碳城市评价考核方法建立的低碳城市评价考核模型,输入考核指标指定的包括温室气体排放清单计算结果在内的社会经济数据,计算得到低碳城市考核评分数据。

结果层:计算层计算所得的温室气体排放数据和低碳城市考核评分数据,自动存储于 SQL Server 数据库中,提供国家部门统一查询,允许地方部门对本地方的温室气体排放数据进行查询。

低碳城市环境综合管理平台建设方案见图 7-1。

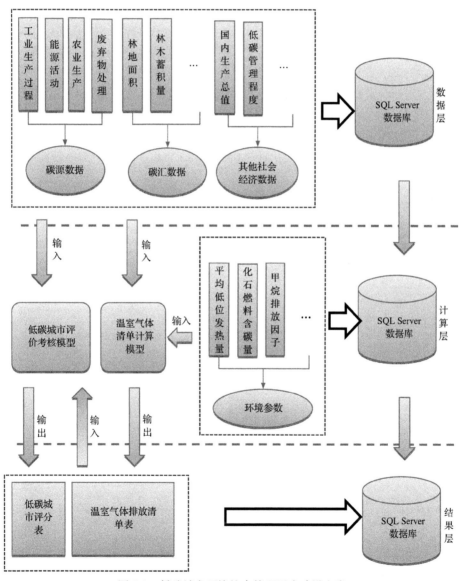

图 7-1 低碳城市环境综合管理平台建设方案

7.1.2 系统体系结构

系统基本访问功能的实现采用 B/S 三层构造模型,即前台浏览器端(表现层)、中间层应用服务器(应用层)和后台数据库服务器(数据层),各层由实现不同功能的组件组成,各组件间通过接口互相调用(王潇潇等,2011)。

浏览器端通过可视化的用户界面表示信息和收集数据,是用户使用系统的接口。主要用于社会、经济、环境数据的提交和用户查询、计算结果信息的显示。

中间层应用服务器主要是指 Web 服务器。Web 服务器的功能是封装业务逻辑、处理 Web 浏览器端的请求、从数据库获得数据并进行相关处理后返回给浏览器端。中间层应用服务器的另一核心功能是实现模型计算功能。浏览器端提交的数据经过中间层服务器计算模块的计算,得到相应的结果数据,这些结果数据最终存储到后台数据库。

后台数据库由 SQL Server 数据库组成,是一个存储和提供系统所需数据的关系型数据库。应用层通过 ADO. NET 技术和公用的数据存取语言 SQL 连接和访问数据库。在数据库存储的数据主要分三类,分别是模型参数数据、数据源数据和计算结果数据。

低碳城市环境综合管理平台的体系结构见图 7-2。

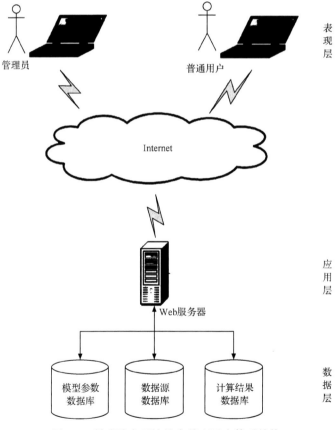

图 7-2 低碳城市环境综合管理平台体系结构

7.1.3 系统功能框架

低碳城市环境综合管理平台主要实现数据管理、温室气体排放清单计算、低碳城市评价考核三个基本功能。

1. 数据管理功能

根据管理的需要,将用户划分为管理员用户和普通用户两种角色,管理员用户是指国家级相关的管理部门所属的账号,普通用户是指各个地方相关的管理部门所属的账号。用户分角色对数据进行相应的提交、整理、修改、查询等操作。这些数据包括用户管理的相关数据、温室气体排放清单计算输入数据、低碳城市评价考核计算输入数据、温室气体排放清单计算结果、低碳城市评价考核得分数据。按数据类别的不同,数据管理功能又可分为用户管理功能、计算数据管理功能和计算结果查询功能。其中用户管理主要是指用户注册、审批、注销等功能;计算数据管理主要是指产业活动数据录入开放状态的管理,产业活动数据的提交、修改与查看,以及模型参数的管理等功能;计算结果查询即对计算模块计算所得的温室气体排放清单数据和低碳城市评价考核得分的查询。

2. 温室气体排放清单计算功能

根据数据库中存储的产业活动数据、模型参数数据计算得到温室气体排放清单。

3. 低碳城市评价考核功能

在温室气体排放清单计算完成的前提条件下,根据计算所得的温室气体排放量、评价考核指标指定的社会经济数据,使用低碳城市评价考核模型,计算得到低碳城市考核评分。系统总体功能的框架见图 7-3。

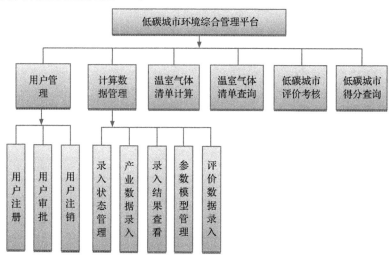

图 7-3 低碳城市环境综合管理平台功能框架

7.1.4 系统数据库设计

数据库的设计围绕计算模型进行,根据模型的数据需求设计计算数据源的表和模型参数表,根据模型计算结果数据的特点设计温室气体排放清单数据表和低碳城市评价得分表。温室气体排放清单的计算是分省份、分产业的,低碳城市评价考核也是分省份进行的,因此,还需要建立省份表、产业表以实现分省份、分产业的管理。除此之外还需要建立用户相关信息表(李红和方栋,2006)。

1. 普通用户表

根据用户角色的划分,普通用户是指各个城市或地方的相关管理部门,普通用户的主要权限是提交所属城市或地方的社会、经济统计数据以及查询所属城市或地方的温室气体排放清单计算和低碳城市评价考核评分结果。一个普通用户即代表一个城市或地方,因此将普通用户表同城市表结合,给予每个普通用户唯一的城市 ID,在数据表中以城市ID 联系所有与该城市相关的数据。普通用户表结构见表 7-1。

表 7-1　普通用户表

字段名称	数据类型	字段名称	数据类型
* 城市 ID	int	联系人	nchar(10)
城市名称	nchar(50)	联系电话	nvarchar(50)
♯ 省份 ID	int	Email 地址	nvarchar(50)
用户名	nchar(10)		

注:加 * 字段为主键,加 ♯ 字段为外键,下同

2. 省份表

由于我国地区之间环境特点有一定差别,环境参数在各个地区也不尽相同,根据参数统计范围的不同,参数有省级参数、区域参数、全国性参数的区别。建立省份表有助于描述城市与各个地区环境参数之间的联系。

国家电网按区域划分为华北、东北、华东、华中、西北、南方、海南几个区域电网,此外还有尚未并入电网的西藏地区。而根据我国各地区农业生产的特点,我国又划分为华北、华东、华南、西南、东北、西北六个区域。这两种区域划分方式在名称、范围上都不一致,即便相同名称的区域其覆盖的省份也不同,因此需要分别建立电网区域表和农业区域表。具体的表结构见表 7-2～表 7-4。

表 7-2　省份表

字段名称	数据类型	字段名称	数据类型
* 省份 ID	int	♯ 电网区域 ID	int
省份名称	nchar(50)	♯ 农业区域 ID	int

表7-3 电网区域表

字段名称	数据类型	字段名称	数据类型
*电网区域 ID	int	电网区域名称	nchar(50)

表7-4 农业区域表

字段名称	数据类型	字段名称	数据类型
*农业区域 ID	int	农业区域名称	nchar(50)

3. 产业结构表

根据温室气体排放清单的编制要求,温室气体排放数据是分产业计算的。温室气体排放清单中的产业结构可分为三级,其中,一级产业分为五个大类,分别为能源活动、工业生产过程、农业、土地利用变化和林业、废弃物处理,在这些大类之下又依次划分二级、三级产业。而根据数据统计的实际情况,三级产业之下还可以再细分出第四级产业。在产业结构表中设计了产业结构码来描述产业结构,产业结构码为 8 位字符,前两位代表一级产业,次两位代表二级产业,依次类推。具体的表结构见表 7-5。

表7-5 产业结构表

字段名称	数据类型	字段名称	数据类型
*产业 ID	int	产业结构码	nchar(8)
产业名称	nchar(50)		

4. 模型参数表

根据模型计算的需求,依不同的产业计算需要建立了 16 张模型参数表。模型参数中包括全国性的或者无地区差异的环境参数、区域性的环境参数和按省份划分的环境参数,后两者在数据表中加入区域 ID 或省份 ID,将参数同区域或省份联系起来。表 7-6～表 7-9 是几个代表性的模型参数表的结构。

表7-6 化石燃料燃烧参数表

字段名称	数据类型	字段名称	数据类型
*燃料 ID	int	平均低位发热量	real
燃料名称	nchar(50)	氧化率	real
单位热值含碳量	real		

表7-7 区域电网单位供电平均 CO_2 排放表

字段名称	数据类型	字段名称	数据类型
#电网区域 ID	int	CO_2 排放	real

表 7-8　不同区域农用地 N_2O 直接排放因子表

字段名称	数据类型	字段名称	数据类型
♯农业区域 ID	int	N_2O 直接排放因子	real

表 7-9　各省区市活立木年均蓄积量生长率与消耗率表

字段名称	数据类型	字段名称	数据类型
♯省份 ID	int	消耗率	real
生长率	real		

5. 产业活动数据表

根据温室气体排放清单计算模型对数据源的要求,建立了 12 张产业活动数据表,存储由普通用户提交的产业活动数据。由于产业活动数据分城市、分年度、分产业统计,因此这三个划分依据都需要加入到数据表中,并且与城市表(普通用户表)、产业结构表建立联系。有些例外情况是,一些数据表本身存储的就是某一特定产业的数据,这样的表中不需要加入产业字段。表 7-10～表 7-11 是几个具有代表性的数据表的结构。

表 7-10　化石燃料燃烧活动表

字段名称	数据类型	字段名称	数据类型
♯城市 ID	int	♯燃料 ID	int
年份	nchar(4)	燃烧量	real
♯产业 ID	int		

表 7-11　水稻种植面积表

字段名称	数据类型	字段名称	数据类型
♯城市 ID	int	双季早稻	real
年份	nchar(4)	双季晚稻	real
单季稻	real		

6. 温室气体排放清单表

如前所述,温室气体排放计算是分城市、分年度、分产业进行的,其计算所得结果数据也是分城市、分年度、分产业的数据,因此温室气体排放清单数据表中也需要加入城市、年份、产业三个字段。另外,所计算的各个产业活动排放的温室气体种类也需要加入字段中,从而实现分气体类型的记录。具体的表结构见表 7-12。

表 7-12　温室气体排放清单表

字段名称	数据类型	字段名称	数据类型
♯城市 ID	int	HFC-134a 排放量	real
年份	nchar(4)	HFC-143a 排放量	real
♯产业 ID	int	HFC-152a 排放量	real
CO_2 排放量	real	HFC-227ea 排放量	real
CH_4 排放量	real	HFC-236fa 排放量	real
N_2O 排放量	real	HFC-245fa 排放量	real
HFC-23 排放量	real	CF_4 排放量	real
HFC-32 排放量	real	C_2F_6 排放量	real
HFC-125 排放量	real	SF_6 排放量	real

7. 低碳城市评价数据表

根据低碳城市评价考核模型对考核数据的要求,建立低碳城市评价数据表。由于低碳城市评价是分城市、分年度进行的,因此其数据源要求分城市、分年度保存,由此确定低碳城市评价数据表中还需要加入城市和年份字段。部分的表结构见表 7-13。

表 7-13　低碳城市评价数据表

字段名称	数据类型	字段名称	数据类型
♯城市 ID	int	能源消费总量	real
年份	nchar(4)	地区清洁能源使用量	real
温室气体总排放量	real	地区终端能源消费总量	real
人口数	real	机动车环保检验车辆数	real
地区 GDP	real	机动车注册登记车辆数	real
……	……		

8. 低碳城市评价得分表

低碳城市评价得分表的数据也是分城市、分年度保存的,表中需要加入城市和年份字段。用于保存低碳城市评价得分的字段按评价指标确定。从第 6 章的相关介绍可知低碳城市评价考核的指标体系分为五个准则层,具体又分为 19 个指标。因此,在城市和年份字段之外,低碳城市评价得分表中还需加入 19 个字段以保存这 19 个指标的具体得分。部分表结构见表 7-14。

9. 其他数据表

为了实现数据录入状态管理功能,建立数据录入状态表,表中通过状态字段描述当前数据录入状态是否为开放,当普通用户登录时通过访问这一字段决定是否允许普通用户录入产业活动数据。除此之外还需要年份字段以描述普通用户录入数据的年份。通过截止日期字段控制录入关闭时间。除此之外,还有其他几个描述性的字段。具体表结构见表 7-15。

表 7-14　低碳城市评价得分表

字段名称	数据类型	字段名称	数据类型
♯城市 ID	int	人均乘坐公共交通出行次数得分	real
年份	nchar(4)	新增绿色建筑占有率得分	real
人均碳排放得分	real	新型建筑节能材料占有率得分	real
单位 GDP 碳排放得分	real	建成区绿化覆盖率得分	real
单位 GDP 碳排放减排速率得分	real	森林碳汇强度得分	real
……	……		

表 7-15　录入状态表

字段名称	数据类型	字段名称	数据类型
状态	nchar(2)	截止日期	smalldatetime
年份	nchar(4)	关闭日期	smalldatetime
开始日期	smalldatetime	说明	nvarchar(max)

为了实现用户注册审批的功能,已申请注册而未获得审批通过的用户信息将存储在用户注册申请表中。用户注册申请表的信息与普通用户表中的信息基本一致。具体的表结构见表 7-16。

表 7-16　用户注册申请表

字段名称	数据类型	字段名称	数据类型
城市名称	nchar(50)	联系人	nchar(10)
♯省份 ID	int	联系电话	nvarchar(50)
用户名	nchar(10)	Email 地址	nvarchar(50)
密码	nchar(10)		

7.2　低碳城市环境综合管理平台关键技术

7.2.1　数据库接口技术

低碳城市环境综合管理平台采用 ASP. NET 作为前端开发工具,ASP. NET 自带有数据库连接控件如 DataSource 控件,配合数据显示控件如 GridView 控件,非常适合用户界面和后端数据直接通信的两层结构系统。但是对于低碳城市环境综合管理平台这样的三层结构系统,往往需要在中间层对数据进行进一步的加工处理,采用上述两类控件难以担当此任。这个时候我们需要了解数据源是如何工作,中间层是如何同数据库交互的(Liberty et al.,2008)。基于上述原因,我们选用了 ADO. NET 方式作为数据库接口技术。

ADO. NET 是一个广泛的类组,用于在 Microsoft 技术中访问数据。之所以使用 ADO. NET 命名,是因为 Microsoft 希望表明这是在 NET 编程环境中优先使用的数据访问接口。

在 Visual Studio 2008 的类库中,System. Data 命名空间提供了对表示 ADO. NET 结构的类的访问。采用这个类中的 DataSet 类可以使数据脱离数据源连接而独立存在,并对数据进行处理加工。DataSet 类是 ADO. NET 结构的中心构件。每个 DataSet 都可以包含多个 DataTable 对象,每个 DataTable 都包含来自单个数据源(如 SQL Server)的数据。每个 DataTable 对象就是一个数据表,包含有列(字段)和行(记录)。

在与数据库交互时采用 System. Data. SqlClient 命名空间的类库。System. Data. SqlClient 命名空间是 SQL Server 的 . NET Framework 数据提供程序,描述了用于在托管空间中访问 SQL Server 数据库的类集合。在中间应用服务器层和后台数据库服务器层之间,使用 SqlConnection 类连接到 SQL Server 数据库。在查询的时候,使用 SqlData-Adapter 类填充驻留在内存中的 DataSet。在删除、插入、更新的时候,使用 SqlCommand 类对 SQL Server 数据库执行一个 SQL 语句。在完成与 SQL Server 数据库的交互之后,使用 SqlConnection 类断开同 SQL Server 数据库的连接。此时,驻留在内存中的 Data-Set 依然保存着从数据库查询得到的数据。可以根据浏览器端数据显示的需求对 Data-Set 中的数据进行处理。

最后,将处理得到的 DataSet 中的特定 DataTable 赋值给 ASP. NET 中 GridView 控件的 DataSource 属性,为 GridView 提供数据源,实现数据在浏览器端的显示。

7.2.2 表格数据的编辑

在低碳城市环境综合管理平台的许多功能中,如产业活动数据的修改、模型参数的编辑等,都涉及对表格数据的编辑。

在使用 DataSource 控件连接 SQL Server 数据库,将 DataSource 连接到 GridView 的情况下,只需要对 DataSource 写一句 SQL 语句,就可以实现在 GridView 上直接对表格数据进行编辑。然而前一小节已经提到过,这种连接方式并不适合我们的系统结构。而在我们采用 ADO. NET 技术来替代前一种连接的过程中,就像前一小节描述的,在浏览器端向 Web 服务器请求数据后,服务器从后台数据库查询相关数据到 DataSet 中的 DataTable,DataTable 数据经过处理后,传给 GridView 控件以表格的形式显示到浏览器端。DataTable 是驻留在服务器端内存中的数据,一经传送到浏览器端,DataTable 中的数据就不存在了。也就是说,当需要对浏览器端的 GridView 表格中的数据进行编辑时,GridView 的数据源已经不存在了,此时也就无法直接对 GridView 的表格进行编辑了。

为了实现编辑表格中的数据的功能，我们避开了直接在 GridView 中进行编辑。虽然原本存储数据的 DataTable 已经丢失了，但是数据仍然存储在浏览器端的 GridView 表格中。通过读取浏览器端当前页面的 GridView，创建一个新的 DataTable 对象来容纳从 GridView 获取的数据，从而重建了 GridView 的数据源。通过编辑这一新建的 DataTable 对象，实现对 GridView 数据的编辑。编辑修改完成后，再重新将 DataTable 绑定到 GridView 中，显示编辑后的数据。

7.3　低碳城市环境综合管理平台基本功能

7.3.1　用户管理

1. 用户注册

每个城市或地方的相关部门需要加入低碳城市环境综合管理平台时，通过点击"用户注册"进入用户注册页面，填写注册用户名和密码，另外还需要提供部门所属省份、城市、单位联系人、联系方式。填写完毕后提交注册申请等待审核。

提交后的注册申请信息将保存在用户注册申请表中。

2. 用户管理

管理员登录平台后，点击"用户管理"菜单进行用户管理。用户管理菜单又分为三块，一块为现有用户查看，一块为注册用户审批，还有一块是现有用户的注销。管理员通过查看注册申请用户的信息，决定是否通过用户的注册申请。

在用户注册申请通过之后，其在用户注册申请表中的记录将被添加到普通用户表（城市表）中，并赋予其唯一的城市 ID，凭城市 ID 访问数据库中的数据，实现普通用户只能访问其所属城市的相关信息。通过注册申请的用户的记录将被从用户注册申请表中删除。

7.3.2　计算数据管理

1. 录入状态管理

录入状态管理功能是管理员用户专属的功能。该功能提供管理员用户对年度经济活动数据录入状态的管理，见图 7-4。

管理员操作录入状态之后，其对录入开放状态的修改将更新到录入状态表中。

2. 产业活动数据录入

普通用户登录低碳城市环境综合管理平台的一个重要任务就是录入本部门所属城市或地区的产业活动数据。产业活动数据录入功能包括三个部分，分别是产业数据录入状态页面(图 7-5)、相应产业的数据录入页面(图 7-6)以及已提交产业活动数据的查看页面(图 7-7)。

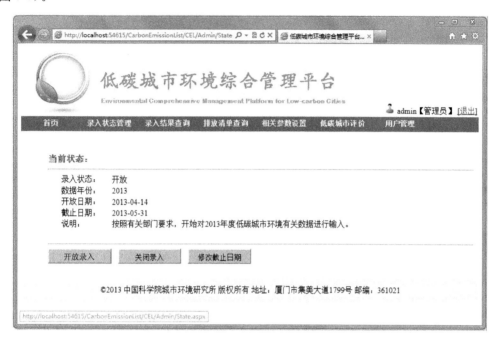

图 7-4 录入状态管理界面

图 7-5 产业数据录入状态界面

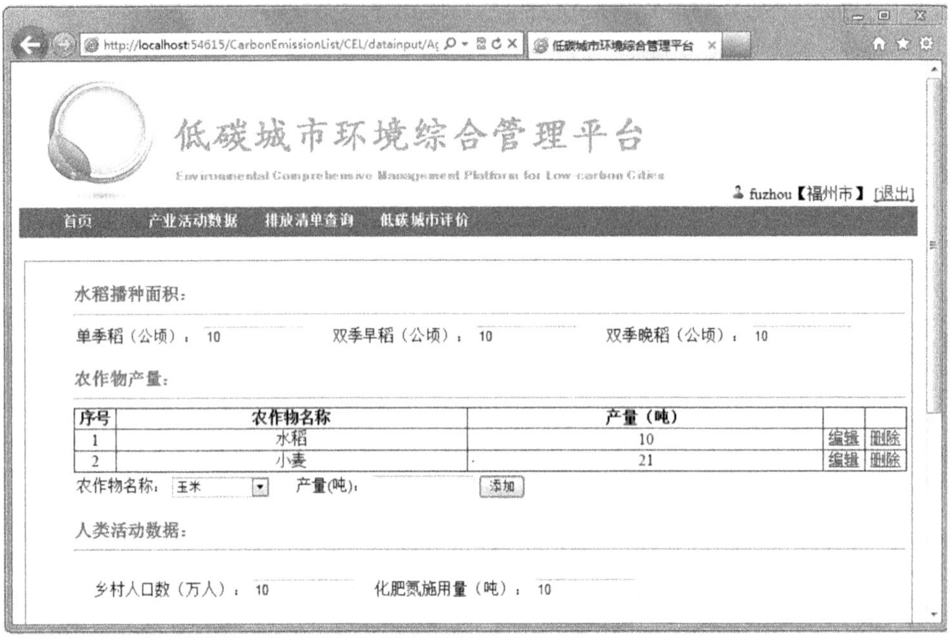

图 7-6　产业数据填写界面

注：图中数据为测试用数据，不代表真实数据，下同

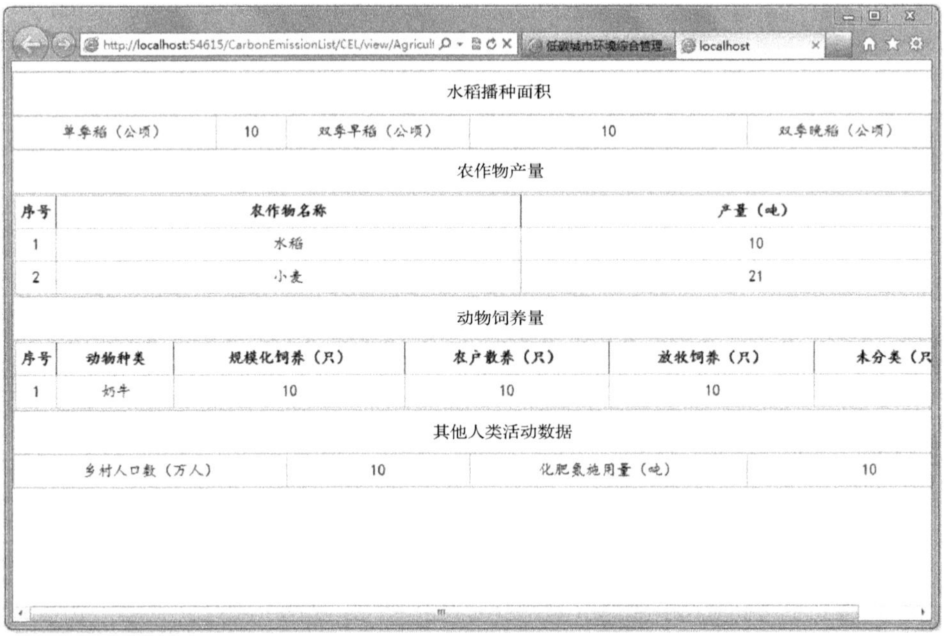

图 7-7　产业数据录入结果查看界面

提交之后的数据加入用户对应的城市 ID、当前录入年份、相应产业的产业 ID 后,将添加或更新到相应的产业活动数据表中。同时,在数据状态表中将新增或更新该城市 ID、当前录入年份、相应产业 ID 所对应的数据记录,并将当前提交时间记录到提交时间字段中。

3. 产业活动数据录入结果查询

产业活动数据录入结果查询功能主要是为管理员提供对普通用户的数据录入状态和录入数据的查询功能,该功能页面(图 7-8)包含了城市、产业、完成状态三种查询条件。这一功能事实上是通过联合查询后台数据库的城市表(普通用户表)、产业结构表和数据状态表实现的。查询当前录入年度所有城市所有产业的数据状态记录。通过城市表(普通用户表)可实现分城市查询,通过产业结构表可实现分产业查询,通过以城市表(普通用户表)的城市 ID 和产业结构表的产业 ID 加上当前数据录入年度三个字段为条件查询在数据状态表中是否存在记录以判定普通用户是否完成录入。

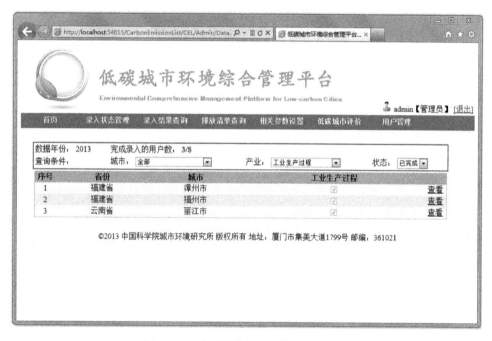

图 7-8　产业活动数据录入结果查询界面

4. 模型参数管理

低碳城市环境综合管理平台在建立的时候,已经在数据库中完成了模型参数的存储。这些数据来自于《省级温室气体清单编制指南(试行)》(2011 年版),是通过有关部门、相关领域专家的调查和研究得到的相应的环境因子数据。但是由于环境系统是一个动态变化的系统,环境因子随着时间的变化也会产生变化,通过模型参数管理功能模块可以将新近的调查和研究得到的环境因子更新到数据库中,使得温室气体排放清单计算结果更加真实可靠。

模型参数管理功能为管理员用户提供了对上述模型参数进行查看和编辑修改的功能,见图 7-9。

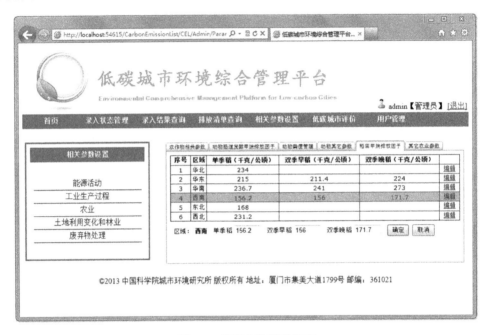

图 7-9 模型参数管理界面

保存后的参数将更新到后台数据库相应的模型参数表中。

5. 低碳城市评价考核数据录入

低碳城市评价考核数据录入是普通用户登录低碳城市环境综合管理平台的另一个主要任务。低碳城市评价考核数据录入功能主要包括为普通用户提供低碳城市评价考核数据录入平台(图 7-10)、显示低碳城市评价结果(图 7-11),以及在未能进入录入页面时显示提醒信息(图 7-12)。

在低碳城市评价考核数据录入之后,点击"提交"按钮,用户所填写的数据发送到服务器,服务器为这些输入数据添加当前用户的城市 ID 和当前录入年份信息后,保存到低碳城市评价数据表中。

7.3.3 温室气体排放清单计算

在普通用户填写完成产业活动数据录入界面(图 7-6)要求的数据之后,点击"提交"按钮,系统将用户填写的数据发送到服务器并存储到数据库中相应的产业活动数据表中。除此之外,系统还要利用这些数据计算温室气体排放清单。除了用户填写的数据之外,计

图 7-10 低碳城市评价考核数据录入界面

图 7-11 低碳城市评价考核结果界面

算温室气体排放清单还需要相应的模型参数,这些参数从数据库中相应产业的模型参数表中提取。将所有这些数据输入温室气体排放清单计算模型,计算得到相应城市相应产业当前录入年度的温室气体排放清单数据。不同温室气体的排放数据根据政府间气候变

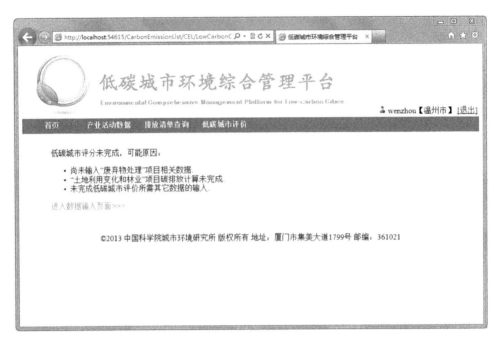

图 7-12 低碳城市评价考核提醒界面

化专门委员会公布的温室气体增温潜势表统一换算成 CO_2 当量,并用相应的城市 ID、年份、产业 ID 标记后,将温室气体排放清单数据存储至后台数据库的温室气体排放清单表中。

7.3.4 温室气体排放清单查询

温室气体排放清单查询功能使用户能够对计算模块计算所得的温室气体排放数据进行查询,见图 7-13。管理员用户可通过此功能提供的分城市、年份、产业和气体四个查询条件对所有城市的温室气体排放清单进行查询,普通用户也可通过此功能查询其所属城市或地区的温室气体排放清单。

在点击查询按钮之后,系统按照查询条件生成相应的查询语句,使用该语句从后台数据库中的温室气体排放清单中查询对应的记录并显示给浏览器。

7.3.5 低碳城市评价得分计算

普通用户在低碳城市评价考核数据录入界面(图 7-10)填写完数据后,点击"提交",系统一方面将数据保存到数据库,另一方面,应用低碳城市评价考核模型的计算方法,对这些数据进行逐指标计算,从而得到 19 个指标的得分。这 19 个得分数据,加上用户的城市 ID 和当前录入年份两个数据,作为一条记录添加(或更新)到低碳城市评价得分数据表中。

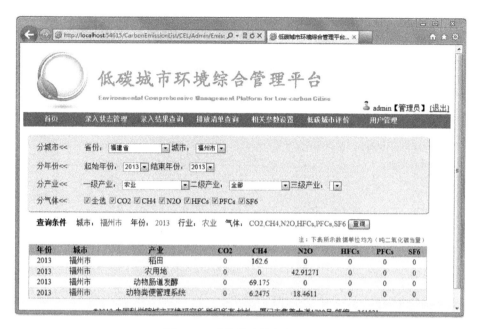

图 7-13 碳排放清单查询界面

7.3.6 低碳城市评价结果查询

管理员用户通过低碳城市评价结果查询功能,可以查看所有城市的低碳城市评价得分情况和排名情况,见图 7-14。

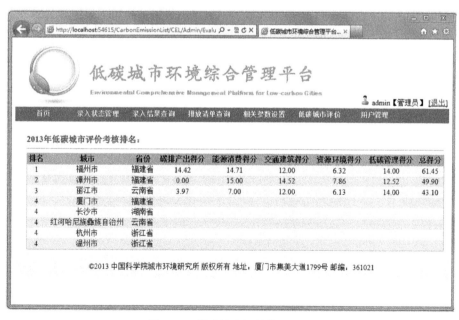

图 7-14 低碳城市评价结果界面

参 考 文 献

姜玉新，于海勇. 2010. 基于 Web 的 B/S 结构城市环境信息系统建设. 辽宁科技大学学报,33(6):630-633

李红，方栋. 2000. 中国温室气体排放清单信息库软件及网页的开发. 城市环境与城市生态,13(1):31-32

彭艳芳,彭军,李晶,等. 2010. Web GIS 碳排放预警决策系统的研究与设计. 计算机工程与应用,46(28):61-63

王潇潇，邹峥嵘,范冲,等. 2011. 基于 B/S 结构的环境基础数据管理系统设计与实现. 环境科学与技术,34(2): 197-200

邢廷延. 2003. 新一代城市环境信息系统的开发及其关键技术. 科技进步与对策,20(1):55-56

Liberty J，Hurwitz D,Maharry D. 2008. Programming ASP. NET 3.5. New York：O'Reilly Media

第8章 低碳城市发展的环境综合管理模式

我国环境管理手段大多推出于 20 世纪 80 年代。面对城市化加速、碳排放日益增加的国情,我国有必要结合当前低碳发展理念,开展城市环境综合管理模式研究,为环境保护管理部门开展相关监督与管理工作提供依据和支撑。本章首先综述了国内外低碳城市环境管理相关理论研究和实践历程;然后在我国现行环境管理制度研究的基础上提出低碳城市"环境综合管理模式"的理念,分析了实行环境综合管理的必要性和紧迫性;最后,以厦门市为例构建了基于"源头控制(能源更新、建筑节能、绿色交通)、政策法规、低碳意识"三位一体的低碳城市环境综合管理模式。

8.1 国内外低碳城市环境管理研究综述

8.1.1 国外低碳城市环境管理研究综述

1. 英国伦敦

伦敦在低碳城市建设方面起到了领跑者的作用。2003 年伦敦市控制市内私人汽车运行量,对进入市中心的车辆征收 16 美元,在市场上投放 10 万辆电动汽车,建设"电动车之都"。气候变化被纳入伦敦政策始于 2004 年颁布的《伦敦能源策略》,《策略》制定了降低能源消耗和碳排放的目标,认识到了为更好地理解气候变化而建立合作关系的必要性以及在伦敦实施低碳方案时如何克服机制及市场屏障。伦敦市低碳城市建设有四个政策方向:①改善现有和新建建筑的能源效益。推行"绿色家居计划",向伦敦市民提供家庭节能咨询服务;要求新建建筑计划优先采用可再生能源。②发展低碳及分散(low Carbon and decentralized)的能源供应。在伦敦市内发展热电冷联供系统,小型可再生能源装置(风能和太阳能)等,代替部分由国家电网供应的电力,从而减低因长距离输电导致的损耗。③降低地面交通运输的排放。引进碳价格制度,根据 CO_2 排放水平,向进入市中心的车辆征收费用。④市政府以身作则。严格执行绿色政府采购政策,采用低碳技术和服务,改善市政府建筑物的能源效益,鼓励公务员习惯节能。

2007 年英国通过《气候变化草案》,第一个为气候变化立法,提出碳财政预算目标管理,继而在《英国能源白皮书》提出可再生能源开发政府纲领。同年 2 月,伦敦市长公布了题为"今天行动,保护明天"的行动计划,这是伦敦减少碳排放的第一份全面计划。该计划为伦敦设定了这样的目标:到 2025 年 CO_2 排放量减少 60%(以 1990 年的水平为基准)。相比之下,英国政府的目标是到 2050 年比 2000 年的排放量减少 60%。伦敦计划的基础是四个综合项目:①"绿色住房计划"。目标是到 2025 年家庭全年 CO_2 排放减少 770 万 t。提高能效可以让伦敦平均每户每年节约 300 英镑。②"绿色机构计划"。鼓励雇主采取简单措施,如在夜间关闭电灯和设备,希望通过这种方式每年实现减排约 300 万 tCO_2e。只要伦敦商业和公共建筑的能效有中等程度的改观,就能再减排 200 万 tCO_2e。如果计划中的所有行动都能付诸实施,那么雇主可节约达 20% 的能源费用。③"绿色能源计划"。到 2025 年,让伦敦四分之一的电力供应离开全国电网,转向效率更高的当地能源系统。④"绿色交通计划"目标是将每年交通的排放量减少 430 万 tCO_2e。行动计划显示,减少碳排放还会带来财政上的收益。减少能源浪费将使伦敦的经济更高效,并且会减轻个人和企业的财务负担。

2. 日本东京

近年来,低碳社会与低碳城市建设已经成为不可逆转的趋势,日本已经将其上升到国家发展的战略高度来精心筹划。东京作为日本首都和世界著名国际大都市,以《东京都可再生能源战略》《十年后的东京——东京在变化》和《东京都环境基本计划》为框架,在低碳城市建设方面取得了令人瞩目的成就。东京 CO_2 减排计划着重调整一次能源结构,以商业碳减排和家庭碳减排为重点,提高新建建筑节能标准,引入能效标签制度提高家电产品的节能效率,推广低能耗汽车使用,高效进行水资源管理,防止水资源流失。

2010 年 5 月,日本众议院环境委员会通过《气候变暖对策基本法案》,提出日本中长期温室气体减排目标,并提出要建立碳排放交易机制以及开始征收环境税。在所有主要国家就构筑公平、具有实效性的应对气候变化国际框架和设立积极的减排目标达成一致的前提下,日本温室气体排放要在 1990 年的基础上削减 25%;到 2050 年时要在 1990 年基础上削减 80%。2010 年 6 月日本内阁审议通过《新成长战略》,七个重点战略推进领域中,第一个就是"通过绿色革新实现环境与能源大国战略",此外还提出"大城市的再生"以及"环境未来城市"等重要设想都与低碳城市建设密不可分。2010 年 6 月日本国土交通省都市地域整备局设计的《建设低碳城市导引(草案)》共分为三部分:建设低碳城市的思考、建设低碳城市的方法和建设低碳城市政策的效果分析方法,从中可以清晰地看到日本对于低碳城市的总体设计和具体实施办法。

3. 丹麦哥本哈根

2009 年 8 月正式出台的《哥本哈根气候规划 2009》(下称《规划》)提出了分两个阶段实施的 CO_2 减排目标:第一阶段 2005~2015 年减少碳排放 20%,第二阶段到 2025 年,使哥本哈根成为世界上第一个 CO_2 零排放城市和全球气候之都。《规划》提出要在六个领域采取 50 项行动方案,实现每年减少 50 万 t CO_2 排放的任务。这六个行动领域是:改造能源供应、绿色交通、节能建筑、市民行动、城市发展和未来气候适应。其中《规划》大力推行的是风能和生物质能发电,建立世界第二大近海风能发电工程,推行高税的能源使用政策,制定标准推广节能建筑,推广电动车和氢能汽车,鼓励居民用自行车出行。目前 36% 的居民骑车前往工作地点。倡导垃圾回收利用,城市垃圾经过 24 道分类筛选程序之后,

65%回收,8%掩埋,其他全部燃烧发电,仅有3%的废物进入废物填埋场。

市民行动计划目标是提高哥本哈根市民的环保意识,通过他们的积极参与,达到节能减排的目的。提出的九项措施包括:增设气候知识网络,鼓励市民参与气候问题的讨论和交流行动经验;设立用电、取暖设施使用、交通方式选择、垃圾分类等方面的咨询机构,便于市民获取相关知识和信息;减少垃圾和实行垃圾分类计划;建立新的气候科学模拟中心以提高青少年的气候科学知识;鼓励和支持公司企业减少碳排放等。

《规划》对未来的城市设计又提出了更加严格的新要求。提出在对城市进行改造和新建生活社区的过程中要执行最严格的低碳标准,按照低碳原则进行设计,使住宅尽量靠近车站、学校、工作单位和购物中心,减少市民对交通的依赖。

如何适应未来气候变化带来的影响,这是未来城市规划的一个重要课题和任务,哥本哈根在这方面也采取了很多措施,增强整个城市应对气候变化和气候灾害的能力。具体措施包括:改造城市下水道系统,提高排水能力;增加城市绿地和储水型建筑物,以达到调节空气温度,下雨时减少雨水冲刷,平时供市民休闲观赏的目的;使建筑物具有更好的空调能力;在城市规划中考虑海平面升高和遭受洪水袭击的因素,提高防范能力。

4. 德国弗赖堡

德国气候保护政策的发展和完善是其资源赋存、经济技术和政治外交等多种因素共同推动的结果。从本国的气候变化实际、自然资源赋存、社会经济状况和所面临的国际挑战出发,以能源利用为切入点,将应对气候变化纳入国家发展战略,并综合考虑气候保护的成本收益,是德国气候保护政策发展的基本经验(廖建凯,2010)。地处德国南部的边塞小城弗赖堡(Freiburg)是一个被公认的低碳城市的示范。弗赖堡的气候保护和低碳发展策略集中在能源和交通上:①推行城市建筑使用太阳能发电且并入电网,使弗赖堡的很多建筑都成为小型的太阳能“发电厂”,这些小型发电厂还能得到政府补贴,使安装太阳能发电设备成为不赔本的绿色投资。②进行城市有轨电车和自行车专用道建设,城市的有轨电车、公交车可以让市民很方便地出行,而且自行车专用道的建设,也让居民保留了骑自行车的传统。③此外,弗赖堡还在环保技术研发上发挥优势,使弗赖堡逐渐成为欧洲环保技术研发的中心,德国弗劳恩霍夫太阳能系统研究中心、生物能源研究中心都落户在弗赖堡,而弗赖堡展览会又能把这些技术和市场相结合,使低碳产业成为了弗赖堡经济发展的最大动力。

5. 荷兰阿姆斯特丹

荷兰环境管理的主要目标是持续发展和保持环境容量。实施措施包括通过技术改造降低生产过程中的污染排放量和改变能源结构。随着荷兰环境税制的完善和迅猛发展,环境税收收入占全部税收收入的比重不断加大,已从1996年的1.22%上升到2004年的14%,占GDP的3.5%。在阿姆斯特丹的气候变化行动计划中,政府出资进行城市基础设施的低碳化改造,政府每年会拨出4000万美元的预算用于城市基础设施的环保改造。阿姆斯特丹市政府还公布了一项限制旧汽车进入市中心的计划,规定从2009年底开始,所有 1991 年前生产的汽车都将被禁止进入阿姆斯特丹市中心区域,以减少城市的空气污染。在 Zuidas 区抽取深层湖水降低建筑室内空气温度取代传统空调制冷,鼓励使用环保交通工具,目前 37% 的市民骑车出行。

6. 美国纽约、芝加哥、波特兰和西雅图

美国在总统执行署设立环保局,其综合环境管理规划中将环境作为资产为企业创造效益。环境管理规划将成为经营过程和企业策略的一个组成部分。2007 年美国发布了《抓住能源机遇,创建低碳经济》,2008 年提出了平衡能源安全与气候变化的主张,描绘了低碳能源经济发展的路线图。2009 年,美国众议院通过了旨在降低温室气体排放、减少美国对外国石油依赖的《美国清洁能源安全法案》。这是美国政府首次向国际社会做出的温室气体减排承诺,标志着美国迈出了应对气候变化的重要一步。《美国清洁能源安全法案》要求减少化石能源的使用,并规定,美国 2020 年时的温室气体排放量要在 2005 年的基础上减少 17%,到 2050 年减少 83%。法案还引入名为"总量控制与排放交易"的温室气体排放权交易机制。根据这一机制,美国发电、炼油、炼钢等工业部门的温室气体排放配额将逐步减少,超额排放需要购买排放权。

纽约制定了《2030 年气候变化专项规划》,针对政府、工商业、家庭、新建建筑及电器用品五大领域制定节能政策,增加清洁能源的供应,构建更严格的标准推进建筑节能,推行 BRT,试行在交通巅峰时段对进入曼哈顿区车辆收费计划。芝加哥的气候行动计划主要包括推行风力发电改善能源结构,推广氢能汽车,建立氢气燃料站,在全市范围内进行生态屋顶建设,利用城市屋顶储存雨水和存储太阳能,用 LED 交通信号灯取代传统交通信号灯。波特兰从建筑与能源、土地利用和可移动性、消费与固体废物、城市森林、食品与农业、社区管理等方面设定不同的目标和行动计划,将节能减排作为一项法律推行,在市区建设供步行和自行车行驶的绿道,优化交通信号系统以降低汽车能耗,运用 LED 交通信号灯。西雅图的气候行动计划主要有推广电动汽车使用,推广 BRT,建立更完善的公共交通系统,建设自行车专用道,建立紧凑的社区为步行提供可能性,规定所有新建的建筑面积大于 5000 平方英尺①的建筑必须符合绿色建筑标准(LEED)并设定相应奖励制度。

8.1.2 国内低碳城市环境管理研究综述

1. 上海

2008 年 1 月,国家发展和改革委员会和世界自然基金会(WWF)共同确定上海和保定作为中国低碳城市发展项目(low carbon city initiative in China)的两个试点城市。上海低碳生态城市建设的亮点集中在崇明岛东滩生态城和临港新城两个建设项目上;其中

---

① 1 平方英尺＝0.093m²

东滩生态城定位为以"低生态足迹"理念建设的"生态新城镇",重要规划理念包括建设生态功能区、发展绿色交通、充分利用可再生能源、注重城市形态和生态功能的结合以及建筑环保节能技术的应用;临港新城则将建设重点放在构建低碳社区及低碳产业园区等局部区域以促进低碳技术的应用。

2. 保定

保定是典型的以产业为主导进行低碳城市建设的案例,这类案例在国内较多。保定市于 2008 年底公布《关于建设低碳城市的意见(试行)》,以"中国电谷"和"太阳能之城"计划为建设主体,规划形成风电、光电、节电、储电、输变电和电力自动化六大产业体系,并从城市生态环境建设、低碳社区建设、低碳化城市交通体系建设等方面入手进行低碳城市构建。

3. 天津

天津以中新天津生态城为契机进行新区低碳生态城市建设。构建循环低碳的新型产业体系、安全健康的生态环境体系、优美自然的城市景观体系、方便快捷的绿色交通体系、循环高效的资源能源利用体系及宜居友好的生态社区模式,有望成为国内低碳生态城市建设的样本。

4. 唐山

唐山在曹妃甸生态城新区进行低碳生态城市建设。利用中国和西方专家的合作优势,将不同的思路和知识结合起来转化为新的整合的城市形态和系统解决方案:由指标体系引导的全面整合规划,重点探索循环经济、节能、节水、节地的高效紧凑发展。

5. 沈阳

沈阳强调示范型低碳城市建设,与联合国环境规划署共建沈阳经济技术开发区和沈阳高新园区"生态城"示范项目,着重引进低碳技术。

6. 吉林和重庆

吉林和重庆都以产业结构转型为重点。吉林被列为低碳经济区案例研究试点城市,由中国社会科学院制定《吉林市低碳发展路线图》,探索重工业城市结构调整样本。重庆着力于降低高能耗产业比重,形成以现代服务业和先进制造业为主的产业结构,逐步形成低碳产业群。

7. 南昌、长沙和德州

南昌、长沙和德州都是以产业为主导建设低碳城市。其中,南昌构建低碳生态产业体系,发展半导体照明、光伏、服务外包三大产业,力图将南昌打造成为世界级光伏产业基地。长沙规划建设低碳经济示范城市,重点促进新能源汽车、太阳能利用、可再生能源、节能型建筑、LED等绿色产业发展。德州着重发展太阳能装备制造业和太阳能利用推广，打造"中国太阳谷"。

8. 深圳、厦门、武汉、杭州、贵阳和无锡

深圳、武汉、厦门、杭州、贵阳和无锡都强调综合型低碳城市建设。深圳强调综合型低碳城市建设，始于光明新区低碳建设，从优化城市空间结构、完善绿色市政规划、引导产业低碳化发展、建立绿色交通系统、发展绿色建筑等方面入手，以绿色建筑为重点，与住房和城乡建设部共建"低碳生态示范市"。武汉探索低碳能源、低碳交通、低碳产业发展模式，建立促进资源节约、低碳经济发展的政策体系。厦门从交通、建筑、生产三大领域探索低碳发展模式，重点发展LED照明、太阳能建筑。杭州提出50条"低碳新政"，打造低碳经济、低碳建筑、低碳交通、低碳生活、低碳环境、低碳社会"六位一体"的低碳城市。贵阳建设城市低碳交通系统、绿色建筑体系，利用财政补贴推广居住建筑中节能灯的使用，引导公众接受低碳生活方式与消费方式。无锡规划建立较完整的六个低碳体系，即低碳法规体系、低碳产业体系、低碳城市建设体系、低碳交通与物流体系、低碳生活与文化体系、碳汇吸收与利用体系。

8.1.3 国内外低碳城市环境管理模式总结

1. 基础条件

国外城市大都在其提出建设低碳城市的目标之前就进入后工业社会，在能源更新和环境保护等方面早已走在世界的前列，故在建设低碳城市上具备先天优势（李超骅等，2011）。总体上看，中国城市化的速度和规模是低碳城市建设的一个巨大挑战，但也为今天建设低碳城市提供了一个绝佳的机会。国内外低碳城市研究起步不久，尽管不少学者开展了一些实证研究，但目前我国低碳城市的研究和实践仍具有零散性和尝试性的特点，尚未形成系统的规划方法和框架，大部分的低碳城市建设围绕着能源展开，较少从环境管理的角度着手。因此建立我国低碳城市规划的导则，并与环境管理工作相结合构建环境综合管理模式，是今后我国环境管理工作的重要需求。

2. 发展模式

目前国内外低碳城市的发展模式主要涉及能源更新、建筑节能、绿色交通、循环经济和低碳意识等方面。哥本哈根的低碳发展涉及面较广，几乎涵盖上述发展模式的所有层面，涉及建设完备的风能发电体系，推广节能建筑，发展城市绿色交通，倡导垃圾回收利用，引导低碳生活等，这种模式可称为综合型发展模式。伦敦也属于这种模式。国内诸如上海、深圳、武汉、厦门、杭州、贵阳、无锡等城市也提出进行综合型低碳城市建设，但现阶段均停留在宏观战略规划上。其他案例城市的发展模式则各有侧重，如弗赖堡将低碳城市建设重点集中在能源和交通领域；奥斯汀集中在绿色建筑领域；保定采用立足新能源和

低碳产业发展的产业主导型模式;天津采用以中新天津生态城为代表的新区示范型模式。

3. 保障措施

国外案例城市大都通过其政府机构出台相关法令或标准和设立基金等方式保障其低碳城市规划策略的实施。例如,波特兰将降低 CO_2 排放量的目标以专门形式立法,多伦多设立气候变化专项基金(Toronto Atmospheric Fund)为低碳城市建设的大型项目提供财政援助;伯克利出台《居住建筑能源节约法令》,规定所有居住建筑在出售或转让时均需符合其节水节能标准;弗赖堡制定《低能耗住宅建设标准》,该标准在弗班区和里瑟菲尔德新区取得良好效果并使之成为欧洲低碳社区建设的典范;西雅图引入 LEED 标准并规定全市所有面积大于 5000 平方英尺的新建建筑均须符合该标准并设定相应奖励制度。

国内的城市新区示范型案例如唐山曹妃甸生态城和天津中新生态城出台了相关评估体系,尝试建立兼具科学性、系统性和可操作性的评估体系来引导和保证该地区的低碳发展,其中中新生态城的评估体系有望成为城市新区低碳生态建设的国家标准。但总体来看,国内大多数城市的低碳城市规划仍停留在宏观策略层面,相关保障措施缺乏。

8.2 我国现行环境管理制度及环境综合管理模式

8.2.1 我国现行主要环境管理制度

环境管理是国家采用行政、经济、法律、科学技术、教育等多种手段,对各种影响环境的活动进行规划、调整和监督,目的在于协调经济发展与环境保护的关系,防治环境污染和破坏,维护生态平衡。我国环境管理手段的推出集中在 20 世纪 80 年代,但是没有成熟的环境法律与环境管理理论支撑,其手段一般都具有内容简单、便于实践操作的特点。

尽管我国从结构减排、工程减排和管理减排等方面入手,综合运用法律、经济、技术及必要的行政手段,开展了卓有成效的节能减排工作,但当前的环境管理水平与低碳城市建设的需要不相适应。例如,在碳交易方面,我国于 2008 年相继成立了北京环境交易所、上海能源环境交易所及天津排放权交易所,由于交易的信息透明程度不够,导致国内碳排放交易价格远低于国际交易价格。另外,我国在碳排放税、碳标签和碳关税等方面的研究仍处于探索阶段。我国现行的主要环境保护制度包括以下七种。

1. 土地利用规划制度

土地利用规划制度是指国家根据各地区的自然条件、资源状况和经济发展需要,通过全面规划的土地利用,对城镇设置、工农业布局、交通设施等进行总体安排,以保证社会经济的可持续发展,防治环境污染和生态破坏。

任何建设、开发和规划活动,都需要在一定空间和地区上进行,因而都要占用一定的土地。通过土地利用规划,特别是控制土地使用权,就能从总体上控制各项活动,做到全面规划、合理布局。对于环境管理来说,它是一种积极的、治本的措施,也是一项综合性的先进管理制度。20世纪70年代以后,迅速地被许多国家所采用。我国已经颁布执行的有土地管理、城市规划、县镇规划和村镇规划等法规。

2. 环境影响评价制度

环境影响评价制度指在某地区进行可能影响环境的工程建设,在规划或其他活动之前,对其活动可能造成的周围地区环境影响进行调查、预测和评价,并提出防治环境污染和破坏的对策,以及制定相应方案。通过环境影响评价,可以为建设项目合理选址提供依据,防止由于布局不合理给环境带来难以消除的损害;通过环境影响评价,可以调查清楚周围环境的现状,预测建设项目对环境影响的范围、程度和趋势,提出有针对性的环境保护措施;环境影响评价还可以为建设项目的环境管理提供科学依据。

环境影响评价制度的实施,无疑可以防止一些建设项目对环境产生严重的不良影响,也可以通过对可行性方案的比较和筛选,把某些建设项目的环境影响减少到最小程度。因此环境影响评价制度同国土利用规划一起被视为贯彻预见性环境政策的重要支柱和卓有成效的法律制度,在国际上引起越来越广泛的重视。但是,各国在执行此项制度中也遇到一些问题。首先,把环境影响评价作为限制发展的一种手段,目的在于使经济增长与环境保护协调起来,但限制过严则会影响经济发展和资源开发,从而影响社会的需求,这就产生了掌握到何种程度才算适宜的问题。其次,环境影响评价是一项综合性的复杂的技术工作,需要多学科配合和采用各种新技术。对于它的可靠性问题、综合性预测的标准和方法如何确定的问题、某些环境因素如生态影响如何确切计量问题,都须进一步研究解决。最后,评价工作本身,特别是某些大型项目的评价,工作量大、技术性强、耗费时间长(有的需要5年、10年)、成本高(一般要占项目总投资的0.5%～5%),加上手续繁杂,群众意见又常常极不一致,导致有些建设项目延误工期。

3. “三同时”制度

据我国《环境保护法》第26条规定:“建设项目中防治污染的措施,必须与主体工程同时设计、同时施工、同时投产使用。防治污染的设施必须经原审批环境影响报告书的环保部门验收合格后,该建设项目方可投入生产或者使用。”这一规定在我国环境立法中通称为“三同时”制度。它适用于在中国领域内的新建、改建、扩建项目(含小型建设项目)和技术改造项目,以及其他一切可能对环境造成污染和破坏的工程建设项目和自然开发项目。

“三同时”制度与环境影响评价制度相辅相成,是防止新污染和破坏的两大“法宝”,是中国预防为主方针的具体化、制度化。因为只有“三同时”而没有环境影响评价,会造成选址不当,只能减轻污染危害,却不能防止环境隐患,而且投资巨大。把“三同时”制度和环境影响评价结合起来,才能做到合理布局,最大限度地消除和减轻污染,真正做到防患于未然。

4. 许可证制度

许可证制度是在环境管理中,国家环境主管部门要求开发建设、生产排污等具有影响环境的活动行为者进行活动申请,并批准、监督其从事某种活动而采取的一种行政管理制度。根据管理对象不同要求,可分有规划、开发、生产销售和排污许可证等类型。

在环境管理中使用最广泛的是排污许可证。排污许可证制度是我国较早实施的环境保护制度,是《环境保护法》中规定的基本制度之一。现行的排污许可制度主要应用于水污染治理。修订后的《水污染防治法》(2008)进一步明确了水排污许可证制度的法律地位。实施排污许可证制度可以系统地协调和整合现有制度的主要功能,提高点源排放管理效果、降低管理成本。我国的水排污许可证制度实施已有 20 余年,但在水污染防治中发挥作用并不大,对点源管制严格性不足,无法保证点源的连续达标排放。

在大气污染物方面,2011 年发布的《重点区域大气污染联防联控"十二五"规划》(征求意见稿)要求,排污许可证应明确允许排放污染物的名称、种类、数量、排放方式、治理措施和检测要求,作为总量控制、排污收费、环境执法的重要依据,未取得排污许可证的企业不得排放污染物。试行区域排污交易,针对电力、钢铁、石化、建材、有色等重点行业,探索建立区域主要大气污染物排放指标有偿使用和交易制度。

5. 排污收费制度

排污收费制度是指向环境排放污染物或超过规定的标准排放污染物的排污者,依照国家法律和有关规定按标准交纳费用的制度。征收排污费的目的,是促使排污者加强经营管理,节约和综合利用资源,治理污染,改善环境。排污收费制度是"污染者付费"原则的体现,可以使污染防治责任与排污者的经济利益直接挂钩,促进经济效益、社会效益和环境效益的统一。

将征收的排污费纳入预算内,作为环境保护补助资金,按专款资金管理,由环境保护部门会同财政部门统筹安排使用,实行专款专用,先收后用,量入为出,不能超支、挪用。环境保护补助资金,应当主要用于补助重点排污单位治理污染源以及环境污染的综合性治理措施。过去 30 年间,我国对污染企业征收的排污费累计接近 1480 亿元,其中相当一部分返还到污染企业,作为企业进行技术改造、治理污染的资金。

6. 城市环境综合整治定量考核制度

城市环境综合整治,就是在市政府的统一领导下,以城市生态理论为指导,以发挥城市综合功能和整体最佳效益为前提,采用系统分析的方法,从总体上找到制约和影响城市生态系统发展的综合因素,理顺经济建设、城市建设和环境建设的相互依存又相互制约的辩证关系,用综合的对策整治、调控、保护和塑造城市环境,为城市人民群众创建一个适宜的生态环境,使城市生态系统良性发展。

1988 年 9 月,国务院环境保护委员会第 13 次会议决定对城市环境综合整治实行定量考核。1989 年,第 3 次全国环境保护会议确定"城市环境综合整治定量考核制度"作为八项环境管理制度之一。2011 年 11 月,环保部组织修订了城市环境综合整治定量考核指标,公布了《"十二五"城市环境综合整治定量考核指标及其实施细则(征求意见稿)》,考核指标包含环境质量指标、污染控制指标、环境建设指标、环境管理指标 4 个方面,共

16 项。

环境质量类指标包括：环境空气质量、集中式饮用水水源地水质达标率、城市水环境功能区水质达标率、区域环境噪声平均值和交通干线噪声平均值。污染控制类指标包括：清洁能源使用率、机动车环保定期检测率、工业固体废物处置利用率、危险废物处置率、工业企业排放稳定达标率和万元 GDP 主要工业污染物排放强度。环境建设类指标包括：城市生活污水集中处理率、生活垃圾无害化处理率和城市绿化覆盖率。环境管理类指标包括：环境保护机构和能力建设和公众对城市环境保护的满意率。

7. 经济刺激制度

目前比较普遍采用的经济刺激制度有以下三种。

（1）环境贷款。我国有关法规规定，用优惠贷款方式鼓励中小企业进行污染防治和废物综合利用。1986 年国务院《节约能源管理暂行条例》第四十一条规定：对国家信贷计划内的节能贷款，实行优惠利率，并可由有关主管部门按国家规定给予贴息；允许贷款企业在缴纳所得税前，以新增收益归还。对社会效益较大而企业效益较小的节能基建拨款改贷款的项目，有关主管部门可按国家规定豁免部分或者全部本息。对国家安排的节能基建项目，国家给予部分投资并鼓励地方、部门和企业集资用于节能工程建设。节能工程建设应当采用招标、投标办法。

（2）环境税。税收方式（免税、减税、加税）可以起到鼓励和抑制两种作用。环境税（environmental taxation），也有人称之为生态税（ecological taxation）、绿色税（green tax），是国际税收学界 20 世纪末才兴起的概念，至今没有一个被广泛接受的统一定义。它是把环境污染和生态破坏的社会成本，内化到生产成本和市场价格中去，再通过市场机制来分配环境资源的一种经济手段。部分发达国家征收的环境税主要有二氧化硫税、水污染税、噪声税、固体废物税和垃圾税五种。环境保护部、国家统计局、农业部联合发布的《第一次全国污染源普查公报》显示，2007 年全国废水排放总量为 2092.81 亿 t，废气排放总量为 637 203.69 亿 m^3，这次普查为研究环境税提供了更好的数据支持。2011 年 12 月，财政部同意适时开征环境税。

（3）环境标志。环境标志是一种印刷或粘贴在产品或其包装上的图形标志。环境标志表明该产品不但质量符合标准，而且在生产、使用、消费及处理过程中符合环保要求，对生态环境和人类健康均无损害。环境标志起源于 20 世纪 70 年代末的欧洲，在国外被称为生态标签、蓝色天使、环境选择等，国际标准化组织将其称为环境标志。环境标志引导各国企业自觉调整产业结构，采用清洁工艺，生产对环境有益的产品，最终达到环境与经济协调发展的目的。环境标志以其独特的经济手段，使广大公众行动起来，将购买力作为一种保护环境的工具，促使生产商在从产品到处置的每个阶段都注意环境影响，并以此观点重新检查他们的产品周期，从而达到预防污染、保护环境、增加效益的目的。

8.2.2 低碳城市环境综合管理模式

1. 环境综合管理模式的概念

基于上述对我国现行环境管理制度的分析,本章在传统的环境管理模式基础上融入低碳发展的理念,提出了低碳城市环境综合管理模式的概念,即基于低碳发展和城市生态系统理念,对人类生产生活过程中损害环境质量的碳排放行为进行管理所采用的基本思想和方式。其目标是通过研究制订碳减排的方针、政策和法规,提高全民的碳减排意识,以便既满足人类基本需要,又不使碳排放总量超过极限。建立低碳城市环境综合管理模式有两种途径:一是在传统环境管理措施的基础上增加低碳目标;二是增加面向低碳发展的新的环境管理措施。

2. 环境综合管理模式的必要性和紧迫性

当前,实施低碳城市环境综合管理模式具有现实的必要性和紧迫性。

首先,全球气候变暖迫切需要提出相应的低碳环境管理措施。进入 21 世纪,削减碳排放量以减缓全球气候变化已经成为世界各国的共识,也是国际政治舞台上的重要议题。从碳排放源头看,城市作为人口、建筑、交通、工业、物流的集中地,无疑成为高耗能、高碳排放的集中地。据统计,全球大城市消耗的能源占全球的 75%,温室气体排放量占世界的 80%。因此,降低城市能源消耗量和碳排放量,建设"低碳城市"是中国在城市化进程中应对全球气候变化的首要选择。如何建设"低碳城市"是一个全新的课题,迫切需要提出相应的低碳环境管理措施。

其次,已有的城市低碳发展研究与环境管理实际结合较少。目前多数研究关注的仅仅是低碳发展的经济性、低碳城市发展模式、低碳城市规划政策研究等方面,与环境管理实际结合较少,并缺乏面向低碳城市发展的环境管理体制和措施的深入、系统研究。因此,面对经济快速增长、城市化加速、碳排放日益增加的国情,有必要结合当前大力发展低碳经济及有效开展环境管理的要求,开展低碳城市发展途径及其环境综合管理模式研究,为管理部门开展相关评价与管理工作提供依据和支撑。

最后,低碳环境管理措施可以帮助完善现行环境管理模式。我国主要的环境管理手段推出于 20 世纪 80 年代,环境管理水平与"低碳城市"建设的需要不相适应。八大环境管理手段(环境保护目标责任制、综合整治与定量考核、污染集中控制、限期治理、排污许可证制度、环境影响评价制度、"三同时"制度、排污收费制度)成型之后,新思路、新方法的引入可谓凤毛麟角。例如,排污收费手段,直到 2003 年排污收费条例出台之前,还一直保持着超标排污才收费的模式。面对城市化加速、碳排放日益增加的国情,有必要结合当前低碳发展理念,完善城市环境综合管理模式,为环境保护管理部门开展相关监督与管理工作提供依据和支撑。

8.3 厦门市低碳城市环境综合管理模式研究

在厦门城市发展现状、碳减排潜力、碳减排途径和已有低碳管理措施分析的基础上,本章构建了基于"源头控制(能源更新、建筑节能、绿色交通)、政策法规、低碳意识"三位一体的低碳城市环境综合管理模式。该模式是以科学发展观为指导,围绕加快经济发展方式转变这条主线,积极应对气候变化,以促进经济社会与生态环境全面协调可持续发展为目标,持续推进产业低碳化、城市建设低碳化、生活方式低碳化,突出体制机制创新,引领全社会节能减碳,促进单位产值碳排放量持续下降,形成具有厦门特色的低碳城市环境管理体系。

8.3.1 能源更新

1. 减少燃煤使用,提高低碳清洁能源使用比例

不再建设新的燃煤电厂,现有燃煤电厂积极采用节能减排技术,鼓励以 LNG 替代燃煤,降低碳排放。在已建和规划建设的热电联产集中供热范围内,不得单独新建锅炉。推广使用天然气、核电等低碳清洁能源,完成 LNG 二期工程和核电站建设。

2. 积极发展可再生能源

大力发展太阳能、生物质能(垃圾发电)等可再生能源发电,新建生活小区全面推行城市生活垃圾分类管理。通过垃圾分类收集、综合利用,构筑生活垃圾综合处理及资源再生利用的产业链,建成东部固废填埋场填埋气体再利用项目、后坑垃圾分类处理厂、东部垃圾焚烧发电厂和海沧垃圾焚烧发电厂等项目。

实施"金太阳"示范工程。加大资金扶持力度,实施聚光太阳能并网发电系统核心组件研发及推广、太阳能光电建筑集成创新与示范工程、同安轻工食品工业园光伏科技示范应用项目关键设备的中试及推广等重点太阳能光伏示范项目,增强太阳能光伏产业的应用研发实力,推动光伏产业加快发展。在太古飞机维修中心、轻工食品工业园、三安光电园等建设光伏并网发电示范工程。加大新型清洁能源在社区的推广和应用,在全市新建小区推广太阳能、热泵、天然气等清洁能源,尽可能使用可重复利用和可再生的材料。

3. 加快智能电网建设

实行配网"调控一体"管理模式,推进配网调度集约化、精细化管理,进一步降低线损率,提高配电能效水平。

4. 推进工业节能降耗

改造压缩高耗能工业,优化工业内部结构,推进节能降耗。厦门市"十二五"规划明确

将原作为支柱产业的化工产业调整为改造提升的传统产业,严格项目准入,通过工业企业清洁生产审核、改进企业生产组织形式,降低能耗、物耗。在工业区统一规划建设集中供热(冷)、集中处理"三废"、集中配送原材料,集中配套公共基础设施,提高资源利用效率。通过推进工业锅炉改造、余热余压利用、电机系统节能、能量系统优化、节约替代石油等重点节能工程,进一步推动节能降耗减碳。

8.3.2　建筑节能

1. 严格建筑节能管理

对符合节能型建筑标准的建筑投资者、消费者给予适当财政补贴。把建筑节能监管工作纳入工程基本建设管理程序,严格执行建筑节能设计标准,对达不到民用建筑节能设计标准的新建建筑,不得办理开工和竣工备案手续,不准销售使用;大力推广使用节能型新型墙体材料、新技术、新工艺和新设备,并按建筑一体化进行设计、施工。

2. 推进既有建筑的节能改造

对城区既有建筑进行包括墙体、耗电设备等在内的系统节能改造;对公共机构采用合同能源管理方式对围护结构、空调制冷、办公设备、照明等系统及网络机房等重点部位进行节能改造。

3. 发展绿色建筑,积极推广精装房

推动厦门国际会展中心三期等绿色建筑示范项目建设,大力推广商品住宅装修一次性到位,逐步取消毛坯房。厦门岛内全面实施新建商品住房精装修,岛外逐步推广。从土地供应、设计、施工、验收等方面出台相应措施,对住宅精装修工作的各个环节给予规范化,加快实施一次性装修或菜单式装修模式。推动可再生能源在建筑中的规模化应用,实现建筑能源来源多元化。

4. 将低碳理念全面融入新城的规划建设中

推广居住小区节能试点经验,新城公共建筑率先采用节能模式、中水回用等,推广使用太阳能、水源热泵等可再生能源。2015 年基本建成 71km^2 的低碳新城核心区。

5. 开展"十城万盏"试点工程

在目前已实施试点工程的基础上,根据 LED 照明技术发展阶段和场所应用条件,实施环岛路剩余路段、新建政府投资大型公共建筑等 LED 照明产品示范工程,进一步扩大试点示范范围,进一步完善路灯、隧道灯、室内照明和地下停车场照明等示范,使用 LED 产品 1 万盏以上,实现年节电约 1500 万 kW·h 以上,大面积推广 LED 高效节能照明产品和工程。

8.3.3　绿色交通

1. 鼓励和推进以公共交通为导向的城市交通发展模式

推动 BRT 和轨道交通建设,形成以大运量轨道交通和 BRT 为主、常规公交为辅的公共交通格局。调整优化常规公交线路,继续提高公交出行分担率。2015 年建成三条城市轨道交通线路,绿色出行率(公共交通、步行、自行车)达 60% 以上,2020 年基本建成覆盖全市的轨道交通网络,绿色出行率达 70% 以上。

2. 加强智能交通系统建设,完善交通组织与管理,提高道路畅通率

通过中心城区交通管制,单行道标识等一系列措施,适当控制私人小汽车通行,引导市民绿色出行。规划建设自行车道和人行步道等慢行交通系统,包括流水休闲步行系统、山体健身路径等,完善城市步行网络。

3. 促进节能环保型汽车的发展

完成国家"十城千辆"节能与新能源汽车示范推广试点工作,完善新能源汽车配套基础设施建设,充分发挥新能源车辆在低碳减排上的示范效应。在公交、公务商务、旅游、出租等领域推广使用节能与新能源汽车,通过应用示范,引导市场消费。从源头上控制高耗能、高排放车辆进入运输市场,强制淘汰部分污染严重的车辆,及时更新公交车辆。全面推行在用机动车环保检验合格标志管理,提高绿标车和黄标车发放标准。根据不同标志限制车辆行驶路段和时段,并根据城市空气质量情况作出临时性限制措施,淘汰高污染不达标车辆,控制尾气排放总量。

4. 建设紧凑型城市

推进厦门本岛组团、集美组团、海沧组团、同安组团、翔安组团五大城市组团建设,整合城市空间资源,合理布局城市功能,完善社会事业和公共市政配套基础设施,有效分流中心城区人口,建立科学高效的城市土地利用机制。建设公共交通系统、慢行交通系统以及配套生活设施等,争取实现 70% 以上的居民在组团内能就地就近完成工作、生活等各项混合功能。

8.3.4　政策法规

1. 建立碳排放总量控制制度

以碳排放源普查为依据,列出低产出、高排放企业名单,重点查处未批先建、建非所批、长期不验收,以及不能稳定达标排放或不符合总量控制要求的企业,化工、印染等低产出、高排放企业等问题。对城市污水处理厂、电厂进行现场检查,全面了解部分重点环保

工程的建设运营情况和减排能力,对重点排放源加强监督管理,确保重点企业稳定达标排放。结合碳排放源普查,严格建设项目环境准入。

碳排放总量控制是城市低碳发展的核心管理政策。它通过政府强制设定温室气体排放总量(或减排量),并对各类排放源分配一定数额的许可,从而通过市场手段(如碳交易)以最低成本实现碳排放总量控制目标。污染物控制与温室气体减排存在较强的关联性,协同减排是解决大气污染物和温室气体双重环境问题的新思路、新途径,协同减排政策及措施非常重要,且此项工作是我国急需的重要领域。厦门市可利用现有的大气污染管理和治理体系,对温室气体减排作出贡献。将碳作为环境总量控制或者减排目标之一,具体实施建议如下:

首先,将温室气体与大气污染物同等看待,结合"全国污染源普查"工作开展温室气体排放源调查。污染物排放总量控制(简称总量控制)是将某一控制区域(如行政区、流域、环境功能区等)作为一个完整的系统,采取措施将排入这一区域的污染物总量控制在一定数量之内,以满足该区域的环境质量要求。为切实掌握城市碳排放基本情况,完善排放源信息管理,可通过环境综合管理平台实现碳排放源电子系统管理,把碳减排与污染源普查工作有效地结合起来,以翔实、全面的环境信息,提高碳排放监测监管能力。尤其应重点关注碳排放量大、碳排放强度较高、具备低碳或零碳能源潜力、能够促进低碳技术大力发展的工业行业,如电力和热力生产行业、传统高耗能行业、新能源及节能行业等。目前,由环境保护部污染物排放总量控制司承担落实国家减排目标的责任,拟订主要污染物排放总量控制、排污许可证和环境统计政策、行政法规、部门规章、制度和规范,并监督实施。负责环境统计、污染源普查和组织开展排污权交易工作。

其次,确定国家温室气体排放总量(或减排量)控制目标。1992 年,《联合国气候变化框架公约》明确提出了将大气中温室气体浓度稳定在一个可接受的水平之下。为此,需控制人类社会活动中温室气体的排放,抑制当前温室气体排放的增长趋势并逐渐使排放量绝对值下降。中国 2007 年发布了《气候变化国家评估报告》,明确提出中国要走"低碳经济"发展道路。2009 年中国在哥本哈根气候大会上承诺:至 2020 年,单位 GDP 的 CO_2 排放量较 2005 年降低 40%～45%。《国民经济和社会发展第十二个五年规划纲要》提出,"十二五"期间国家对化学需氧量、氨氮、二氧化硫、氮氧化物四种主要污染物实施排放总量控制。到 2015 年,全国化学需氧量和二氧化硫排放总量分别控制在 2347.6 万 t、2086.4 万 t,均比 2010 年的 2551.7 万 t、2267.8 万 t 下降 8%;全国氨氮和氮氧化物排放总量分别控制在 238.0 万 t、2046.2 万 t,均比 2010 年的 264.4 万 t、2273.6 万 t 下降10%。尚未对温室气体排放总量进行约束。

最后,采用一定的标准和方法将温室气体减排目标进行分配。在过去的 20 多年里,研究者和利益相关者们从不同的角度提出了许多减排目标分配方案。其中,各国等比例减排是最简单的方法之一,曾一度成为主流,但遭到了尚处在经济发展阶段以及新兴工业化国家的反对。基于人均排放量的分配方案反映了每个人享有均等的排放权,因而受到了很大关注,但同时也遭到人均排放量较高的发达国家的反对,尽管如此,这一指标在后期的多阶段和多指标的分配方案中都是一个重要的考虑因素。单位 GDP 排放量相同的方案是效率较高的方案,这种方案反映了经济结构中的减排潜力,但遭到 GDP 体量较小的国家和发展中大国的反对,由于减排的确需要考虑成本和效率,所以这一指标依然成为后期综合模型的重要考虑因素之一。潘家华(2008)提出"满足人文发展基本需求的碳预算方案",该方案包括:确定评估期内满足全球长期目标的全球碳预算;以基准年人口为标准对各国碳预算进行初始分配;根据各国气候、地理、资源禀赋等自然因素对各国碳预算作出调整;考虑碳预算的转移。

2. 建立碳交易制度

厦门市相关机构与企业可以借鉴国际上的碳交易机制,积极参与碳交易市场的交易活动。特别是随着清洁发展机制(CDM)体制和碳基金逐步深入我国市场,更多的厦门企业应该关注和利用 CDM 商机,参与开发 CDM 项目,加强 CDM 能力建设。

碳交易是把温室气体排放权看做一种排污权进行交易,是《京都议定书》为促进全球减少温室气体排放,以国际公法作为依据的温室气体排减量交易。在六种被要求排减的温室气体中,CO_2 为最大宗,所以这种交易以每吨二氧化碳当量(tCO_2e)为计算单位,所以通称为"碳交易"。其交易市场称为碳市场(carbon market)。为达到《联合国气候变化框架公约》全球温室气体减量的最终目的,前述的法律架构约定了三种排减机制:清洁发展机制(clean development mechanism,CDM)、联合履行(joint implementation,JI)、排放交易(emissions trade,ET)。这三种都允许联合国气候变化框架公约缔约方国与国之间进行减排单位的转让或获得,但具体的规则与作用有所不同。通过碳交易机制,发达国家政府和企业可以低成本完成原来在本国需要高成本才能完成的减排温室气体任务,同时也推动了发展中国家的可持续发展,对全球而言还能同样达到温室气体减排的目的。

目前世界上的碳交易所共有五个:欧盟排放权交易制(European Union Greenhouse Gas Emission Trading Scheme,EU ETS)、英国排放权交易制(UK Emissions Trading Group,ETG)、芝加哥气候交易所(Chicago Climate Exchange,CCX)、澳洲气候交易所(Australian Climate Exchange,ACX)、中国天津排放权交易所(China Tianjin Climate Exchange,TCX)。由于美国及澳大利亚均非《京都议定书》成员国,所以只有欧盟排放权交易制及英国排放权交易制是国际性的交易所,美、澳的两个交易所只有象征性意义。然而这一重要手段在城市尺度上却鲜有采用。当前在城市尺度上真正实施碳交易的仅有日本东京市。东京市碳排放交易机制自 2010 年 4 月正式启动实施。这是亚洲第一个碳排放总量控制和交易体系,是全球首次在城市尺度上的碳排放交易体系,也是全球第一个主要以 CO_2 间接排放(电力和供暖)为控制和交易对象的碳排放交易体系(澳大利亚新南威尔士州的 GGAS 也包括了部分电力消费,但比例很小),其主要排放源和交易主体为建筑,凸显了城市在应对全球气候变化和碳交易市场中的特殊地位,也揭开了日本城市绿色和低碳建筑时代,具有划时代的意义。

3. 碳排放与环境影响评价制度相结合

厦门市的加工制造业多数是中间的制造环节,而该环节正好是能耗和物耗高、污染和排放大的环节。所以,厦门市应积极支持"绿色制造业",研发新的绿色技术。大力发展新型低碳产业,包括火电减排、新能源汽车、建筑节能、工业节能与减排、循环经济、资源回收、环保设备、节能材料等,都是具有朝气和发展前景的新型行业。通过发展新型低碳产业,积极发展清洁及可再生能源,替代传统的高碳化石能源,逐步建立起低碳的能源系统、低碳的技术体系和低碳的产业结构,使经济发展由传统模式逐步向低碳经济转型。

环评制度是我国在决策和开发建设活动中,实施可持续发展战略的一种有效手段和方法,是我国预防为主的环保政策的重要体现,是防止环境污染和生态环境破坏的重要措施。2002 年,我国颁布了《中华人民共和国环境影响评价法》(简称《环评法》)。环评制度通过制定相应的科学方法和技术,并被法律强制规定为指导人们开发活动的必须行为,是实现经济建设、城乡建设和环境建设同步发展的主要法律手段。

环评制度和低碳经济的目标一致,即实现环境、经济、社会的可持续发展,而环评制度可作为实现低碳经济的重要手段。将"低碳"引入环评制度的意义在于:①便于完善环境管理。战略环评、规划环评和建设项目环评等环评制度,几乎完全覆盖了整个决策链:战略、政策、规划、计划、项目,涉及宏观与微观、源头与尾部、主干与枝节、决策与操作的全过程。将"低碳"引入环评制度,可充分利用环评制度的全面覆盖性,借助环评制度将低碳经济贯穿整个决策链,便于低碳经济实施的环境管理。②便于经济结构优化。此外从宏观上,通过战略环评和规划环评,对低碳经济进行引导发展;通过建设项目环评,可从微观上对行业内企业进行"低碳"筛选。同时,工业是我国碳排放量最大的产业,而新上工业项目必须严格执行环评制度,因此将"低碳"引入环评制度,可通过环评制度促进工业的低碳化,并且可达到优化产业布局的作用。

在环评制度中引入"低碳"可通过宏观与微观相结合,同时进行。从宏观引入,即将"低碳"引入战略环评和规划环评。从微观引入,即将"低碳"引入建设项目环评。在评价指标中增加碳排放内容,将碳排放数据作为清洁生产控制指标。目前,环评未涉及碳排放相关内容,可对政策、法规、规划、计划、区域以及项目实施后的碳排放进行分析和计算,包括碳排放总量、排放浓度、排放速率、产生源等,同时分析碳减排潜力。将碳排放作为清洁生产中的控制指标,通过计算区域或项目的单位产品的碳排放量、单位产值的碳排放量等指标,结合能耗水平,与相关的行业、区域碳排放数据进行比较,评价其碳排放指标所处水平的高低,促进区域、行业和项目的低碳发展。同时,可通过确定相关碳排放指标标准,利用环境准入制度、环评一票否决制等,在相关行业中限制高碳企业的发展,鼓励低碳企业,促进企业、区域低碳经济发展。

4. 碳排放与生态市建设、"城考"工作相结合

我国城市发展低碳经济的态度非常积极,然而国家生态市建设和城市环境综合整治定量考核工作还没有纳入温室气体指标。建议在厦门生态市生态环境保护类指标,以及城市环境综合整治定量考核污染控制类指标中增加"碳排放强度"指标。碳排放强度是指单位 GDP 的碳排放量。该指标主要用来衡量区域经济同碳排放量之间的关系,如果区域在经济增长的同时,单位 GDP 所带来的碳排放量在下降,那么该区域就实现了一个低碳

的发展模式。

生态市建设和城市环境综合整治定量考核工作是我国推进城市环境保护工作的两项重要举措。2007年12月,国家环保总局组织修订了《生态县、生态市、生态省建设指标》,从经济发展、生态环境保护和社会进步三个方面提出19项指标用于生态市建设评估,但未涉及温室气体相关指标。2011年11月,环境保护部组织修订了城市环境综合整治定量考核指标,公布了《"十二五"城市环境综合整治定量考核指标及其实施细则(征求意见稿)》,考核指标包含环境质量指标、污染控制指标、环境建设指标、环境管理指标四个方面,共16项,也未涉及温室气体相关指标。

5. 建设低碳城市发展统计及数字管理制度

探索建立低碳城市发展统计指标体系,加强温室气体统计核算工作,组织编制温室气体排放清单,为厦门市制定相应的低碳规划和政策,落实国家减排目标任务提供科学依据和基础。探索试行控制温室气体排放的目标责任制,以温室气体清单为依据,将减排任务分配到各区、部门、重点行业及企业,分解落实碳排放控制目标。

基于主流GIS软件平台、网络技术、面向对象的开发模式,构建由碳排放数据、基础环境信息数据、社会经济数据等构成的城市碳排放信息数据库;总结和借鉴国际先进经验、理念和技术,开发和集成面向低碳城市发展的规划方法、考核评价与管理模型,并通过不断丰富模型群,研发具有碳排放信息查询、低碳绩效考核评价及公共参与等功能的低碳城市环境综合管理平台。系统建设结束了环境统计、环境监测等各系统软件单机版的独立运行模式,与系统平台建立链接,实现信息转换,彻底解决了各部门信息不能共享、基础资料不一致、重复劳动、相关资料不全等落后的信息管理模式。

8.3.5 低碳意识

1. 引导居民形成低碳的生活和消费方式

通过宣传、培训并结合政策引导,加强促进低碳发展的能力建设,通过报刊、互联网、电视等各种媒体,采取研讨会、专题讲座等形式,加大低碳发展宣传力度,引导居民形成低碳的生活和消费方式,降低能源消耗,在更大范围、更深层次上树立"低碳厦门"形象,努力形成全社会关注、参与和支持低碳发展的浓厚氛围。加大对市民低碳理念和节能减排的宣传和引导,培养居民适度消费和可持续消费的意识,引导人们在日常生活的各个方面做好节能减排。

2. 完善城市信息通信网络,推进城市管理低碳化

完善城市信息通信网络建设,尽量减少出行,减少消耗。推进国家三网融合试点工作,运用信息通信技术和手段开展节能减排行动,推广使用远程办公、无纸化办公、虚拟会议、智能楼宇、智能运输和产品非物质化等技术,实现城市管理低碳化。争取2015年建成

覆盖全市、有线无线相结合、高速互联、安全可靠的融合性网络,移动宽带网络实现全覆盖。

3. 建立健全节能技术产品推广体系

加快节能减排技术支撑平台建设,通过建立以企业为主体、产学研相结合的节能减排技术创新与成果转化体系,加快推进变频调速、自动控制、余热余压余能利用等节能新技术、新工艺、新设备、新产品及合同能源管理、分布式能源管理等节能新机制在工业企业中的推广普及和应用。

参 考 文 献

李超骈,马振邦,郑憩,等. 2011. 中外低碳城市建设案例比较研究. 城市发展研究,(1):31-35

廖建凯. 2010. 德国气候保护与能源政策的演进. 世界环境,(4):54-57

潘家华. 2008. 满足基本需求的碳预算及其国际公平与可持续含义. 世界经济与政治,(1):35-43

附录 1 低碳城市规划技术导则

1.1 总 则

1.1.1 主题内容与适用范围

1. 主题内容

本导则规定了开展低碳城市规划的一般原则、工作程序、方法、内容和要求。

2. 适用范围

本导则适用于城市地方人民政府及其有关部门组织编制低碳城市规划。

1.1.2 术语

1. 温室气体

温室气体包括《京都议定书》中规定的六种气体：二氧化碳（CO_2）、甲烷（CH_4）、氧化亚氮（N_2O）、氢氟烃（HFCs）、全氟碳（PFCs）和六氟化硫（SF_6）。

2. 碳排放

本导则中碳排放泛指六种温室气体排放，不仅是 CO_2。

3. 碳源与碳汇

碳源指向大气中排放温室气体的任何过程或者活动；碳汇指吸收大气中温室气体的任何过程、活动或者机制。

4. 活动水平

活动水平是指在特定时期内（一般为一年）在特定边界范围内，产生温室气体排放或清除影响的人为活动量。

5. 排放因子

排放因子是与活动水平数据相对应的系数，用于量化单位活动水平的温室气体排放量或清除量。

6. 终端原则

为了更客观反映城市能源消费碳排放,将电力(热力)消费相应的碳排放计算在消费端,即在核算碳排放总量时将电力(热力)生产导致的碳排放按终端消费比例分配到相应产业部门。

7. 排放清单

计算城市在社会和生产活动中各部门各种活动的直接或者间接排放的各类温室气体。

8. 情景分析

情景分析是一种通过考虑各种可能发生的结果,分析未来发展演变的过程。

9. 低碳目标

城市低碳发展的目标,包括目标类型(总量目标和强度目标)以及相应的目标值。

10. 规划指标体系

规划指标体系指进行低碳城市规划时显示低碳城市建设情况与状态所用的定量或定性数据指标总体。

11. 规划方案

规划方案是符合规划目标,选择合理可行的行动路径与规划措施的集合。

12. 跟踪评价

跟踪评价是对规划实施所产生的效果进行监测、分析、评价,用以验证低碳城市规划的有效性,并提出改进措施的过程。

1.1.3 低碳城市规划的目的与原则

1. 低碳城市规划目的

低碳城市规划的目的是根据城市的经济社会发展水平、资源禀赋、环境容量等具体情况,对城市社会经济活动引起的温室气体排放做时间和空间上的合理调控,有效控制城市范围内的温室气体排放,实现社会经济发展、温室气体减排、环境质量改善的协调可持续发展。

2. 低碳城市规划原则

（1）整体谋划与重点突破相结合的原则

既要着眼长远、整体谋划、统一部署，又要立足当前、突出重点、寻求突破，使低碳产业、低碳建筑、低碳交通、低碳生活等各领域相互联动、相互支撑，系统综合、有序推进，建设有地方特色的低碳城市。

（2）兼顾效率提升与结构优化的原则

提高各类能源的综合利用效率，推进节能技术和高效率能源利用技术在各产业中的应用，同时在产业结构、能源结构、交通结构和城市空间结构等方面进行合理的规划与调整，通过效率提高与结构优化减少碳排放。

（3）低碳创新原则

要坚持以理念创新带动技术创新、体制创新、机制创新、管理创新，从细节着手，引导人们合理消费、适度消费，摒弃各种浪费能源、高碳排放的粗放型生产与生活方式。

（4）广泛参与原则

低碳城市建设需要政府、企业、公众的广泛参与，低碳城市的发展关系到政府、企业、公众生产生活的各个环节，广泛的企业和公众参与支持是低碳城市发展的必要条件。

（5）指导性与可操作性并重的原则

规划既要对城市产业发展乃至总体经济发展方向具有指导性，又要注重实施的可操作性。规划提出的近、远期目标要符合本地实际，规划的各项指标、重点项目、对策措施等要具有可操作性，能够具体指导低碳城市建设。

1.1.4　低碳城市规划的工作程序

低碳城市规划的工作程序见附图。

1.2　低碳城市规划的内容与方法

1.2.1　低碳城市规划的基本内容

1. 城市现状调查分析

调查分析城市社会、经济、人口现状，生态环境与资源能源状况，同时调查分析相关规划材料和其他研究成果，分析未来能源资源、生态环境演变趋势。

2. 城市温室气体排放清单核算

核算城市范围内各个部门的温室气体排放，明确城市碳排放的结构及存在问题。

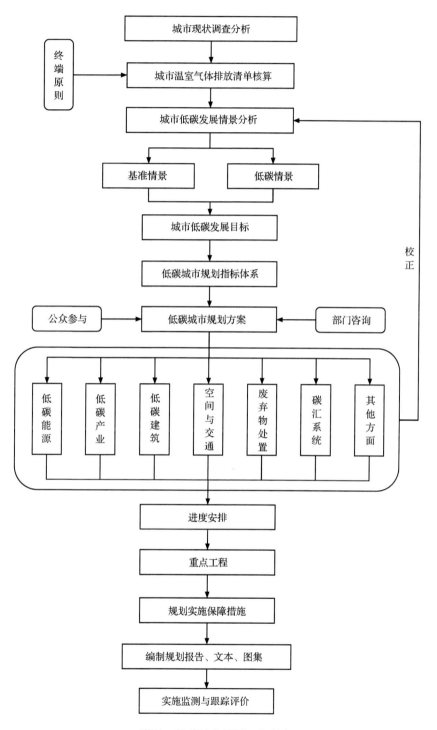

附图 低碳城市规划工作程序

3. 城市低碳发展情景分析

分析未来城市发展的多种可能模式,探索促进城市向低碳方向转变的各种技术、政策、措施的合理选择,为选择可行的城市低碳发展目标提供依据。

4. 城市低碳发展目标确定

将国家的发展目标、本地区实际情况与未来发展情景分析相结合确定城市低碳发展的目标。

5. 低碳城市规划指标体系

构建低碳城市指标体系,落实低碳城市建设的具体目标和任务,监测城市低碳建设的动向。

6. 低碳城市规划方案编制

选择有利于社会经济可持续发展,能够获得最好节能与减碳效果,并且成本可接受的行动路径和规划措施。

7. 低碳城市规划实施进度安排

明确低碳城市规划方案落实的时间进度、责任主体、相关预算等计划安排。

8. 低碳城市建设重点工程

提出落实城市低碳发展主要任务的低碳建设重大项目库。

9. 低碳城市规划实施保障措施

制订鼓励发展低碳产业、低碳社会公共行为和低碳城市建设的政策体系。

10. 拟定监测、跟踪评价计划

对规划实施所产生的效果进行监测、分析、评价,用以验证规划减排措施的有效性,并提出改进措施的过程。

11. 编写低碳城市规划文件(报告书、文本或说明、图集)

根据低碳城市规划内容编写相关的研究报告书、文本以及其他说明或图集。

1.2.2 城市现状调查分析

1. 现状调查

现状调查应针对城市社会、经济、人口现状,生态环境与资源能源状况,相关规划材料和其他研究成果,按照全面性、针对性、可行性和效用性的原则,有重点的进行。

2. 现状分析

(1) 社会经济背景分析

分析城市的区域特征与城市规模,明确城市未来人口、经济、社会发展方向。

(2) 资源、能源与环境分析

明确本地区的资源、能源与环境状况,分析社会、经济、环境对城市低碳发展的支撑能力,特别是可再生能源开发潜力分析。

(3) 已有低碳措施分析

分析已经采取的低碳发展措施,明确城市低碳发展的基础。

3. 现状调查与分析方法

现状调查与分析的常用方法有资料收集与分析,现场调查与监测等。

1.2.3 温室气体排放清单核算

1. 排放清单核算原则

(1) 全面性

全面涵盖碳排放各种源和汇以及六种温室气体种类,排放活动源遍及城市经济活动的各个部门与行业;

(2) 准确性

在已有认识和技术能力内,尽可能准确的反映实际碳排放源和汇的排放和吸收情况,尽量减少清单的不确定性;

(3) 本地性

核算中的排放系数优先采用本地及中国的实际排放系数。

2. 排放清单核算内容与边界

(1) 清单核算范围

清单核算范围包括能源活动、工业生产过程、农业活动、土地利用变化和林业、废弃物处置的温室气体排放。

(2) 核算温室气体种类

核算的温室气体包括《京都议定书》附件 A 中所列的六种温室气体:二氧化碳(CO_2)、甲烷(CH_4)、氧化亚氮(N_2O)、氢氟烃(HFCs)、全氟碳(PFCs)和六氟化硫(SF_6)。

(3) 清单核算边界

排放清单核算边界一般与行政区域边界一致,包括在城市行政辖区内的生产、生活活动的直接碳排放和电力(热力)消费引起的间接碳排放。

3. 清单核算工作流程

（1）排放源和汇的确定

确定发生在城市范围内的温室气体排放源与汇。

（2）收集活动水平和排放因子数据

活动水平收集和排放因子确定应优先采用权威部门的统计数据和反映本地情况的排放因子数据。

（3）碳排放清单核算

通过分析相关统计数据对不同部门不同活动的碳排放进行核算。

（4）不确定性分析

描述清单整体及其组成部分的误差范围，明确提高清单准确度的改进方向。

（5）清单报告编制

编制不同部门不同活动的温室气体排放与吸收量报告。

4. 排放清单核算方法

主要依据国家发展和改革委员会气候司发布的《省级温室气体清单编制指南（试行）》，同时可参照《2006 年 IPCC 国家温室气体清单指南》，运用终端原则核算各部门各种活动的碳排放量。

1.2.4 城市低碳发展情景分析

1. 情景分析原则

（1）与国家低碳目标相一致

要和当前国家在低碳方面的目标和战略相一致，使国家目标和战略在城市层面得到反映。

（2）与本地区发展规划相协调

从本城市各行业的发展水平和规模角度出发，要和不同行业的发展规划及战略安排相结合，分析城市在低碳发展时各行业所具备的条件。

2. 情景分析内容

低碳情景分析的主要内容是评估未来城市温室气体的排放量。

（1）能源碳排放

城市的能源系统及由能源消费引起的碳排放量是情景分析的核心内容。

（2）非能源碳排放

非能源活动引起的排放包括工业过程、农业、林业、废弃物处置等，在总排放量中比例较小部分则可以适当简化处理。

3.情景分析工作流程

（1）低碳城市情景分析的要素识别

明确影响城市低碳发展的各种核心要素,如宏观经济发展水平、产业结构、主要行业能源利用效率、能源结构等。

（2）低碳城市情景的设计

基于影响城市低碳发展的各种核心要素识别设计多种情景来进行对比分析,最大程度上反映出城市未来可能的碳排放变化趋势。

（3）低碳城市情景的量化分析和评价

将各种核心要素和驱动因子以量化的形式体现在不同的情景当中,并通过对这些量化信息的综合,分析得到未来不同情景的能源消费、碳排放等变化情况。

4.情景分析方法

情景分析一般需要借助统计分析或模型工具(如能源经济模型或能源技术模型等)进行量化分析和计算。

1.2.5 城市低碳发展目标确定

1.低碳发展目标要求

保证目标可测量、可报告,能够对目标完成程度进行监测和评估。

2.低碳发展目标类型

减排目标可设置为强度目标和总量目标,也可两种相结合。总量目标易于监测评估,适用于发展前景明确的城市;强度目标适合于经济发展前景不明确、技术水平不稳定的城市。

3.低碳发展目标值

综合考虑经济增长、产业结构、城市规模、人口变化等主要影响因素和各行业节能减排潜力,根据情景分析设定目标值。

1.2.6 低碳城市规划指标体系

1.规划指标选取原则

（1）科学性与可操作性相结合原则

在指标选取时,要考虑理论上的完备性、科学性和正确性,指标还应具有可操作性。

（2）规范性与针对性相结合原则

一方面要尽可能采用国内外普遍采用的常见指标，利于不同区域之间的相互比较和推广；另一方面也要兼顾城市自身特点，突出区域特色。

（3）前瞻性与可达性相结合原则

指标体系一方面要考虑社会经济的发展进步，具有一定的前瞻性；另一方面也要考虑在近期是否可以实现。

2. 规划指标内容

一般应从碳排放水平、能源利用结构、产业经济、建筑交通、科学技术、环境资源、消费方式、公众参与、政策法规多个角度出发，通过选择一系列相互独立、代表性强的具体指标，来考察和表征城市的低碳化水平。

3. 规划指标选择方法

规划指标可通过文献调研、专家咨询、政府部门调研、问卷调查等多种方式相结合确定。

1.2.7 低碳城市规划方案编制

1. 规划方案编制要求

（1）导向性

低碳城市建设是一项全局性、前瞻性、导向性很强的系统工程，既要准确、全面、系统地统领低碳建设的各个领域，又要完成低碳城市的建设目标。

（2）全面性

应全面反映社会、经济、资源、环境和人口系统与碳排减排之间的相互联系，从产业、建筑、交通、资源、生态、土地等各领域进行全面系统规划。

（3）针对性

必须立足当地的区域特色，针对城市社会经济发展过程中的主要问题进行规划，并与产业发展及环境保护要求相适应。

（4）实用性

规划要从实际情况出发，选择效益与成本相平衡，便于执行与考核的规划方案措施。

2. 规划方案框架

（1）低碳能源

通过能源科技创新、加大建设投入、改变能源发展模式等多种途径，大力发展新能源和可再生能源，优化能源结构，规划建设城市低碳化能源供应体系。

（2）低碳产业

加快经济发展方式转变,按照低投入、低消耗、高产出、高效率、低排放、可循环和可持续的原则调整产业结构,推广应用低碳技术。

（3）低碳建筑

从建筑材料与设备的制造、建材的运输,建筑建造,建筑使用,以及最后建筑的拆除与垃圾处理的过程中,减少物耗能耗,降低碳排放。

（4）低碳空间与交通

从空间形态、道路系统、用地布局和开发强度等方面构建高效的土地利用格局以减少交通出行量,优化城区交通结构和运输效率,发展以公共交通和慢性系统为主导的城区交通发展模式。

（5）低碳废弃物处置

通过加强废弃物管理并提高回收利用率,减少废弃物处理量,以及改善处理方法和工艺等途径减少固体废弃物和污水处理过程中的碳排放。

（6）碳汇系统

合理规划绿地系统空间布局与植物配置,建设具有改善城市生态环境、满足防灾减灾需要、提供景观优美生活空间等综合功能的城市碳汇系统。

（7）其他低碳绿色措施

从合理规划利用水资源,发展低碳生态农业等规划其他措施,同时发展低碳经济应兼顾生态环境保护与资源合理开发利用。

3. 规划编制方法

科学计算与公众、企业、政府部门调查相结合。

1.2.8　低碳城市规划实施进度安排

合理安排各项规划措施的启动时间、实施期限、责任单位、投资安排等,切实落实低碳规划各项措施。

1.2.9　低碳城市建设重点工程

明确引导和落实城市低碳发展的产业门类和技术进步项目、适应低碳社会建设的城市改造和基础设施支撑项目、公众低碳行动计划项目、重大生态建设和污染治理项目等。

1.2.10　低碳城市规划实施保障措施

从理顺管理体制、拓宽资金渠道、建设人才队伍、加强政策扶持、强化技术支撑等多方面构建低碳规划实施的保障措施体系,创造低碳发展的良好环境。

1.2.11 监测与评估修改

对于低碳城市规划实施效果,在编制规划时,应拟定碳排放监测和跟踪评价计划及实施方案。

1. 监测与跟踪评价计划的基本内容

列出需要进行监测的活动水平,监测方案的实施。

2. 监测

定期核算城市各部门各种活动的碳排放量和排放强度,监测规划实施的真实效果。

3. 跟踪评价

评价规划实施后的实际碳减排效果,进一步提高规划实施效果所需的改进措施,吸取该规划实施的经验和教训。

1.3 低碳城市规划文件的编制要求

1.3.1 总体要求

低碳城市规划报告书和文本应文字简洁、图文并茂、数据翔实、论点明确、论据充分、结论清晰准确。

1.3.2 文件内容

低碳城市规划报告书和文本至少包括 9 个方面的内容:总则、城市现状分析、碳排放清单核算、低碳城市发展目标与指标体系、低碳城市规划方案、计划进度安排、重点工程、保障措施、跟踪与监测评价。

附录2 低碳城市评价考核方法与细则

2.1 总 则

2.1.1 目标

1）从综合、可持续性的视角来评价和考核城市低碳发展水平，积极推进建设资源节约型、环境友好型的城市的进程。

2）提供一个可供参考的指标体系框架，探索具有普遍适应性的低碳发展目标，有效地引导管理部门制定战略规划和政策。

2.1.2 适用范围

1）全市域：包括城区、郊区和市辖县、县级市。

2）市辖区：包括城区、郊区，不包括市辖县、县级市。

3）建成区：按照建设部《城市建设统计指标解释》中的具体解释，主要是指市辖区建成区。

2.1.3 评价计分方法及引用标准

1. 评价计分方法

指标分为定量考核和定性考核两部分，指标定量考核为数据；定性考核是城市工作的自评结果。

评价计分以指标定量考核为得分制，得分按计分方法计算；定性考核引入扣分制。指标总得分为指标定量考核得分与定性考核扣分之和。

各项指标分别计分，总分为各指标得分之和保留一位小数。

2. 引用标准及相关文件

《城市统计年鉴》

《省级能源统计年鉴》

《省级温室气体清单编制指南（试行）》

《2006 IPCC 温室气体国家温室气体清单指南》

《"十一五"城市环境综合整治定量考核指标及实施细则》
《"十二五"城市环境综合整治定量考核指标及其实施细则》
《"十二五"建筑节能专项规划》
《城市公共交通"十二五"发展规划纲要》
《工业节能"十二五"规划》
《国家节能减排"十二五"规划》
《国家再生能源中长期发展规划》
《吉林市低碳发展规划》
《分省区市万元地区生产总值(GDP)能耗等指标公报》
《绿色建筑评价标准》(GB50378—2006)
《建筑节能施工质量验收规范》(GB50411-2007)
《关于印发〈机动车环保检验机构管理规定〉的通知》(环发〔2009〕145号)
《关于印发〈机动车环保检验合格标志管理规定〉的通知》(环发〔2009〕87号)
《在用机动车排放污染物检测机构技术规范》(环发〔2005〕15号)
《点燃式发动机汽车排气污染物排放限值及测量方法(双怠速法及简易工况法)》(GB18285-2005)
《车用压燃式发动机和压燃式发动机汽车排气烟度排放限值和测量方法》(GB3847-2005)
《"十二五"主要污染物总量控制规划编制技术指南》
《关于提前报送城市主要工业污染物单位工业增加值排放强度的通知》(环控函〔2004〕5号)
《中国公众气候变化与气候传播认知状况调研报告》

2.1.4 评价思想与评价原则

1. 评价思想

（1）总体宏观
低碳城市评价考核是对区域低碳发展状况的总体把握,并为政府宏观决策提供参考,在指标体系构建上尽可能全面地反映城市低碳发展的总体情况。
（2）价值导向
构建指标体系对区域进行评价,其目的不仅是把握区域低碳发展的现状及变化趋势,更重要的是通过评价,引导被评价对象的绿色低碳转型,推动低碳发展。
（3）以人为本
体现以人为本,低碳城市建设必须为人们提供更好的环境和服务,使人们能享受到更好的生活质量。

2. 评价原则

（1）科学性原则

指标体系必须建立在科学的基础上,指标体系应全面涵盖发展战略目标的内涵和目标的实现程度。同时,指标的意义需明确,测算统计方法科学规范,以保证评估结果的真实性与客观性。

（2）代表性原则

指标选取应强调代表性、典型性,避免选择意义相近或重复的指标,使指标体系简洁易用。

（3）适用性原则

指标易于量化和获得,考核方法易于推广应用。

（4）整体性原则

指标体系作为一个整体,应该较全面反映低碳城市发展的具体特征;同时指标体系的构建也应突出层次性,能反映社会经济、人口、资源环境各方面的主要状态特征及发展趋势。

（5）可比性原则

低碳城市评价考核指标体系的可比性包括三个含义:一是基本指标要尽可能采用国际上通用的名称、概念和计算方法,保证与国际指标体系的可比性;二是纵向上的可比性,即指标体系的确立要考虑对评价区不同时期进行对比,选择指标时尽量选用那些能反映区域发展状况的、有连续数据的指标;三是横向上的比较,即指标体系的建立应有利于同一时期不同评价对象的对比。

（6）定量与定性相结合原则

指标体系及考核方法应以定量为主,同时对于难以定量的指标采取定性分析的方法。

2.2 指标体系

2.2.1 指标概括

评价指标包括 5 个准则层,共 16 项指标,见附表。

碳排产出准则层:包含 3 个指标,人均碳排放、单位 GDP 碳排放、单位 GDP 碳排放减排速率;

能源消费准则层:包含 3 个指标,单位 GDP 能耗、单位 GDP 能耗下降速度、清洁能源使用率;

交通建筑准则层:包含 4 个指标,机动车环保定期检测率、人均公共交通出行次数、新增绿色建筑占有率、新型建筑节能材料占有率;

资源环境准则层:包含 4 个指标,建成区绿化覆盖率、森林碳汇强度、万元工业增加值主要污染物排放强度、PM2.5 不达标天数。

附表 低碳城市评价考核指标体系及模范标准

准则层 (分值)	指标名称(分值)	单位	考核限值	模范标准	考核范围	公式
碳排产出 (22)	人均碳排放(6)	tCO$_2$e/人	4～14	<4	城市地区	$C_{11}=6\times(14-X_1)/10$
	单位GDP碳排放(8)	tCO$_2$e/万元	1～4	<1	城市地区	$C_{12}=8\times(4-X_2)/3$
	单位GDP碳排放减排速率(8)	%	2～6	>6	城市地区	$C_{13}=8\times(X_3-2)4$
能源消耗 (22)	单位GDP能耗(7)	tce/万元	0.5～1.5	<0.5	城市地区	$C_{21}=7\times(1.5-X_4)$
	单位GDP能耗下降速率(8)	%	2～5	>5	城市地区	$C_{22}=8\times(X_5-2)/3$
	清洁能源使用率(7)	%	30～80	>80	城市地区	$C_{23}=7\times(X_6-30)/50$
交通建筑 (16)	机动车环保定期检测率(3)	%	40～80	>80	城市地区	$C_{31}=3\times(X_7-40)/40$
	人均乘坐公共交通出行次数(5)	次	0～10	>10	建成区	$C_{32}=5\times X_8'/10$
	新增绿色建筑占有率(4)	%	10～40	>40	城市地区	$C_{33}=4\times(X_9-10)/30$
	新型建筑节能材料占有率(4)	%	30～80	>65	城市地区	$C_{34}=4\times(X_{10}-30)/50$
资源环境 (20)	建成区绿化覆盖率(4)	%	20～45	>45	建成区	$C_{41}=4\times(X_{11}-20)/25$
	森林碳汇强度(8)	%	0～10	>10	城市地区	$C_{42}=8\times X_{12}/10$
	万元工业增加值主要污染物排放强度(4)	t/万元	工业废水 10～50	<10	城市地区	$C_{431}=1\times(50-X_{131})/40$
		t/万元	化学需氧量 0.001～0.01	<0.001	城市地区	$C_{432}=1\times(0.01-X_{132})/0.009$
		t/万元	SO$_2$ 0.008～0.04	<0.008	城市地区	$C_{433}=1\times(0.04-X_{133})/0.032$
		t/万元	烟尘 0.002～0.2	<0.002	城市地区	$C_{434}=1\times(0.02-X_{134})/0.018$
	PM2.5不达标天数(4)	d	10～50	<10	城市地区	$C_{44}=4\times(50-X_{14})/40$
低碳消费 及管理 (20)	人均生活用能(6)	kgce/人	150～400	<150	城市地区	$C_{51}=6\times(400-X_{16})/250$
	城镇居民服务性消费比例(3)	%	20～40	>40	城市地区	$C_{52}=3\times(X_{16}-20)/20$
	低碳发展管理水平(5)	—	—	—	城市地区	定性评价
	公众对低碳认知度(3)	%	20～80	>80	城市地区	$C_{54}=3\times(X_{18}-20)/60$
	公众环境保护满意率(3)	%	35～85	>85	城市地区	$C_{55}=3\times(X_{19}-35)/50$

低碳消费及管理准则层:包含5个指标,人均生活用能、城镇居民服务性消费比例、低碳发展管理水平、公众对低碳认知度、公众环境保护满意率。

2.2.2 指标解释

1. 碳排产出

此项指标共 22 分。评价指标包括人均碳排放、单位 GDP 碳排放、单位 GDP 碳排放减排速率。各指标分别计 6 分、8 分、8 分。评价考核内容以定量考核为主。

（1）人均碳排放

1）计算方法：

$$人均碳排放(X_1) = \frac{全市\ CO_2\ 总排放量(万\ tCO_2e)}{全市年末总人口(万人)} \quad 单位：tCO_2e/\ 人$$

根据《2006 IPCC 温室气体国家温室气体清单指南》和《省级温室气体清单编制指南（试行）》，CO_2 排放量是化石燃料燃烧和水泥生产过程中产生的碳排，包括在消费固态、液态和气态燃料以及天然气燃烧时产生的 CO_2。具体城市煤炭（原煤、洗精煤等）、焦炭、燃料油、汽油、柴油、天然气等消费数据以省级能源统计年鉴，城市统计年鉴为准。人口为当年全市年末总人口数。

本项指标计 6 分，评价区间为 [4，14]。若 $X_1 < 4$，该项得 6 分；若 $X_1 > 14$，该项得 0 分。未按照省级温室气体清单编制指南进行计算的城市，该项不计分。

具体公式如下：

$$C_{11} = 6 \times (14 - X_1)/10$$

式中，C_{11} 为人均碳排放得分，保留两位小数；X_1 为人均碳排放。

2）数据来源：

城市有关统计部门、能源部门。

3）相关技术文件及资料：

《省级温室气体清单编制指南（试行）》和《2006IPCC 国家温室气体清单指南》。

（2）单位 GDP 碳排放

1）计算方法：

$$单位\ GDP\ 碳排放(X_2) = \frac{CO_2\ 总排放量(tCO_2e)}{地区生产总值(万元)} \quad 单位：tCO_2e/\ 万元$$

反映了一个地区（城市）碳排放强度与经济发展之间的关系，每消耗单位生产总值需要排放单位的 CO_2 量。

根据《省级温室气体清单编制指南》和《2006 IPCC 国家温室气体清单指南》，CO_2 排放量是化石燃料燃烧和水泥生产过程中产生的碳排，以《省级能源统计年鉴》、《城市统计年鉴》为准。GDP 为不变价的地区生产总值，具体参考《城市统计年鉴》。

本项指标计 8 分，评价区间为 [1，4]。若 $X_2 < 1$，该项得 8 分；若 $X_2 > 4$，该项得 0 分。

具体公式如下：

$$C_{12} = 8 \times (4 - X_2)/3$$

式中，C_{12} 为单位 GDP 碳排放得分，保留两位小数；X_2 为单位 GDP 碳排放。

2）数据来源：

城市有关统计部门，能源部门。

3）相关技术文件及资料：

《省级温室气体清单编制指南（试行）》和《2006IPCC 国家温室气体清单指南》。

（3）单位 GDP 碳排放减排速率

1）计算方法：

$$单位 GDP 碳排放减排速率(X_2)$$

$$= \frac{上期单位 GDP 碳排放量(tCO_2e) - 本期单位 GDP 碳排放量(tCO_2e)}{上期单位 GDP 碳排放量(tCO_2e)} \times 100\% \quad 单位:\%$$

指标反映了一个地区经济发展与碳排放之间强度关系的变化趋势。

2009 年国务院常务会议决定：到 2020 年我国单位国内生产总值 CO_2 排放比 2005 年下降 40%～45%，作为约束性指标纳入国民经济和社会发展中长期规划。国民经济和社会发展第十二五个规划纲要："十二五"期间单位 GDP CO_2 排放量将下降 17%。

本项指标计 8 分，评价区间为[2,6]。若 $X_3<2$，该项得 0 分；若 $X_3>6$，该项得 8 分。

具体公式如下：

$$C_{13} = 8 \times (X_3 - 2)/4$$

式中，C_{13} 为单位 GDP 碳排放减排速率得分，保留两位小数；X_3 为单位 GDP 碳排放减排速率。

2）数据来源：

城市有关统计部门、能源部门。

3）相关技术文件及资料：

《省级温室气体清单编制指南（试行）》和《2006IPCC 国家温室气体清单指南》。

2. 能源消耗

此项指标共 22 分。评价指标包括单位 GDP 能耗、单位 GDP 能耗下降速度、清洁能源使用率。各指标分别计 7 分、8 分、7 分。评价考核内容以定量考核为主。

（4）单位 GDP 能耗

1）计算方法：

$$单位 GDP 能耗(X_4) = \frac{能源消费总量(tce)}{地区生产总值(万元)} \quad 单位:tce/万元$$

反映了一个国家（地区）经济发展与能源消费之间的强度关系，即每创造一个单位的社会财富需要消耗的能源数量。

本项指标计 7 分，评价区间为[0.5,1.5]。若 $X_4<0.5$，该项得 7 分；若 $X_4>1.5$，该项得 0 分。

具体公式如下：

$$C_{21} = 7 \times (1.5 - X_4)$$

式中，C_{21} 为单位 GDP 能耗得分，保留两位小数；X_4 为单位 GDP 能耗。

2）数据来源：

城市统计部门、能源部门。

3）相关技术文件及资料：

《城市统计年鉴》《省级能源统计年鉴》和《"十二五"节能规划》。

（5）单位 GDP 能耗下降速度

1）计算方法：

$$单位 GDP 能耗下降速度(X_5)$$

$$= \frac{上期单位 GDP 能耗(tce/万元) - 本期单位 GDP 能耗(tce/万元)}{上期单位 GDP 能耗(tce/万元)} \times 100\% \quad 单位：\%$$

反映了一个地区经济发展与能源消费之间的强度关系的变化趋势，下降速度显示产业结构调整的合理性与能源使用的有效性。

本项指标计 8 分，评价区间为 $[2,5]$。若 $X_5 < 2$，该项得 0 分；若 $X_5 > 5$，该项得 8 分。具体公式如下：

$$C_{22} = 8 \times (X_5 - 2)/3$$

式中，C_{22} 为 GDP 能耗下降速度得分，保留两位小数；X_5 为单位 GDP 能耗下降速度。

2）数据来源：

城市统计部门、能源部门。

3）相关技术文件及资料：

《城市统计年鉴》《省级能源统计年鉴》《国家"十二五"节能规划》和《分省区市万元地区生产总值(GDP)能耗等指标公报》。

（6）清洁能源使用率

1）计算方法：

$$清洁能源使用率(X_6) = \frac{城市地区清洁能源使用量(tce)}{城市地区终端能源消费总量(tce)} \times 100\% \quad 单位：\%$$

清洁能源使用率指城市全市域终端能源消费总量中的清洁能源使用量的比例，能源使用量均按标准煤计，考核地级以上城市。终端能源消费总量是指一定时期内全国生产和生活消费的各种能源在扣除了用于加工转换二次能源消费量和损失量以后的数量。此处清洁能源是指除煤炭、重油以外的能源。

本项指标计 7 分，评价区间为 $[30,80]$。若 $X_6 < 30$，该项得 0 分；若 $X_6 > 80$，该项得 7 分。

具体公式如下：

$$C_{23} = 7 \times (X_6 - 30)/50$$

式中，C_{23} 为清洁能源使用率的得分，保留两位小数；X_6 为清洁能源使用率。

2）数据来源：

城市能源部门、统计部门。

3）相关技术文件及资料：

《国家再生能源中长期发展规划》和《"十二五"城市环境综合整治定量考核指标及其

实施细则》。

3. 交通建筑

此项指标共 16 分。评价指标包括机动车环保定期检测率、人均乘坐公共交通出行次数、新建绿色建筑占有率、新型建筑节能材料占有率。各指标分别计 3 分、5 分、4 分、4 分。评价考核内容以定量考核为主。

（7）机动车环保定期检测率

1）计算方法：

$$机动车环保定期检测率(X_7) = \frac{机动车环保检验车辆数}{机动车注册登记车辆总数} \times 100\% \quad 单位：\%$$

机动车环保定期检验率指在统计年度中城市全市域实际进行机动车环保检验的车辆数占全市机动车注册登记总数的百分比。

本项指标计 3 分，评价区间为 $[40,80]$。若 $X_7 < 40$，该项得 0 分；若 $X_7 > 80$，该项得 3 分。未按照指标计算方法进行计算的城市，该项不得分。

具体公式如下：

$$C_{31} = 3 \times (X_7 - 40)/40$$

式中，C_{31} 为机动车环保定期检测率的得分，保留两位小数；X_7 为机动车环保定期检测率。

2）数据来源：

公安车辆管理部门、环保部门。

3）相关技术文件及资料：

《在用机动车排放污染物检测机构技术规范》(环发〔2005〕15 号)《关于印发〈机动车环保检验机构管理规定〉的通知》(环发〔2009〕145 号)和《关于印发〈机动车环保检验合格标志管理规定〉的通知》(环发〔2009〕87 号)。

（8）人均公共交通出行次数

1）计算方法：

$$人均公共交通出行次数(X_8) = \frac{城市公共交通客运总量(万人次)}{全市年末总人口(万人)} \quad 单位：次$$

$$改进的人均公共交通出行次数(X'_8) = \frac{X_8}{\sqrt{(建成区面积)}}$$

本项指标计 5 分，评价区间为 $[0,10]$。若 $X_8 > 10$，该项得 5 分。

具体公式如下：

$$C_{32} = 5 \times X'_8/10$$

式中，C_{32} 为本项指标的得分，保留两位小数；X'_8 为改进的人均公共交通出行次数。

2）数据来源：

城市统计部门，交通管理部门。

3）相关技术文件及资料：

《城市统计年鉴》和《城市公共交通"十二五"发展规划纲要》。

（9）新增绿色建筑占有率

1）计算方法：

$$新增绿色建筑占有率(X_9) = \frac{新增城市绿色建筑总面积(万\ m^2)}{城市既有建筑总面积(万\ m^2)} \times 100\%\quad 单位:\%$$

绿色建筑是指在建筑的全寿命周期内，最大限度地节约资源（节能、节地、节水、节材），保护环境和减少污染，为人们提供健康、适用和高效的使用空间，与自然和谐共生的建筑。该指标反映建筑减轻对环境的负荷，国家"十二五"建筑节能专项规划指出制定并实施绿色建筑行动方案，新建绿色建筑 8 亿 m^2，规划期末城镇新建建筑 20%以上达到绿色建筑标准要求。

本项指标计 4 分，评价区间为[10,40]。若 $X_9<10$，该项得 0 分；若 $X_9>40$，该项得 4 分。

具体公式如下：

$$C_{33} = 4 \times (X_9 - 10)/30$$

式中，C_{33} 为新增绿色建筑占有率的得分，保留两位小数；X_9 为新增绿色建筑占有率。

2）数据来源：

城市统计部门，建筑部门。

3）相关技术文件及资料：

《绿色建筑评价标准》(GB/T 50378-2006)《"十二五"建筑节能专项规划》和《建筑节能施工质量验收规范》(GB 50411-2007)。

（10）新型建筑节能材料占有率

1）计算方法：

$$新型建筑节能材料占有率(X_{10}) = \frac{新型墙体材料总产量(亿块标砖)}{墙体材料总产量(亿块标砖)} \times 100\%\quad 单位:\%$$

该指标突出使用新型节能建材和再生建材的应用力度，"十二五"建筑节能专项规划指出：要因地制宜、就地取材，结合当地气候特点和资源禀赋，大力发展安全耐久、节能环保、施工便利的新型建材。作为约束性指标，新型建筑节能材料推广的主要指标——新型建筑墙体材料产量占墙体材料总量的比例达到 65%以上，建筑应用比例达到 75%以上。

本项指标计 4 分，评价区间为[30,80]。若 $X_{10}<30$，该项得 0 分；若 $X_{10}>80$，该项得 4 分。

具体公式如下：

$$C_{34} = 4 \times (X_{10} - 30)/50$$

式中，C_{34} 为新型建筑节能材料占有率的得分，保留两位小数；X_{10} 为新型建筑节能材料占有率。

2）数据来源：

城市统计部门，建筑部门。

3）相关技术文件及资料：

《"十二五"建筑节能专项规划》《绿色建筑评价标准》(GB/T 50378-2006)和《建筑节

能施工质量验收规范》(GB50411-2007)。

4. 资源环境

此项指标共 20 分。评价指标包括建成区绿化覆盖率、森林碳汇强度、万元工业增加值主要污染物排放强度、PM2.5 不达标天数。各指标分别计 4 分、8 分、4 分、4 分。评价考核内容以定量考核为主。

(11) 建成区绿化覆盖率

1) 计算方法:

$$建成区绿化覆盖率(X_{11}) = \frac{建成区内绿化覆盖面积(km^2)}{建成区内总面积(km^2)} \times 100\% \quad 单位:\%$$

建成区绿化覆盖率是指在城市建成区中,一切用于绿化的乔、灌木和多年生草本植物的垂直投影面积(包括园林绿地以外的单株树木等覆盖面积)与建成区总面积的百分比。乔木树冠下重叠的灌木和草本植物不再重复计算。

市辖区绿地面积指市辖区用作绿化的各种绿地面积。包括公园绿地、单位附属绿地、居住区绿地、生产绿地、防护绿地和风景林地的总面积。人口为市辖区年末总人口。

本项指标计 4 分,评价区间为 [20,45]。若 $X_{11} < 20$,该项得 0 分;若 $X_{11} > 45$,该项得 4 分。

具体公式如下:

$$C_{41} = 4 \times (X_{11} - 20)/25$$

式中,C_{41} 为建成区绿化覆盖率的得分,保留两位小数;X_{11} 为建成区绿化覆盖率。

2) 数据来源:

城市统计部门,建筑部门。

3) 相关技术文件及资料:

《城市统计年鉴》和《城市环境统计年报》。

(12) 森林碳汇强度

1) 计算方法:

$$森林碳汇强度(X_{12}) = \frac{森林固碳量(万\ tCO_2e)}{全市\ CO_2\ 总排放量(万\ tCO_2e)} \times 100\% \quad 单位:\%$$

森林固碳量由以下公式得到:

$$森林固碳量 = 林地面积(hm^2) \times 4.61(t/hm^2)$$

式中,4.61 为通过林地蓄积量年增长量计算得到每单位面积林地减少排放 CO_2 的系数,单位为 t/hm^2。

本项指标计 8 分,评价区间为 [0,10]。若 $X_{12} < 0$,该项得 0 分;若 $X_{12} > 10$,该项得 8 分。

具体公式如下:

$$C_{42} = 8 \times X_{12}/10$$

式中,C_{42} 为森林碳汇强度的得分,保留两位小数;X_{12} 为森林碳汇强度。

2）数据来源：

城市统计部门、林业部门。

3）相关技术文件及资料：

《城市统计年鉴》《城市森林资源调查数据》《省级温室气体清单编制指南（试行）》和《2006 IPCC 国家温室气体清单指南》。

（13）万元工业增加值主要污染物排放强度

1）计算方法：

$$万元工业增加值主要污染物排放强度(X_{13}) = \frac{某工业污染物的年排放量(t)}{工业增加值(万元)} \quad 单位:t/万元$$

本项指标计 4 分。考核指标包括万元工业增加值工业废水排放强度、万元工业增加值化学需氧量排放强度、万元工业增加值二氧化硫排放强度、万元工业增加值烟尘排放强度，分别计 1 分，最终得分为四项得分累加，保留两位小数。

具体公式如下：

$$C_{431} = 1 \times (50 - X_{131})/40$$

本项指标计 1 分，评价区间为 [10,50]。式中，C_{431} 为万元工业增加值工业废水排放强度的得分；X_{131} 为万元工业增加值工业废水排放强度。当 $X_{131} > 50$，计 0 分，$X_{131} < 10$，得 1 分；

$$C_{432} = 1 \times (0.01 - X_{132})/0.009$$

本项指标计 1 分，评价区间为 [0.001,0.01]。式中，C_{432} 为万元工业增加值化学需氧量排放强度的得分；X_{132} 为万元工业增加值化学需氧量排放强度。当 $X_{132} > 0.01$，计 0 分，$X_{132} < 0.001$，得 1 分；

$$C_{433} = 1 \times (0.04 - X_{133})/0.032$$

本项指标计 1 分，评价区间为 [0.008,0.04]。式中，C_{433} 为万元工业增加值二氧化硫排放强度的得分；X_{133} 为万元工业增加值二氧化硫排放强度。当 $X_{133} > 0.04$，计 0 分，$X_{133} < 0.008$，得 1 分；

$$C_{434} = 1 \times (0.02 - X_{134})/0.018$$

本项指标计 1 分，评价区间为 [0.002,0.02]。式中，C_{434} 为万元工业增加值烟尘排放强度的得分；X_{134} 为万元工业增加值烟尘排放强度。当 $X_{134} > 0.02$，计 0 分，$X_{134} < 0.002$，得 1 分。

2）数据来源：

《城市统计年鉴》和《城市环境统计年报》。

3）相关技术文件及资料：

《关于提前报送城市主要工业污染物单位工业增加值排放强度的通知》（环控函〔2004〕5 号）《"十二五"主要污染物总量控制规划编制技术指南》和《"十二五"城市环境综合整治定量考核指标及其实施细则》。

（14）PM2.5 不达标天数

1）计算方法：

本项指标计 4 分，评价区间为 $[10,50]$。若 $X_{14}>50$，该项得 0 分；若 $X_{14}<10$，该项得 4 分。

具体公式如下：

$$C_{44} = 4 \times (50 - X_{14})/40$$

式中，C_{44} 为 PM2.5 不达标天数的得分，保留两位小数；X_{14} 为 PM2.5 不达标天数。

2）数据来源：

城市环保部门。

3）相关技术文件及资料：

《城市环境统计年报》。

5. 低碳管理

此项指标共 20 分。评价指标包括人均生活用能、城镇居民服务性消费比例、低碳发展管理水平、公众对低碳认知度、公众环境保护满意率。评分分别为 6 分、3 分、5 分、3分、3 分。评价考核内容以定量考核为主，结合定性考核。

（15）人均生活用能

1）计算方法：

$$人均生活用能(X_{15}) = \frac{居民用能总量(kgce)}{用能人口数(人)} \quad 单位:kgce/人$$

本项指标计 6 分，评价区间为 $[150,400]$。当 $X_{15}>400$，计 0 分，$X_{15}<150$，得 6 分。

具体公式如下：

$$C_{51} = 6 \times (400 - X_{15})/250$$

式中，C_{51} 为人均生活用能的得分，保留两位小数；X_{15} 为人均生活用能。

2）数据来源：

《城市统计年鉴》和《能源统计年鉴》。

3）相关技术文件及资料：

《国家节能减排"十二五"规划》。

（16）城镇居民服务性消费比例

1）计算方法：

$$城镇居民服务性消费比例(X_{16})$$
$$= \frac{城镇居民人均全年服务性消费支出(元)}{城镇居民人均全年消费支出(元)} \times 100\% \quad 单位:\%$$

本项指标计 3 分，评价区间为 $[20,40]$。若 $X_{16}<20$，该项得 0 分；若 $X_{16}>40$，该项得 3分。具体公式如下：

$$C_{52} = 3 \times (X_{16} - 20)/20$$

式中，C_{52} 为城镇居民服务性消费比例的得分，保留两位小数；X_{16} 为城镇居民服务性消费比例。

2）数据来源：

《城市统计年鉴》。

3）相关技术文件及资料：

《国家节能减排"十二五"规划》。

（17）低碳发展管理水平

本项指标从政府管理层面上，结合低碳城市发展目标确立、规划制定和监管力度方面综合考虑低碳发展管理程度。

1）指标定性描述：

本项指标计 5 分，为定性评价指标，包含以下三个方面评价考核内容：

① 政府设立专门低碳经济研究部门，制定并通过全面发展规划，将低碳城市发展目标明确写入"十二五"规划，并在相关部门的实施中充分体现。

② 政府通过专门构建低碳城市发展平台，监测披露温室气体排放信息，并建立独立机构来评估能源效率标准是否有效实施。

③ 国家机关和大型公共建筑节能管理成效。

第一项计 1 分，完成得 1 分，未完成不得分。

第二项计 1 分，完成得 1 分，未完成不得分。

第三项计 3 分，依据管理措施及节能效果分为优、良、中、差四档，分别得 3 分、2 分、1 分、0 分。

2）数据来源：

城市管理部门。

3）相关技术文件及资料：

《吉林市低碳发展规划》和《国家节能减排"十二五"规划》。

（18）公众对低碳认知度

该指标是考核公众对低碳城市发展的认知程度，以便更好地了解和掌握公众对低碳发展认知状况，从而为政府及有关部门制定构建环境友好型低碳城市提供依据和参考。本项指标计 3 分，分别从定量和定性评价两方面进行考核。

1）考核计算方法：

① 城市相关部门负责组织"公众对低碳认知度"调查工作并对数据真实性负责。根据调查结果进行定量考核。

定量考核计 3 分，评价区间为 $[20,80]$。若 $X_{18}<20$，该项得 0 分；若 $X_{18}>80$，该项得 3 分。未按照规定进行调查的城市，该项不得分。

具体公式如下：

$$C_{54}=3\times(X_{18}-20)/60$$

式中，C_{54} 为公众对低碳认知度的得分，保留两位小数；X_{18} 为公众对低碳认知度。

② 定性评价政府对公众低碳知识的普及宣传力度，不合格者在前面得分基础上扣 1 分。

本指标合计最低分为 0 分。

2）数据来源：

城市管理部门。

3）相关技术文件及资料：

《中国公众气候变化与气候传播认知状况调研报告》。

（19）公众环境保护满意率

公众环境保护满意率，是指公众对城市环境保护工作的满意程度。本项指标计 3 分，分别从定量和定性评价两方面进行考核。

1）考核计算方法：

① 城市相关部门负责组织"公众对城市环境保护满意率"调查工作并对数据真实性负责。根据调查结果进行定量考核。

定量考核计 3 分，评价区间为[35,85]。若 X_{19}<35，该项得 0 分；若 X_{19}>85，该项得 3 分。未按照规定进行调查的城市，该项不得分。

具体公式如下：

$$C_{55} = 3 \times (X_{19} - 35)/50$$

式中，C_{55} 为公众环境保护满意率的得分，保留两位小数；X_{19} 为公众环境保护满意率。

② 定性评价政府城市环境信息公开力度，不合格者对 X_{19} 扣 1 分。

③ 过去两年内是否发生因环境事件引发的群体性事件；若有相关群体性事件，扣 1 分。

本指标合计最低分为 0 分。

2）数据来源：

城市管理部门、统计部门。

3）相关技术文件及资料：

《"十二五"城市环境综合整治定量考核指标》和《"十一五"城考及模范城考核指标及考核标准表》。

2.3　考核及管理方法

2.3.1　申报

低碳城市申报每两年开展一次。

申报城市范围为：直辖市、省会城市、计划单列城市、地级城市。

低碳城市申报创建采取自愿申报的方式，申报城市必须是国家城考达标城市。

申报城市经认真自查，认为各项指标均已达到国家低碳城市标准的要求，由该市环保部门组织申报工作，并对申报材料及指标数据的真实性负责。

申报城市所在省、自治区环保厅（局）对申报城市进行初审，根据初审结果，向环境保护部提出推荐申请报告；直辖市直接向国家环保局提出申报。

2.3.2　考核评价

环境保护部设立低碳城市创建办公室,负责国家低碳城市的考核和复查工作。

创建办公室对提出考核申请的创建城市进行综合评定打分,根据得分确定国家低碳城市候选城市。

组织综合考核。抽调有关工作人员和专家组成考察组,对候选城市进行实地考察,形成考察意见,上报环境保护部,同时通报候选城市。

公示考核结果。对通过考核的城市在环境保护部政府网站公示 15 天,各候选城市也需同时在政府及环保部门网站公示 15 天。

公示后,环境保护部对候选城市进行审定,对审定通过的城市命名为"国家低碳城市"。

2.3.3　复查考核

环境保护部对"国家低碳城市"实行动态考核。

获得"国家低碳城市"称号的城市,每年需按评价指标体系向创建办公室上报数据。

创建办公室组织专家,每两年对获得"国家低碳城市"称号的城市进行复查,复查合格的,保留其称号;复查不合格的,给予警告,限期整改;整改不合格的,取消其称号。被撤销称号的城市不得参加下一届申报评选。

2.3.4　附则

具体申报时间由环境保护部低碳城市创建办公室确定后,于环境保护部网站公布。

本办法由环境保护部低碳城市创建办公室负责解释。